新疆托木尔峰国家级自然保护区苔藓植物图谱

买买提明·苏来曼　艾尼瓦尔·吐米尔　孙亚珍　主编

中国农业科学技术出版社

图书在版编目（CIP）数据

新疆托木尔峰国家级自然保护区苔藓植物图谱 / 买买提明·苏来曼，艾尼瓦尔·吐米尔，孙亚珍主编．-- 北京：中国农业科学技术出版社，2024.6

ISBN 978-7-5116-6834-9

Ⅰ．①新… Ⅱ．①买… ②艾… ③孙… Ⅲ．①自然保护区－苔藓植物－新疆－图集 Ⅳ．① Q949.35-64

中国国家版本馆 CIP 数据核字 (2024) 第 103477 号

责任编辑 张志花
责任校对 王 彦
责任印制 姜义伟 王思文

出 版 者 中国农业科学技术出版社
北京市中关村南大街 12 号 邮编：100081
电 话 （010）82106636（编辑室）（010）82106624（发行部）
（010）82109709（读者服务部）
网 址 https://castp.caas.cn
经 销 者 各地新华书店
印 刷 者 北京地大彩印有限公司
开 本 185 mm × 260 mm 1/16
印 张 18.25
字 数 300 千字
版 次 2024 年 6 月第 1 版 2024 年 6 月第 1 次印刷
定 价 168.00 元

《新疆托木尔峰国家级自然保护区苔藓植物图谱》

编委会

作 者 简 介

买买提明·苏来曼，1963年出生于新疆和田地区策勒县。新疆大学生命科学与技术学院二级教授、硕士研究生导师，新疆自然科学专家，新疆科学与技术协会第九届代表。1985年毕业于新疆大学生物系并留校任教；2002年至2003年在日本广岛大学理学部植物系统分类及生态学 Prof. Hironori Deguchi 的研究室公派留学；2004年至2006年在日本广岛大学理学部学习并获得硕士学位。参加工作以来，教学方面主讲植物形态解剖与系统分类学、植物生物学、资源植物学等本科生课程；研究方面主要在植物系统分类和进化、苔藓植物学、植物活性成分的分离及其应用研究等领域开展工作，尤其对干旱区苔藓植物系统分类、新疆植物区系分布和保护及资源开发利用有较系统的研究。近年来主持承担了多项国家与省部级纵向科研项目和中美、中日合作项目，其中自2008年开始连续获得国家自然科学基金项目6项，并在此基础上，与国内及国际同行建立了良好的合作关系。在国内外期刊上已发表研究论文130余篇，其中SCI收录20篇。参编科研专著8余部。发现新物种9种，发现中国新记录种40多种，新疆新记录种160多种。

艾尼瓦尔·吐米尔，1970年出生于新疆阿克苏地区新和县。新疆大学生命科学与技术学院教授、博士、硕士研究生导师。1993年毕业于新疆大学生物学系，生物科学专业，获得学士学位；1996年7月在新疆大学生物系获得硕士学位；2008年在新疆大学生命科学与技术学院取得博士学位；2003年7月至10月在瑞士 Fribourg 大学参加法语强化培训；2003年10月至2004年7月在瑞士伯尔尼大学生物学系群落生态学学院公派留学；2016年10月至2017年10月在加拿大圣玛丽大学环境科学系 Prof. David Richarson 的实验室公派留学。从事生态学、保护生物学、进化生物学等课程教学。主要从事干旱区地衣生态学及环境生物评价方面的研究。主持国家自然科学基金项目5项、自治区自然科学基金项目1项、自治区高校科研计划项目1项，参加多项国家自然科学基金项目、国际合作项目。在国内外学术期刊已发表论文80多篇，其中有8篇被SCI收录，出版著作2部（第二作者）。

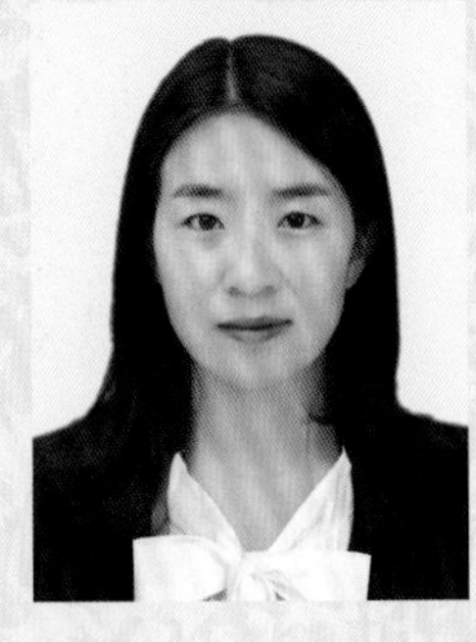

孙亚珍，1988年出生于山西省运城市，工程师。毕业于陕西科技大学，中共党员。主要从事林草资源调查监测、林草咨询规划设计、生物多样性保护等相关工作，对青藏高原、天山、阿尔泰山、黄土高原等区域林草资源、物种多样性有系统研究。作为项目负责人主持和重点参与完成陕西、山西、新疆、青海、内蒙古、甘肃等多个省份林草资源调查监测、生物多样性保护、自然保护区科考、山水林田湖草沙保护修复等项目200余项。参与国家自然科学基金项目2项。在国内期刊上发表论文6篇。

序

“明月出天山，苍茫云海间”，地处我国西北边陲的新疆素以辽阔的地域、众多的矿产资源和丰富的植物多样性而闻名于世。天山山脉和昆仑山脉等横跨于境内，中亚多国间山脉与新疆接壤，深刻影响着新疆的气候，独特的气候孕育了极其丰富的植物资源，并形成了苔藓植物的温带特性和地域上的独特性。

近百年来，中外学者在调查新疆植被时均注意采集一些苔藓植物标本，如 Potier de la Varde、刘慎谔、秦仁昌、钟补求、关克俭、赵建成等诸先生在调查新疆植被、胡杨林以及进行种子植物考察时都曾带回一些苔藓植物标本。

有关托木尔峰植物考察最早是由中国国家登山队在 1958 年登攀时附带收集标本，其中的苔藓植物标本寄往南京师范学院，由中国苔藓植物学奠基人陈邦杰先生鉴定，这是首次有关托木尔峰苔藓植物的报道。

近年来，新疆大学的买买提明 · 苏来曼教授接受托木尔峰自然保护区委托，长期就天山主峰托木尔峰深入进行苔藓植物的全面调查和研究，协调国内相关同行一起工作，并写成专著。现已在天山壮美主峰托木尔峰发现了 44 科 95 属 273 种苔藓植物。为便于读者了解和认识苔藓植物，《新疆托木尔峰国家级自然保护区苔藓植物图谱》一书附有十分精美的彩色苔藓植物形态和解剖图，以及简要通俗的文字描述。

此书的出版系代表中国1/6广阔国土的新疆苔藓植物的首部专著，拉开了新疆丰富多彩苔藓植物世界的“幕布”。作者们还以专门篇幅介绍苔藓植物的形态构造、如何识别苔与藓及其与人类的关系、苔藓植物的应用，以及苔藓植物与环境的密切关系等。这无疑是几代人不断努力辛勤付出的结晶的呈现，预期更全面、独特的新疆苔藓植物全貌在不久将展示于世。

吴鹏程

中国科学院植物研究所　研究员

2024 年 4 月 10 日

前　言

在新疆苔藓植物区系研究的历史上，天山是开展该研究最早的地区。早在 1931 年，我国植物学家刘慎谔教授就带领第一支考察队赴天山进行种子植物采集和调查，并采集了部分苔藓植物。陈伯川教授在 1936 年发表的“Note Preliminaire sur les Bryophytes de Chine”中报道了 14 种新疆天山分布的藓类植物。1937 年，Potier de la Varde 记载了 31 种新疆博格达山分布的藓类植物。1958 年，陈邦杰将新疆分布的藓类植物增至 60 余种。1985 年，中国科学院登山科学考察队在天山托木尔峰进行野外考察，记录该地区有 28 种苔藓植物，其中苔类 1 科 1 属 1 种，藓类 12 科 21 属 27 种。2011 年，热萨来提・依明等在新疆植物学学术年会上作了关于托木尔峰保护区苔藓的报告，报道了 21 科 31 属 67 种。2016 年，玛尔孜亚・阿不力米提在其硕士学位论文《新疆托木尔峰国家级自然保护区苔藓植物区系研究》中报道了 25 科 54 属 129 种苔藓植物。2016 年，耿静等在托木尔峰国家级自然保护区发现 2 个真藓科的新疆新记录种。2017 年，刘永英等在该保护区发现中国新记录种——摩拉维采真藓（*Bryum moravicum* Podp.）。2019 年，古丽尼尕尔・艾依斯热洪等分别在该地区苔藓植物生态群落调查和岩面生苔藓植物物种多样性研究中共记载有 253 种（含 1 变种）；古丽尼尕尔・艾依斯热洪在其硕士学位论文《新疆托木尔峰国家级自然保护区苔藓植物区系研究》中增至 45 科 89 属 267 种；阿提古丽・毛拉等将多形凤尾藓（*Fissidens diversifolius* Mitt.）记录为新疆新分布种。2020 年，刘永英等增加了瘤根真藓（*Bryum bornholmense* Wink. & R. Ruthe）新疆新分布种。2021 年，麦迪娜・牙合牙等增加了新疆新分布种——锈色红叶藓［*Bryoerythrophyllum ferruginascens* (Stirt.) Giacom.］和内蒙古红叶藓（*B. neimonggolicum* X.-L.Bai & C.Feng）；阿布都沙拉木等记载了直叶丝瓜藓（*Pohlia marchica* Osterw.）为新疆新记录种；祖丽米热・买买提依明等

记载了中国新记录种——毛齿藓短蒴变种［*Trichodon cylindricus* var. *oblongus* (Lindb.) Podp.］；艾克达·艾克巴尔等记载了新疆新记录种——钟瓣耳叶苔（*Frullania parvistipula* Steph.）。2022年，买买提明·苏来曼等报道了托木尔峰发现的新物种曹氏紫萼藓（*Grimmia caotongiana* D. P. Zhao, S. Mamtimin & S. He sp.nov.）；在"Four Remarkable Additions to the Biodiversity of Chinese Mosses"文中记载托木尔峰发现的中国新记录种——美丽连轴藓（新拟）（*Schistidium pulchrum* H. H. Blom）。2023年，王鹏军等在托木尔峰发现了中国新记录种——短柄大帽藓［*Encalypta brevicolla* (Bruch & Schimp.) Ångstr.］；艾拉努尔·卡哈尔等发现了新疆新记录种——拟丝瓜藓［*Pseudopohlia microstaoma* (Harv) Mizush.］；梁灵炜等发现了中国新记录种——特氏拟大萼苔［*Cephaloziella turneri* (Hook.) Müll. Frib.］；古丽斯旦·艾尼瓦尔等发现了新疆新记录种——粗肋薄罗藓（*Leskea scabrinervis* Broth. & Paris）等。

新疆托木尔峰国家级自然保护区于2003年经国务院批准建立，是以保护高山冰川和其下部的森林、野生动植物及其生境为主的大型、综合性国家级自然保护区。项目主持人带着课题组成员从2009年5月开始至2023年底在托木尔峰国家级自然保护区进行了9次野外考察，在11个样点共采集了3 900余份苔藓植物标本。通过长期以来对保护区苔藓植物资源的调查发现分布在该保护区的苔藓植物共有 44科95属273种（含变种）。发现并发表新物种曹氏紫萼藓（*Grimmia caotongiana* D. P. Zhao, S. Mamtimin & S. He sp.nov.），中国新记录种特氏拟大萼苔［*Cephaloziella turneri* (Hook.) Müll. Frib.]、无疣对齿藓（*Didymodon validus* Limpr.）、短柄大帽藓［*Encalypta brevicolla* (Bruch & Schimp.) Ångstr.]、紫萼藓（*Grimmia orbicularis* Bruch ex Wilson）、摩拉维采真藓（*Bryum moravicum* Podp.）、帕米尔木灵藓（*Orthotrichum pamiricum* Plášek & Sawicki）、细齿木

灵藓（*Orthotrichum scanicum* Grönvall）、毛齿藓短蒴变种［*Trichodon cylindricus* var. *oblongus*（Lindb.）Podp.］8种，发现新疆新记录属柱萼苔属（*Alobiellopsis*）、花地钱属（*Corcinia*）、耳叶苔属（*Frullania*）、毛齿藓属（*Trichodon*）和拟丝瓜藓属（*Pseudopohlia*）5属，发现新疆新记录种瘤根真藓等30种、新疆托木尔峰首次记录种 205种。建立了新疆苔藓植物物种多样性基因库——苔藓植物标本馆。

为了更有效地保护该保护区苔藓植物物种多样性，引起更多人对托木尔峰苔藓植物资源的关注，作者和同事们等历经多年，跋山涉水，以严谨的治学态度，深入托木尔峰自然保护区的各个地方，反复求证，终于完成了《新疆托木尔峰国家级自然保护区苔藓植物图谱》一书的资料收集和撰写工作。该书主要介绍托木尔峰自然保护区常见苔藓植物，包括建群种、优势种等，苔藓植物种类的主要特征、生境等，共收录 43 科 83 属 203 种苔藓植物。该书对于高校、林业、环保等从事苔藓有关研究的学者，是一本非常有用的工具书。

本研究得到以下项目的资金支持：新疆托木尔峰国家级自然保护区苔藓植物本底资源专项调查项目；国家自然科学基金项目（No. 31660052）；深圳市南亚热带植物多样性重点实验室开放基金课题（SSTLAB-2014-02）。

感谢新疆托木尔峰国家级自然保护区管理局的工作人员为 9 次野外考察提供了强有力的后勤保障。

书中部分类群的物种鉴定得到了下列同行的帮助，在此一并表示感谢：李微（疑难裂叶苔科 Lophoziaceae 和拟大萼苔属 *Cephaloziella*）、赵建成（疑难部分真藓属 *Bryum*）、刘永

英（缺齿藓科 Mielichhoferiaceae）、赵东平（疑难部分对齿藓属 *Didymodon*）、曹同（疑难部分紫萼藓属 *Grimmia*）、王庆华（疑难部分木灵藓属 *Orthotrichum*）、吴玉环（疑难部分柳叶藓科 Amblstegiaceae）、衣艳君（疑难部分提灯藓属 *Mnium*）、张力（疑难部分凤尾藓属 *Fissidens*）；贵州大学的熊源新教授和曹威博士参加了 2014 年 7 月托木尔峰保护区南坡和北坡的核心区、缓冲区和试验区的野外考察工作，在此一并表示感谢。

新疆大学生命科学与技术学院和新疆植物学会领导及同事也对我们的工作给予了大力支持，在此不胜感激！

在本书出版之际，中国科学院植物研究所资深研究员、中国植物学会苔藓专业委员会原主任、中国科学院《中国孢子植物志》编辑委员会副主编、Moss Flora of China 国际合作委员会中方主席吴鹏程先生为本书作序，作者团队深表谢意！同时谨记老一辈苔藓学家的教诲，守正笃实，久久为功，力争在学习和研究领域不断深入和进步。

由于作者水平有限，本书可能存在谬误和不足之处，恳请广大读者批评指正。最后，就让本书带您走近苔藓，认识苔藓，一同领略那别具一格的苔藓之美。

买买提明·苏来曼

2024 年 4 月 1 日

乌鲁木齐

Contents
目录

第一章

苔藓植物的形态特征

苔藓植物这“小精灵”恰是植物世界中的老前辈，它诞生于亿万年前，迄今，它们如何进化而来在科学上一直是个谜。这类植物即人们俗称的“青苔”，在科学上的术语是“苔藓植物”。

回溯至 4 亿年前，地球上大部分为海水所覆盖，裸露出水面的陆地生长着高大挺拔的裸蕨类植物，形成了茂密的森林。少数苔类植物从水生生活“爬上”陆地，并开始在陆地生活、繁衍后代。随着时间逐步推移，这些苔类植物对不同生态环境逐渐适应，在形态上有了相应的变化，生物多样性也逐步丰富起来。它们从潮湿地面沿树干基部向树干上部生长，在树干和树枝上“安家”，也有的在岩石上生长。甚至，在一些炎热潮湿的南方沟谷和林内，在树枝上悬垂和叶的表面附生，另一些苔藓以小溪涧和溪边湿土为它们的“乐园”。在高海拔以及寒冷地区和沼泽地，少数苔藓植物在形态和生理上产生变化，而极少数在干旱地区生长的苔藓则形成特化。

这些形态、生理和生态上的变化，逐渐丰富了生物多样性，除苔类外，藓类和角苔类以及藻苔类植物的出现，共同组成了现今苔藓植物一个大类群。目前，全世界大约有苔藓植物 23 000 种，中国有 3 000 多种。

与高大的树木以及小型的蕨类植物相比较，苔藓植物显得十分矮小，只有少数属和种较长、较大些，被列入植物世界中的“小人国”。其体型高度一般在 1~2 cm 至 5 cm 左右。在一些温暖湿润的沟谷，树枝上附生的少数下垂生长的蔓藓科植物可长达 30~50 cm，在澳大利亚南部林地生长的巨藓（*Dawsonia*）体型高度也在 30 cm 左右，犹如萌生的松树幼苗。而对于一些细小的苔类植物，人类的肉眼刚能够识别，其植物体直径仅与头发丝相仿。

千姿百态、娇小而又迷人的苔藓植物虽其个体大都细小，却恰有极大的传布能力，除一般的有性繁殖外，苔藓植物依不同类群存在多样的无性繁殖形式，可进行大量繁殖，并借助自然界的风力、气流、昆虫和其他动物以及人类的活动而“携带”至远方，甚至迁移至地球上不同的大陆，包括人类难以生存的南极和北极地区，这些地区均有苔藓植物的生长。

在全球范围内，苔藓植物在除极地外的森林、草原、高原、沼泽、溪涧、洞穴、荒芜农田及一些荒漠中均可生存，甚至海拔高达 4 000~5 000 m 的高山仍有大片苔藓植物生长。苔藓植物对森林的水土保持和林木的更新起着积极而默默无闻的促进作用，有助于林木的繁衍生长，对维护环境和气候调节起着良好的作用。

然而，苔藓作为植物界的一个大类群，已经步入高等植物的行列，其生物多样性形式千姿百态，生态习性也十分丰富。总体而言，苔藓植物的构造相对简单，它没有复杂的组织结构，显示了从水生生活转为陆生生活的初期类型。它在繁衍下一代时离不了水的帮助，表明其虽然经历了风风雨雨亿万年的变迁，但它在整个生活史中依然脱离不了水湿的环境条件。苔藓植物在经受了自然界长期而深刻的影响后，最终形成了植物界中一个独特的大类群。

一、如何识别苔藓植物

通常，对于蕨类、裸子植物和种子植物的识别，一般是通过观察一个植物的个体、一根枝条或几张叶片，以及对蕨类的孢子囊、裸子植物的球果或有花植物的花的构造进行剖析获得结论。然而，识别和区分苔藓植物的科、属和种的明显不同点，首先，必须观察一群苔藓植物的生长状况，了解它们在植物体之间生长的疏密、相互贴生还是相互交织、色泽的深浅、有无光泽，植物群体呈直立、平卧、倾垂或悬垂生长，以及分枝的有无和分枝的类型，这是苔和藓的大类以及分科和分属的重要性状。总体来说，在野外从宏观角度认识苔藓植物的这些性状是很重要的第一步。

其次，在对室内经过干燥后的标本进一步观察时，必须注意苔藓所着生的生境，如植物基部附有树皮或树干的组织，表示此标本是产自树干或树枝，后者往往会带有小枝条。若植物基部附着泥土，无疑此植物是生于土上或具土岩面。水中漂浮、湿土上或沼泽地生长的苔藓，可依据其附着泥土多少予以区分。当然，野外记录十分重要。判断苔藓植物是哪一大类群，上述着生生境有助于缩小思考范围。

最后，在了解了所观察苔藓的大的外观和着生生境后，基本上可以把它分至一个大的范围，甚至可以分至具体的科。再下一步，要区分它至属和种，一个 10 倍放大镜和简单的光学显微镜是必要的。对于一位具有一定经验的苔藓爱好者，至少有几十种苔藓植物可以用放大镜在野外做初步鉴定，然后，在室内用显微镜做出定论。如果长期在一个山区进行调查，利用放大镜对该地区苔藓植物种类的识别能力会更高。

大多数苔藓植物必须观察的性状包括叶形、中肋长度、叶边有无齿、齿的大小、叶细胞形状、细胞壁厚度、胞壁表面有无不同形状的突起。苔藓植物缺失花的构造，它们依赖孢蒴产生的孢子来繁衍后代。除孢子形状外，可从孢蒴的形状、大小、直立、平展或下垂等，以及孢蒴口部着生的蒴齿构造来加以区分。

苔藓植物各种间的区分相对于种子植物和蕨类植物具有一定的难度，但只要能静心观察，困难是可以克服的。

二、苔藓植物的基本形态特征

识别苔藓植物最重要的一点，实际上是人们对所看到的苔藓植物外形的一个初步的“浏览”，包含它的色泽、生长形式、疏密、交织还是直立生长，以及分枝形式，这是肉眼都能看到的。人们的思维具有高度综合能力，这一能力可把这一苔藓性状归入一定的分类范畴之内。然后，用放大镜观察一株苔藓植物，取一小针把植株上的叶片放在玻璃片上，叶的形状以及叶中肋长短基本上可以看清，这进一步帮助人们确定这一苔藓植物归属于哪一个科和属。至于确定种的名称就需要一台简便的台式显微镜，以观察叶细胞形态、叶边缘性状以及叶基部形态和叶基部细胞是否特化。在相关苔藓植物志类书籍的帮助下，一个苔藓植物的名称可初步确定。为增强可靠性，请相关专业人员予以核实是必要的。

三、苔藓植物与人类的关系

一般来说，苔藓植物和人类并不生活在一起，但是，苔藓植物和人类的衣食住行各个方面却都有密切的关系。在中国古代，苔藓植物通常被用作清热解毒的草药。《本草纲目》等记载民间多以蛇苔、地钱、金发藓等全草洗净后用水煮服或用于外敷消肿。在欧洲，地钱类植物常被用于治疗肝病。我国云南的西双版纳和四川西部街头的一些草药摊则常出售大叶藓，大叶藓用开水泡服后代茶饮可防治心脏病。以现代医学知识解释，这是因为大叶藓含有黄酮类化学成分，在饮用含黄酮的大叶藓浸出液后，增强了心脏的抗缺氧能力。大叶藓的药理试验也证明，小白鼠在服用大叶藓后可显著增加其抗缺氧的能力。

第一次世界大战时期的欧洲，由于大量棉花用于制作火药，医用药棉奇缺，欧洲地区的人们取用当地的泥炭藓植物来制作医用敷料，曾达到年产量数百万只，对救助伤员起了十分积极的作用。

近年来在新疆，发现少数民族盖房大量取用苔藓植物作为保暖用敷料，与欧洲古时盖房取用苔藓植物如出一辙。在欧洲古代，还曾用金发藓植物制造木船的绳索来固定木板，迄今，在英国博物馆中还展出其实物。我国南方的一些高等院校利用苔藓植物对环境以及矿物进行大气监测，专业的公司则开展大规模苔藓植物繁殖生产用于绿化。

最近 30 年来，据对大量苔藓植物进行化学分析，结果显示苔藓植物的化学成分十分丰富，含萜类、胡萝卜素、泥炭藓酚、黄酮类和芳香族化合物等数以百计的化学成分。目前，又发现有些苔藓植物是转基因的十分可靠的载体，欧洲目前已在进行这方面的转基因药物试验，这对今后进一步应用苔藓植物来为人类服务，开启了十分广阔的前景。

四、苔藓植物的分类

经历从分类学先驱者林奈确认了数十种苔藓至 21 世纪的今日，一般认为全世界苔藓植物现有约 23 000 种。中国具有广阔的地域，涵盖热带、亚热带以及温带和荒漠等多种生境，苔藓植物的种数有 3 000 多种，其中苔类植物占 1/3 左右，藓类植物占 2/3 左右。

目前，已知的苔藓植物可分为 4 个大类：藻苔植物门、地钱植物门、角苔植物门和藓类植物门，在托木尔峰保护区，苔类植物门和藓类植物门有分布。苔藓植物两个门的基本特征如下。

1. 苔类植物门 Marchantiophyta

苔类植物多数为此门类的“成员”。外观少数植物为宽叶状体，其余具茎和叶的分化。叶片形态多样化，一般无中肋，少数具假肋。叶细胞多六角形，壁薄或厚，表面平滑，少数具疣或乳头状突起。孢蒴多圆球形，成熟时一般 4 瓣开裂，少数呈 8 瓣。

2. 藓类植物门 Bryophyta

日常人们所见的苔藓植物多数为此门类的植物。体型小或较大，具茎和叶分化，稀为其他形式或无叶片。叶片形态各异，多数具单中肋，稀为 2 短肋或中肋缺失。叶细胞六角形、长方形至近线形，表面平滑，或具疣和乳头状突起。蒴柄细长，硬挺，稀短弱。孢蒴卵形、长卵形至长圆柱形，口部多具蒴齿，稀缺失或退化。

第二章 托木尔峰苔藓植物代表物种的分类鉴定和物种特征描述

一、地钱科 Marchantiaceae Lindl.

叶状体灰绿色、绿色至暗绿色，长可达 10 cm，多回叉状分枝。气孔复式，生于叶状体背面或生殖托上，口部圆筒形，内下部背面观 4 个细胞排列常呈“十”字形，气室单层或有时退化，常具绿色营养丝。叶状体渐向边缘渐薄；横切面下部基本组织厚，多为大型薄壁细胞，常有大型黏液细胞及小型油胞。腹鳞片近于半月形，常具油胞；先端具 1 个心形、椭圆形或披针形附器，多数基部收缩，边全缘、具粗齿或齿突；一般在中肋两侧各具 1~3 列，呈覆瓦状排列。通常腹面密生平滑或具疣两种假根。叶中肋背面常着生杯状芽胞杯，边缘平滑或具齿；杯内着生具短柄的近扁圆形芽胞，芽胞常具油胞。雌雄异株或同株。雌托柄长，雄托柄短，均具 2 条假根沟，雌雄托伞形或圆盘形，一般着生于叶状体背面中肋上或叶状体先端缺刻处；雄托边缘深或浅裂，精子器着生于雄托背面；雌托边缘常深裂，颈卵器着生于雌托腹面，被总苞围绕，受精后配子体分裂形成 2~3 层细胞的两瓣状苞膜，每个苞膜包含一个孢子体。孢蒴球形、卵形或椭圆形，由蒴被包裹，成熟时多呈黄色，伸出苞膜，不规则开裂，蒴壁细胞壁具环状加厚。孢子小，表面具疣或具脊状细网纹。弹丝细长，具 2 条等宽的螺纹。

地钱属 *Marchantia* L.

1 地钱 *Marchantia polymorpha* L.

叶状体黄绿色至深绿色，宽带状，多回叉状分枝，宽 7~15 mm，长 3~10 cm；边缘皱波状，具小裂瓣。背面具六边形、排列整齐的气室分隔，每个分隔中央具 1 个圆柱形气孔，气孔烟囱形，桶状口部具 4 个细胞，高 4~6 个细胞，“十”字形排列，中部横切面基部组织厚 10~20 层细胞，中肋紫色，明显。腹面鳞片 4~6 列，透明或淡紫色，弯月形；生于中肋两侧。先端附器宽卵形或宽三角形，边缘具密集齿突；常具大型黏液细胞及油胞。芽胞杯边缘多细胞宽的粗齿上具多数齿突。雌雄异株。雄托圆盘形，7~8 (~10)浅裂；托柄长 1~3 cm。雌托 6~10瓣深裂，裂瓣指状；裂瓣幼嫩常垂倾，孢蒴成熟后常上扬，托柄长 3~6 cm。孢子表面具网纹，直径 13~17 μm。弹丝十分细长，黄绿色，直径 3~5 μm，长 300~500 (~600) μm，具 2 列螺纹加厚。

全草清热解毒，亦可作外敷药。在欧洲民间以其外形为肝状，而用以治疗肝病。

标本鉴定：塔克拉克，MS 24349；北木扎特河流域，MS 25409；海拔：2 452~2 600 m。

2 背托苔 *Preissia quadrata* (Scop.) Nees

植物体大，带状，浅绿色至深绿色，边缘常紫红色，宽 0.5~1.5 cm，长 2~4 (~10) cm，常叉状分枝。背表皮细胞薄壁，叶状体背面气室较小或退化，有时具绿色营养丝。气孔烟囱形，较小，周围 4~5 个细胞环绕，高 4~5 个细胞，最下方的 4 个细胞长向中央弯曲。腹鳞片深紫红色，2 列覆瓦状排列，近半月形，有分散油胞；先端具 1 个细小披针形附器，基部稍收缩，常扭转。无芽胞杯。假根异形，有光壁和具疣两种。雌雄异株或同株。雄托柄长 0.5~1.0 cm，基部平滑，上部有鳞毛，2条假根槽 ；雄托盘形，边缘全缘不裂。雌托柄长 1~2.5 (~5) cm，上部有鳞毛，2条假根槽；雌托背部暗绿色，背凸，边缘不裂或有 4~5 个微缺刻，每个缺刻下具 1 个苞膜，内生 2~3 个假蒴萼，每个假蒴萼各具一个孢子体。孢蒴球形或卵形，由蒴被包裹，成熟时伸出，不规则 6~7 瓣裂，蒴壁具环纹或半环纹加厚。孢子近球形，表面具网纹和脊状凸起，直径 50~80 μm。弹丝褐色，粗 8~20 μm，长 150~250 μm，有时分叉。

标本鉴定：塔克拉克，MS 29952；小库孜巴依林场，MS 24562；大库孜巴依林场，MS 31199；铁兰河流域，MS 31399；海拔：2 160~2 740 m。

二、疣冠苔科 Aytoniaceae Cavers

叶状体多叉状分枝，或具腹枝。气室通过多数细胞片层相隔，气孔单一型，孔口高出，呈火山口形，由多列 6~8 个细胞围绕。气室多层或有次级分隔。鳞片大，半月形，紫堇色，覆瓦状排列，具有 1~2 (~3) 条披针形钩状附器，附器少数为卵圆形。叶状体表皮细胞有或无油体细胞。雌雄异株或同株。精子器生花芽状枝上或单个生于叶状体上。颈卵器生于叶状体背部先端的雌器托上，成熟明显或稍高出叶状体，托柄上有 1 条假根沟，有气室和火山口状气孔，托顶上部有气室，每一个总苞中有 1~4 个孢子体。在腹面有由颈卵器苞膜裂成的长裂片（有时也称假蒴萼）。蒴柄短，基足球形。孢蒴球形，成熟后由顶端向下开裂 1/3、或盖裂、或不规则开裂。孢蒴壁无环状加厚螺纹。孢子有疣或小凹，有宽的透明边。

紫背苔属 *Plagiochasma* Lehm. & Lindenb.

3 小孔紫背苔 *Plagiochasma rupestre* (J.R. Forst. & G. Forst.) Steph.

叶状体带形，软绵状，绿白色、蓝绿色、橄榄绿色或褐绿色，宽 3.3~5 mm，长 1~3.5 cm，边缘宽，全缘或稍具细圆齿，紫色、红色或棕色。叶状体背面表皮细胞近于圆多边形，薄壁，具三角体，有时具油胞；气孔小，不突起于表面，孔口狭窄，口部周围仅有 4~6 个细胞组成 1 圈，不呈放射状排列；气室不明显或由叶状体中部 2~3 层细胞组成；中肋与叶细胞分界不明显。腹鳞片红色，先端具 1~2 (~3) 条披针形附器，基部略宽阔，腹鳞片边缘不分化，没有齿突和黏液滴细胞，附器不与鳞片完全分离。雌雄同株。雄器托通常圆形，垫状，有时肾形，位于叶状体中部，内有精子器 8~50 个；雌器位于叶状体中部，一般具 1~3 个蒴苞，黄绿色或棕色，内有孢子体；雌器托柄长 2~4 mm。孢子棕色或暗棕色，表面具深穴状网纹，直径 70~85 μm；弹丝直径 12~14 μm，长 190~280 μm，具 2~3 列螺纹加厚。

全草具清热解毒作用。

标本鉴定：北木扎特河流域，MS 22854；海拔：2 280 m。

4 石地钱 *Reboulia hemisphaerica* (L.) Raddi

叶状体中等大小，扁平带状，背面绿至深绿色，腹面边紫红色，多叉状分枝，宽 3~8 mm，长 10~45 mm，沿中肋腹面着生多数假根。中肋分界不明显，渐向边缘渐薄。叶状体背面表皮细胞常具明显膨大的三角体，有时具油胞；气孔单一型，突出，口部周围细胞单层，胞壁多较薄；气室多层，并有次级分隔，无绿色营养丝；腹鳞片在中肋两侧各 1 列，覆瓦状排列，半月形，带紫色，常具油胞；先端多具 1~3 条狭披针形或线形附器。雌雄多同株。雄托无柄，贴生于叶状体背面先端，近于圆盘状；雌托半球形，边缘 4~6 深裂；顶部平滑或凹凸不平，有时具气室与气孔；裂瓣下方有苞膜，内含 1 个孢子体；托柄长 1~3 (~5) cm，柄上具 1 条假根沟；柄上或柄两端有时具多数狭长鳞毛，着生于叶状体中肋先端缺刻处。孢蒴球形，成熟时顶端 1/3 处不规则开裂；蒴壁无螺纹加厚。孢子四分体形，表面常具细疣和网纹，直径 60~90 μm。弹丝褐色，宽 10~12 μm，长达 400 μm，具 2~3 条螺纹加厚。

全草有清热解毒、消肿止痛的功能，用于治外伤出血，跌打肿痛等，对淋巴细胞白血病有一定的抑制作用。

标本鉴定：小库孜巴依林场，MS11726；木扎特河流域，MS25013；海拔：2 260~2 500 m。

三、星孔苔科 Cleveaceae Cavers

叶状体小至中等大小，带形，质厚，灰绿色、亮绿色或深绿色，干燥时边缘常背卷，叉状分枝，有时腹面着生新枝。叶状体背面表皮有时具油胞；气室一般较大，多层，稀单层；具单一型气孔，口部周围细胞具放射状加厚的壁，常明显呈星状；中肋与叶细胞分界不明显，向边缘渐薄。叶状体横切面下部基本组织较厚，细胞稍大，薄壁。腹鳞片近于三角形，无色透明或略带紫色，多散生，有的属和种具油胞和黏液细胞疣；先端的附器基部不收缩。雌雄同株或异株。精子器散生或群生，着生于叶状体背面中肋处，精子器上方具 1 突起的开口。雌器托退化，一般具近于圆柱形或稍扁的裂瓣，裂瓣内具 1~2 个二瓣状的蒴苞；每个蒴苞含单个孢子体。雌器托柄长或短，柄上具 0~2 条假根沟，着生于叶状体中肋的背面。孢蒴球形，生于杯形蒴被内，成熟时不规则开裂；蒴壁具环纹加厚。孢子球形，表面具疣。弹丝具螺纹加厚。

克氏苔属 *Clevea* Lindb.

5 小克氏苔 *Clevea pusilla* (Steph.) Rubas. & D.G. Long

叶状体带形，宽 2~3 mm，长 0.5~1 cm；背面表皮细胞多边形，薄壁，三角体小；气孔口部周围 5 个细胞；中肋与叶细胞分界不明显。腹鳞片较均匀地散生于中肋处，呈披针形，鳞片先端具 1 披针形或舌形附器，细胞近方形或长方形。雌雄异株。雌器托退化；一般具 1~3 个裂瓣，常略纵向扁平，内具 1 个蒴苞，含 1 个孢子体；雌器托柄长 1~4 mm。孢蒴球形。孢子表面具有近于半球形的粗疣，直径 56~70 μm。弹丝直径 8~10 μm，长 140~200 μm，具 2~3 列螺纹加厚。

标本鉴定：小库孜巴依，MS 30013；海拔：2 450 m。

四、溪苔科 Pelliaceae H. Klinggr.

植物体叶状，绿色或深绿色，中等至大型。叶状体多叉状分枝，平直，边缘无侧分瓣，多波曲，无明显中肋。腹面具密集假根，假根透明至先端腹面具 1~2 个细胞组成黏茸毛；叶状体表面细胞小，具多数叶绿体，中部细胞大，油体聚合型，球形，每个细胞中有 10~30 个。雌雄同株或异株，精子器两列或散生于叶状体背面，隐陷于叶状体背面中部，每个精子器有低矮火山口状的口包围；雌苞囊状、杯状或桶状，口部波曲或具齿；假蒴萼筒状，稍高出雌苞；蒴柄长，无色；孢蒴球形，成熟时 4 裂瓣；弹丝座位于孢蒴基部；孢子球形或椭球形，在孢蒴未打开时便萌发为多细胞；弹丝黄绿色，2 条螺纹加厚，两头无特化的加厚区域。

溪苔属 *Pellia* Raddi

6 溪苔 *Pellia epiphylla* (L.) Corda

叶状体匍匐蔓延丛生，长 4~8 cm，宽 8~10 mm，边缘波状卷曲，生长密集时先端倾立；中肋不明显，厚 8~10 层细胞；叶状体先端凹陷呈心形，腹面黏液毛短，常 2 个细胞；雌雄同株，精子器散列在叶状体背面中部，假蒴萼大，高出囊状苞膜；孢蒴球形，成熟时 4 裂瓣，蒴厚壁 2 层细胞，外层细胞不规则多边形，内层细胞具环状加厚；孢子大，在孢蒴中萌发成多细胞，黄绿色，(50~60) μm × (70~90) μm；弹丝褐绿色，具 2 条螺纹加厚。

标本鉴定：塔克拉克，MS 24394；小库孜巴依林场，MS 24543；北木扎特河流域，MS 22671；海拔：2 220~2 500 m。

五、小叶苔科 Fossombroniaceae Hazsl.

植物体匍匐，茎两侧有两列侧叶或叶状体形在背面裂成细裂片，蔽后式，或叶状体形不分裂，生在干燥环境时茎缩短呈节状。颈卵器成丛状生于茎背面近先端；假蒴萼呈杯状或钟形。孢蒴球形，2~4 层细胞，成熟时由先端不规则裂开；蒴柄横切面的细胞同形；孢子体基足球形。孢子大，表面网格状、节片状或长刺状。无弹丝托，弹丝有 2~3 条螺纹。油体小，在一个细胞中有多个。

小叶苔属 *Fossombronia* Raddi

7 小叶苔 *Fossombronia pusilla* (L.) Dumort.

植物体密集匍匐生长，叶片平展至波状，边缘具浅裂瓣至角状；雌雄同株，颈卵器和精子器混生，裸露生于茎背面；孢子棕色至红棕色，远极面具片状疣，近极面具瘤或鸡冠状纹饰，三射状脊缺失或不完整；弹丝多，具 2~4 条螺纹加厚，细长，通常长 90~230 μm，有时具分枝。

标本鉴定：北木扎特河流域，MS 30189；海拔：2 660 m。

六、绿片苔科 Aneuraceae H. Klinggr.

植物体叶状，多层细胞，不形成中肋，叉状分枝或羽状分枝；油体小，每个细胞中 1~3 个，球形，等大；叶状体细胞大。雌器苞生于叶状体侧短枝上；长椭圆形或棒状，表面平滑或具瘤状突起；孢蒴椭圆形，长椭圆形或短柱形；孢蒴四裂瓣，弹丝托生于先端。无性芽胞生于叶状体先端，由叶状体表面细胞组成。

绿片苔属 *Aneura* Dumort.

8 绿片苔 *Aneura pinguis* (L.) Dumort.

植物体大型，肉质，新鲜时为淡绿色至墨绿色，干燥时为棕黑色至深黑色，分枝较少，分枝不规则、短而宽，或不分枝。叶状体宽6~8 mm，横切面平凸至双平型，中央厚 12~15个细胞，翼部宽1~3 (~4)个细胞。上表皮细胞背面观40~75 μm，薄壁。表皮、内部细胞和翼部细胞均具油体，油体小，灰色至淡褐色，透明，圆形，每个细胞2~40个。黏液毛多列着生于叶状体腹面。假根多数，着生于叶状体腹面中央位置。雌雄异株。精子器多列着生于雄生殖枝上，雄枝多具有2~3个分枝。颈卵器着生于雌生殖枝上。假蒴萼长棒状或椭圆形，基部具雌苞裂片；蒴被表面平滑。蒴柄长2~5 cm，近于透明，由同型细胞构成。孢蒴椭圆形，长1~1.5 mm，红褐色，成熟时4裂瓣，蒴厚壁2层细胞，外层细胞节状加厚，内层细胞有红褐色半杯状加厚节。孢子球形或椭圆形，红褐色，具细疣。弹丝着生于孢蒴裂瓣先端，长 80~120 μm，宽 4~9 μm，红褐色，单螺纹加厚。

标本鉴定：塔克拉克，MS 24319；小库孜巴依林场，MS 24513；大库孜巴依林场，MS 24703；海拔：2 442~2 600 m。

9 鞭枝片叶苔 *Riccardia flagellifrons* C. Gao

叶状体中等大，匍匐，分枝上升倾立，鲜绿色或深绿色，基部老的部分褐绿色，长 4~6 mm，宽约 0.6 mm，2~4 次分枝。小枝细长倾立，长 1.5~2 mm，宽 0.12~0.15 mm。叶状体横切面半月形，向腹面凸，3~4 层细胞厚，皮细胞略小于内部细胞，分枝横切面两面突出。上皮细胞大，(25~30) μm × (75~90) μm。雌雄同株。雌枝短，生于叶状体边缘，先端有不整齐单列细胞短毛，雄枝短棒状，常靠近雌枝生长，精子器 9~16 对，假蒴萼短棒状，表面具节状疣。未见成熟孢子。

标本鉴定：北木扎特河流域，MS 25122；海拔：2 310 m。

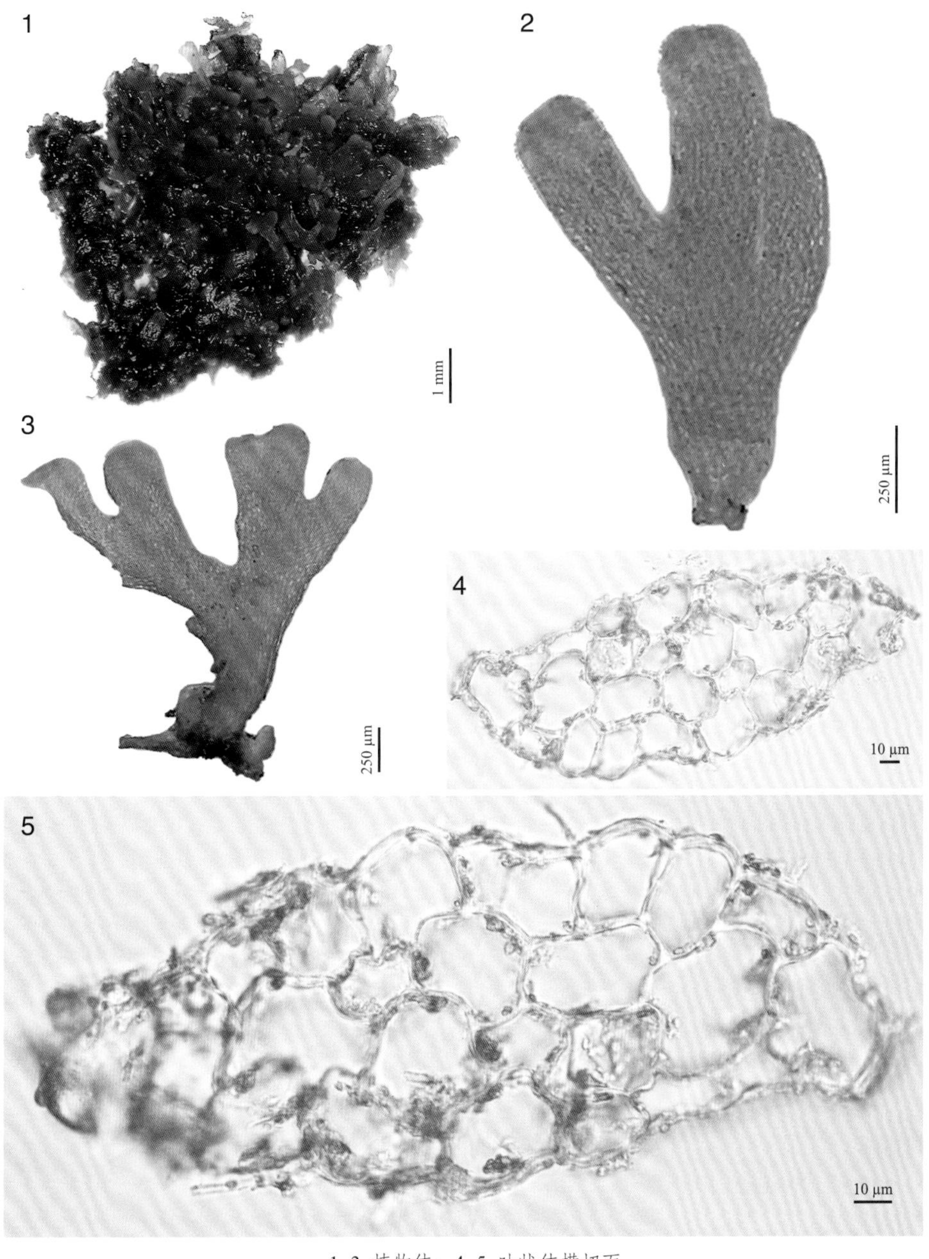

1~3. 植物体；4~5. 叶状体横切面

（凭证标本：买买提明·苏来曼 25122，XJU）

10 宽片叶苔 *Riccardia latifrons* (Lindb.) Lindb.

植物体中等大，2~3 回不规则的羽状分枝，羽枝宽大较短，顶端深凹陷；多仅幼嫩枝端具有油体，或完全缺少油体；常具有发达的向地枝；表皮细胞与内部细胞几乎等大，无明显界限；雌雄同株。

标本鉴定：北木扎特河流域，MS 22578；海拔：2 160 m。

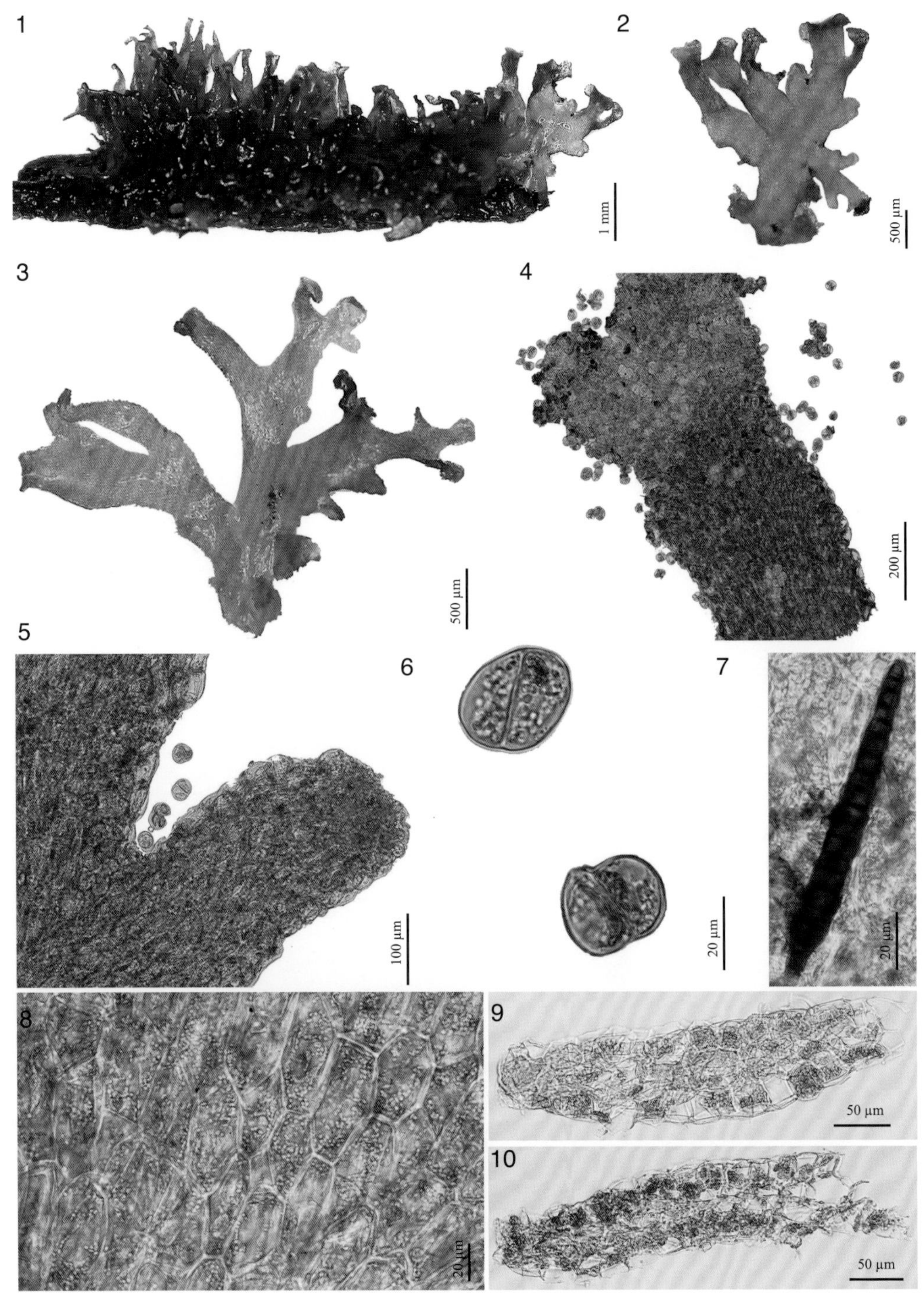

1~3. 植物体；4~5. 叶状体显微（示芽胞）；6. 芽胞；7. 弹丝；8. 叶细胞显微；9~10. 叶状体横切面
（凭证标本：买买提明·苏来曼 22578，XJU）

七、毛叶苔科 Ptilidiaceae H. Klinggr.

植物体茸毛状，黄褐绿色或褐绿色，疏松丛集生长。茎匍匐或先端上倾，不规则羽状分枝，分枝长短不等；茎横切面圆形，中部细胞大。叶覆瓦状蔽前式排列，内凹，2~3 (4) 裂，深达叶片长度的 1/3~1/2；叶边有分枝或不分枝的多细胞长毛。叶细胞壁不等加厚，三角体明显，表面平滑。有油体。腹叶大，圆形或长椭圆形，2 (4) 瓣裂，边缘具分枝或不分枝长毛。雌苞生于主茎或分枝顶端，或生于侧短枝上。精子器柄单列细胞。孢蒴长椭圆形，成熟时呈 4 瓣开裂。孢子直径为弹丝直径的 4 倍。

毛叶苔属 *Ptilidium* Nees

11 毛叶苔 *Ptilidium ciliare* (L.) Hampe

植物体粗大，黄绿色或褐绿色，有时红褐色，具光泽，疏松生长。茎先端上倾，1~2 回规则羽状分枝，长 2~8 cm，连叶宽 2~3 mm；假根透明。叶 3 列排列，疏松地覆瓦状排列，侧叶 3~5 瓣深裂，基部宽 15~20 个细胞，长 1.7~2 mm，宽 2~2.4 mm（包括叶边的纤毛）；叶边具多数毛状突起。叶细胞圆卵形，宽 20~25 μm，长 24~40 μm，细胞壁不等加厚，具明显的壁孔，角隅加厚，叶边毛细胞 (20~24) μm × (35~47) μm；每个细胞具 20~36 个小而呈圆形的油体。腹叶小，长约 1 mm，宽 1.2~1.4 mm（包括叶边的纤毛）。2~4 裂，叶边具多数毛。雌雄异株。雄株常单独形成丛生长，体型小，分枝较多。雌苞生于主茎或主枝先端。蒴萼短柱形或长椭圆形，口部有 3 条深褶，有短毛。孢蒴卵圆形，红棕色，成熟时呈 4 瓣开裂。孢子直径 25~35 μm，具细疣。弹丝直径 6~7 μm。2 列螺纹加厚。

标本鉴定：北木扎特河流域，MS 22806；海拔：2 280 m。

八、光萼苔科 Porellaceae Cavers

植物体中等大小至大型，绿色、褐色或棕色，常具光泽，多扁平交织生长。主茎匍匐、硬挺，横切面皮部由 2~3 层厚壁细胞组成；1~3 回羽状分枝，分枝由侧叶基部伸出。假根成束着生于腹叶基部。叶 3 列；侧叶 2 列，紧密蔽前式覆瓦状排列，分背腹两瓣；背瓣大于腹瓣，卵形或卵状披针形，平展或内凹，全缘或具齿，先端钝圆，急尖或渐尖；腹瓣与茎近于平行着生，舌形，平展或边缘卷曲，全缘，具齿或裂片，与背瓣连接处形成短脊部。腹叶小，阔舌形，平展或上部反卷，两侧基部常沿茎下延，全缘或具齿或卷曲成耳状囊。叶细胞圆形、卵形或多边形，稀背面具疣，细胞壁三角体明显或不明显；油体微小，数量多。雌雄异株。雌苞生于短枝顶端。蒴萼背腹扁平，上部有纵褶，口部宽阔或收缩，边缘具齿。孢蒴球形或卵形，成熟后不规则开裂，孢蒴壁由 2~4 层细胞组成，细胞壁无加厚。

光萼苔属 *Porella* L.

12 钝叶光萼苔 *Porella obtusata* (Taylor) Trevis.

植物体中等大到大型，密集平铺生长，黄绿色或棕黄色，略具光泽。茎匍匐，规则 1~2 回羽状分枝，连同叶宽 2~3 mm。叶 3 列；侧叶 2 列，紧密覆瓦状排列；背瓣大于腹瓣、卵圆形，长 2~2.5 mm，宽 1.5~1.7 mm，叶缘平滑，顶端钝圆，强烈内卷；腹瓣斜展，长卵形，长 1.5~2 mm，宽 0.5~0.8 mm，叶缘平滑，基部沿茎具短而宽的条裂状下延，顶端边缘强烈背卷。侧叶细胞圆形或卵形，上部细胞 15~26 μm，中下部细胞较大，细胞壁向下部逐渐加厚，三角体变大，基部常为节状加厚，油体微小。茎腹叶与腹瓣近乎等大，卵形或长卵形，长 1.6~1.8 mm，宽 1.2~1.4 mm，全缘，茎顶端强烈背卷，基部沿茎条裂状下延。雌雄异株。

标本鉴定：北木扎特河流域，MS 30190；海拔：2 100~2 650 m。

13 温带光萼苔 *Porella platyphylla* (L.) Pfeiff.

植物体大型，色泽暗，暗绿色至橄榄绿色。茎匍匐，长3~5 cm，直径0.32~0.36 mm，规则的2~3回羽状分枝；枝条通常完全伸展，类似于主茎的分枝状态，但枝条稍细。假根少。侧叶密集覆瓦状排列，轻微至明显的突起，顶端明显内卷或外卷。侧叶背瓣斜卵形，长明显大于宽，(1.2~1.4) mm × (1~1.1) mm，顶端窄至宽的圆形，侧叶背瓣下部边缘偶尔具浅的不规则波状或波状细齿，基部不下延；侧叶腹瓣与背瓣分离着生，呈强烈的弓形，与背瓣连接长度不到腹瓣长度的1/7，腹瓣狭的卵状三角形至披针形，直立，几乎与茎平行，不对称，(0.55~0.65) mm × (0.37~0.41) mm，腹瓣突起，边缘向下弯曲至内卷，与茎的结合线向上弯曲。叶中部细胞（23~28) μm × (25~30) μm，边缘和近顶端细胞多角形，直径20~26 μm，具明显的三角体，但不呈膨大状；油体小，每个细胞22~36个，透明，均质型，卵形至椭圆形，较叶绿体明显小；角质层平滑。腹叶宽为腹瓣的1.2~1.8倍，近于覆瓦状排列，为茎宽的1.2~1.6倍，圆方形、长方形至狭卵形，(0.45~0.6) mm × (0.5~0.6) mm，下延明显，下延部分偶尔波曲，顶端圆钝，腹叶全缘。雌雄异株。通常产生孢子体。雄苞生于短侧枝上，较营养枝更偏黄色，长1.5~3 mm，雄苞片5~7对，具对称的2裂，囊状，密集覆瓦状排列；雌穗生于短侧枝上，雌苞片略小于营养叶，腹瓣常与背瓣大小相近，狭卵形至卵状披针形，边缘常具细齿；腹苞叶卵形至椭圆状舌形，稀倒卵形，边缘全缘，或弱的细齿。蒴萼卵形至梨形，长1.5~2 mm，具3个钝的脊。孢蒴几乎不伸出蒴萼，成熟后分裂为6~9瓣。孢子黄色或淡棕色，表面具小刺，直径36~55 μm。弹丝长200~275 μm，直径7~10 μm。

标本鉴定：北木扎特河流域，MS 25093；海拔：2 100~2 650 m。

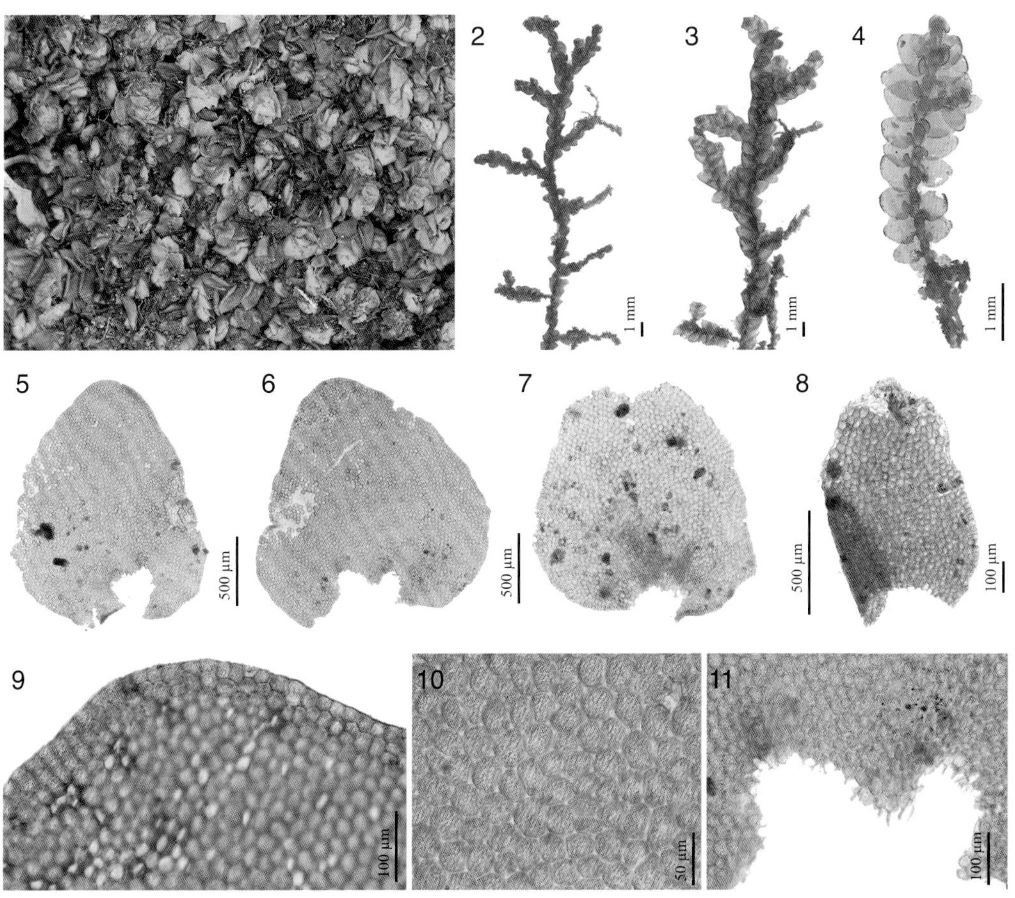

1. 植物群落；2~4. 植物体；5~6. 侧叶背瓣；7. 腹叶；8. 侧叶腹瓣；9. 叶边缘细胞；10. 叶中部细胞；11. 叶基部细胞（凭证标本：买买提明·苏来曼 25093，XJU）

14 卷叶光萼苔 *Porella revoluta* (Lehm. & Lindenb.) Trevis.

植物体中等大，密集平铺生长，黄绿色或深绿色，假根少，仅见于下部茎腹叶基部，褐色。茎长 3~5 cm，带叶宽 2.5~3 mm，规则 2 回羽状分枝，横切面椭圆形，直径 304~520 μm。表皮具 5 层小型细胞，黄褐色，椭圆形，厚壁；内部细胞大，淡黄色，不规则形状，薄壁。侧叶密集覆瓦状排列，背瓣卵状三角形，与茎呈 70°~80°，长 1.7~2 mm，宽 1.3~1.5 mm，前缘基部全覆盖茎，前缘和后缘全缘，上部强烈背卷，先端钝圆；腹瓣与茎平行生长或稍倾斜，长舌形，长 1~1.2 mm，宽 0.6~0.7 mm，缘全缘，外卷，先端圆钝，基部一侧沿茎下延较宽；中部细胞圆长方形，长 19.4~46.4 μm，宽 13.5~29 μm，壁中等加厚，三角体小，表面平滑；边缘细胞与中部细胞相似，长 17.4~23.2 μm，宽 19.4 μm；基部细胞圆形，长 27.1~48.4 μm，宽 27.1~36.8 μm，薄壁，三角体中等大，球状；腹叶阔舌形，宽稍大于茎直径，长 0.9~1.2 mm，宽 0.8~0.9 mm，侧缘平滑，外卷，先端钝圆，外卷，基部下延较长。雄苞顶生于侧分枝上，雄苞叶 3~6 对。

标本鉴定：北木扎特河流域，MS 24496、30164；海拔：2 160~2 650 m。

九、扁萼苔科 Radulaceae (Dumort.) K. Müller

植物体细小至中等大小，黄绿色、橄榄绿色或红褐色，扁平贴生基质。茎长 0.5~10 cm，不规则羽状分枝或二歧分枝，分枝短，斜出自叶片基部；茎横切面皮部细胞不分化或稍小于髓部细胞；假根束生于腹瓣中央。叶 2 列，蔽前式，疏生或密集覆瓦状，平展或斜展，背瓣平展或内凹，卵形或长卵形，先端圆钝或具短尖；基部不下延或稍下延；叶边全缘。腹瓣为背瓣的 1/4~1/3，斜伸或横展，少数直立着生，卵形、长方形、舌形或三角形，常膨起成囊状，先端圆钝或具圆钝头，或具小尖；脊部平直或略呈弧形，与茎呈 50°~90° 角。叶细胞近于六边形，薄壁或厚壁，具三角体或无三角体，稀细胞壁中部球状加厚，表面平滑，稀具细疣；每个细胞具 1~3 个油体。雌雄异株，稀雌雄同株。雄苞顶生或间生于分枝上，雄苞叶 2~20 对，呈穗状。雌苞生于茎或枝顶端，稀生于短侧枝上，具 1~20 对，呈穗状。雌苞生于茎或枝顶端，稀生于短侧枝上，具 1~2 对雌苞叶。蒴萼扁平喇叭形，口部平截，平滑。

扁萼苔属 *Radula* Dumort.

15 扁萼苔 *Radula complanata* (L.) Dumort.

植物体小，长 0.3~1 cm，带叶宽 1.7~2.2 mm，新鲜时油绿色，干时黄绿色或暗绿色，不规则羽状分枝，分枝斜向上伸出，长 1.6~3 mm，带叶宽 0.7~1.1 mm；主茎直径 0.13~0.18 mm，横切 6~8 个细胞长，皮部细胞棕褐色，与髓部细胞几乎等大，均薄壁，具小三角体。叶中等程度或密覆瓦状排列，平铺延伸。背瓣卵圆形，近平展或略内凹，长 1.3~1.7 mm，宽 0.85~1 mm，先端圆钝，或略向腹面卷曲，基部拱起呈弧形，完全盖茎；基部边缘具 2 个透明疣，均长椭圆形，分别着生在基部边缘上端和靠近基部与茎连接处；边缘细胞 (17~21.6) μm × (12.1~17.9) μm，中部细胞 (18.5~30.2) μm × (15.9~25.5) μm，基部细胞 (27.6~38.6) μm × (18.7~25.5) μm；细胞薄壁，三角体小；角质层平滑；每个细胞具 1 个大型油体，(11~21.1) μm × (7.7~13) μm，棕褐色，卵圆形或长椭圆形，油体聚合型，由很多微小颗粒构成。腹瓣方形或近方形，长 0.3~0.45 mm，宽 0.2~0.45 mm，与背瓣紧贴，约为背瓣长的 1/2，先端钝或切形，远茎边直、略弯曲，近茎边直、向内弯曲或从先端至基部外翻，基部拱起呈弧形或耳状，盖茎宽的 1/3 至全部；具 2 个透明疣，均长椭圆形，分别着生在腹瓣先端和基部的近茎端边缘；龙骨区扁平或略膨起，假根少，褐色或透明，假根着生区不明显或稍突起。背脊直或略内弯，不下延，长 0.3~0.43 mm，与茎呈 70°~80° 角；弯缺钝或无。芽胞盘状，较小，大量着生于背瓣的背部边缘，使背瓣背部边缘呈波状起伏。雌雄同株 (雌雄有序同株) 或雌雄异株。雄苞叶 2~4 对；雌苞着生于茎顶端，基部具 (1~) 2 条新生枝，雌苞叶 1 对，背瓣狭卵形，先端圆钝，腹瓣为背瓣大小的 2/5，倒卵形，背脊向外突起，弧形；蒴萼喇叭筒形，较短，扁平，长 1.5~2.5mm，中部宽 0.9~1.2 mm，口部宽大，平截或二唇状，全缘。

标本鉴定：北木扎特河流域，MS 30190、30199；海拔：2 100~2 660 m。

十、耳叶苔科 Frullaniaceae Lorch

植物体纤细或粗大，褐绿色、深黑色或红褐色，紧贴基质或悬垂附生，多生于树干、树枝或岩面。茎规则或不规则羽状分枝。叶 3 列，侧叶与腹叶异形。侧叶 2 列，覆瓦状蔽前式排列。分背瓣和腹瓣；背瓣大，内凹，多圆形、卵圆形或椭圆形，尖部多圆钝，偶具短尖；叶边全缘，稀具毛状齿，叶基具叶耳或缺失。叶细胞圆形或椭圆形，细胞壁等厚，或中部具球状加厚，三角体明显或缺失，油体球形或椭圆形，稀具散生或成列油胞；腹瓣小，盔形、圆筒形或片状；副体常见，由数个至 10 余个细胞组成，多为丝状，偶呈片状。腹叶楔形、圆形或椭圆形，全缘或 2 裂，基部有时下延，稀具叶耳。雌雄异株或同株。蒴萼卵形或倒梨形，孢蒴壁由 2 层细胞组成，脊部多膨起，平滑、具疣或小片状突起，喙短小。孢子球形，表面具颗粒状疣。

耳叶苔属 *Frullania* Raddi

16 钟瓣耳叶苔 *Frullania parvistipula* Steph.

植物体细小，平铺蔓延状生长，淡棕色或深棕色。茎匍匐，不规则分枝，长 1.5~2.5 cm。直径约 0.1 mm。连叶宽 1.0~1.1 mm。侧叶远离着生；背瓣近圆形，平展或稍内凹，长 0.6~0.7 mm，宽约 0.5 mm，顶端宽圆形，平展或稍内卷，全缘，基部两侧下延近于对称；盔瓣紧贴茎着生，与茎平行或稍倾斜，钟形，长 0.31~0.36 mm，宽 0.25~0.29 mm，口部宽，平截；副体微小，线形，3~4 个细胞长；腹叶贴于茎，远离着生，倒楔形，长 0.31~0.37 mm，宽 0.26~0.36 mm，顶端 2 裂至叶片长度的 1/3，裂角急尖，裂瓣三角形，急尖或钝，两侧各具 1 个钝齿，基部近于横生。叶细胞圆形或卵形，薄壁，向基部节状加厚逐渐明显，三角体小，向基部逐渐变大，边缘细胞长 10~15 μm，宽 9~13 μm，基部细胞长 26~34 μm，宽 18~23 μm。

全草入药，味淡、微苦，性凉。清心明目，补肾，治目赤肿痛。

标本鉴定：北木扎特河流域，MS 24999；海拔：2 100~2 140 m。

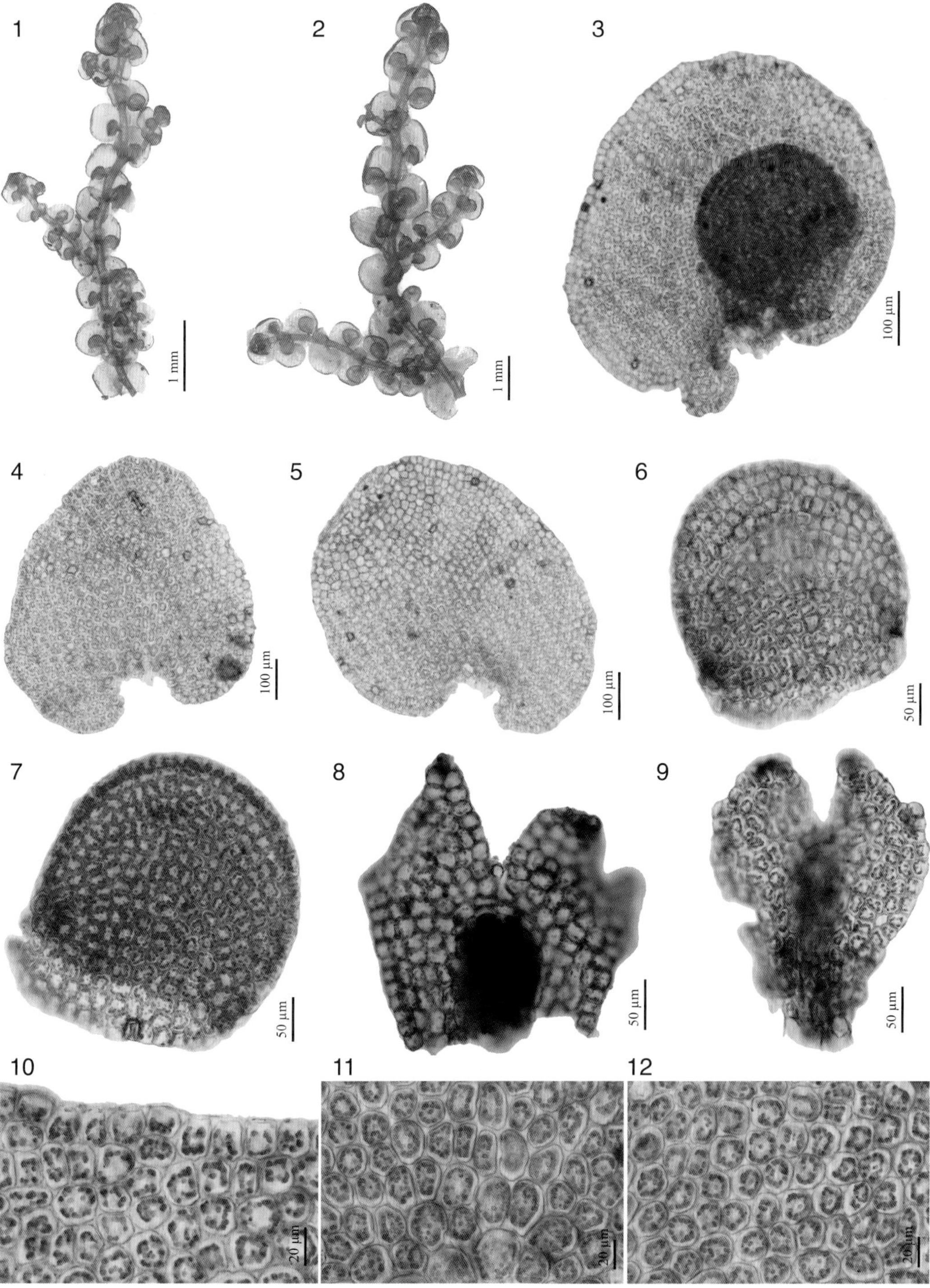

1~2. 植物体；3. 叶片；4~5. 背瓣；6~7. 盔瓣；8~9. 腹叶；10. 叶边缘细胞；
11. 叶基部细胞；12. 叶中部细胞
（凭证标本：买买提明·苏来曼 24999，XJU）

十一、挺叶苔科 Anastrophyllaceae L. Söderstr., De Roo & Hedd.

植物体黄褐色、褐色、红棕色或黑褐色，小或大型，硬挺，茎匍匐，先端倾立或直立，单一或有分枝，分枝侧生或顶生，有时具着生于侧叶叶腋或茎腹面的鞭状枝；假根生于茎腹面。叶蔽后式覆瓦状排列，互生、斜生至横生于茎上，2~4 裂，裂瓣披针形或线状披针形，全缘或边缘具齿，有时裂瓣不等大。叶细胞中等大小，具小或明显呈节状的三角体，细胞壁有时不规则加厚。每个细胞 2~4 个油体，近球形，类型变化多样。腹叶大，2 深裂。雌雄异株，极少混生同株。雄苞顶生或间生，由数对雄苞叶组成穗状。雌苞多生于茎顶端，雌苞叶 2~5 裂，裂瓣边缘常具齿；蒴萼大，卵圆形至圆柱形，蒴萼口部具 3~6 个细胞长齿或短齿。蒴厚壁 2~5 层细胞。

细裂瓣苔属 *Barbilophozia* Loeske

17 细裂瓣苔 *Barbilophozia barbata* (Schmidel ex Schreb.) Loeske

植物体较大且平铺丛生，鲜绿色，强光下为褐绿色。茎匍匐或先端上升，常单一，长 3~6 cm，假根短而密集。侧叶近方形，于茎上斜生，先端多四裂，稀有 3 裂或 5 裂，裂瓣呈钝三角形或稀具小尖，裂口深达叶片的 1/6~1/4，两侧裂瓣较小；叶尖部和中部细胞比较小，(21~24) μm × (23~28) μm，基部细胞略大，呈圆方形或多边形；无三角体；油体卵形或椭圆形，每个细胞 5~12 个，聚合粒状，直径 4~8 μm。茎上部腹面才有腹叶可见，边缘有长纤毛，披针形或 2 深裂，裂口深达基部。芽胞少见，多角形，浅绿色或红褐色。

标本鉴定：北木扎特河流域，MS 30216；海拔：2 660 m。

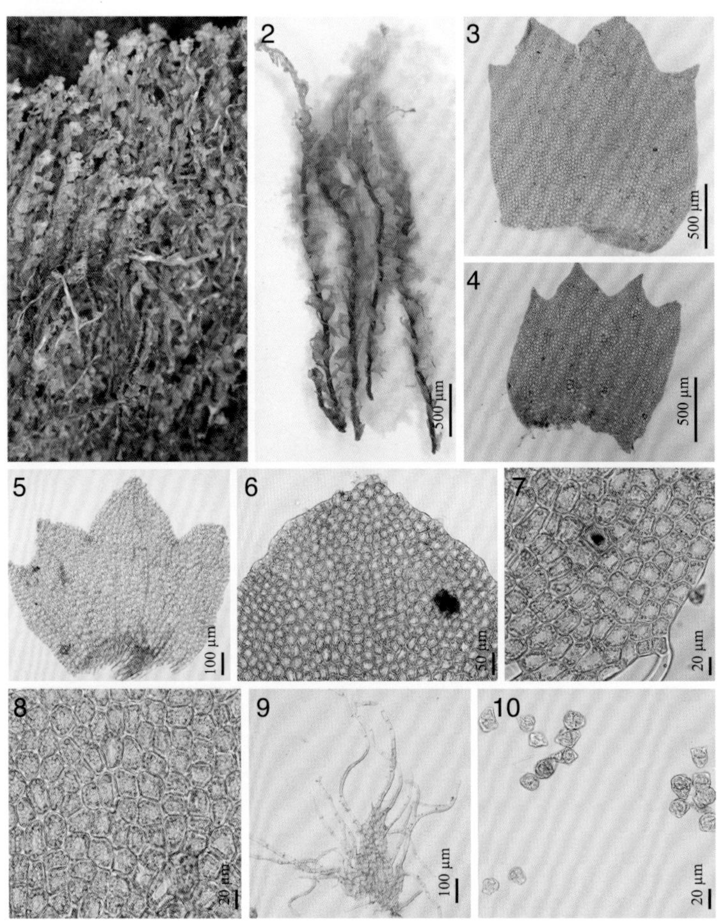

1~2. 植物体；3~5. 叶片；6. 叶边缘；7. 叶基部细胞；8. 叶腹部细胞；9. 腹叶；10. 芽胞

（凭证标本：买买提明·苏来曼 15984、28288，XJU）

18 狭基细裂瓣苔 *Barbilophozia hatcheri* (A. Evans) Loeske

植物体松散垫状，有时密集丛生，中等或较大，红棕色或绿色。茎 2~5 cm，匍匐，顶端上升，少有分枝，腹面密生无色假根。侧叶在茎上斜生，多覆瓦状排列，先端 4 裂，裂瓣呈近似相等的阔三角形，顶端具短尖，裂口深达 1/4~1/3 叶长；叶边缘和叶上部细胞比较小，中部细胞 (18~22) μm × (20~26) μm，基部细胞较大，呈多边形，基部边缘稀有短纤毛；三角体明显且小；油体椭圆形，每个细胞 4~8 个，直径 4~6 μm。具腹叶，2 深裂，裂口深达 3/4~4/5 叶长，边缘多有纤毛。芽胞为多角形，红褐色。

标本鉴定：北木扎特河流域，MS 30323；海拔：2 700 m。

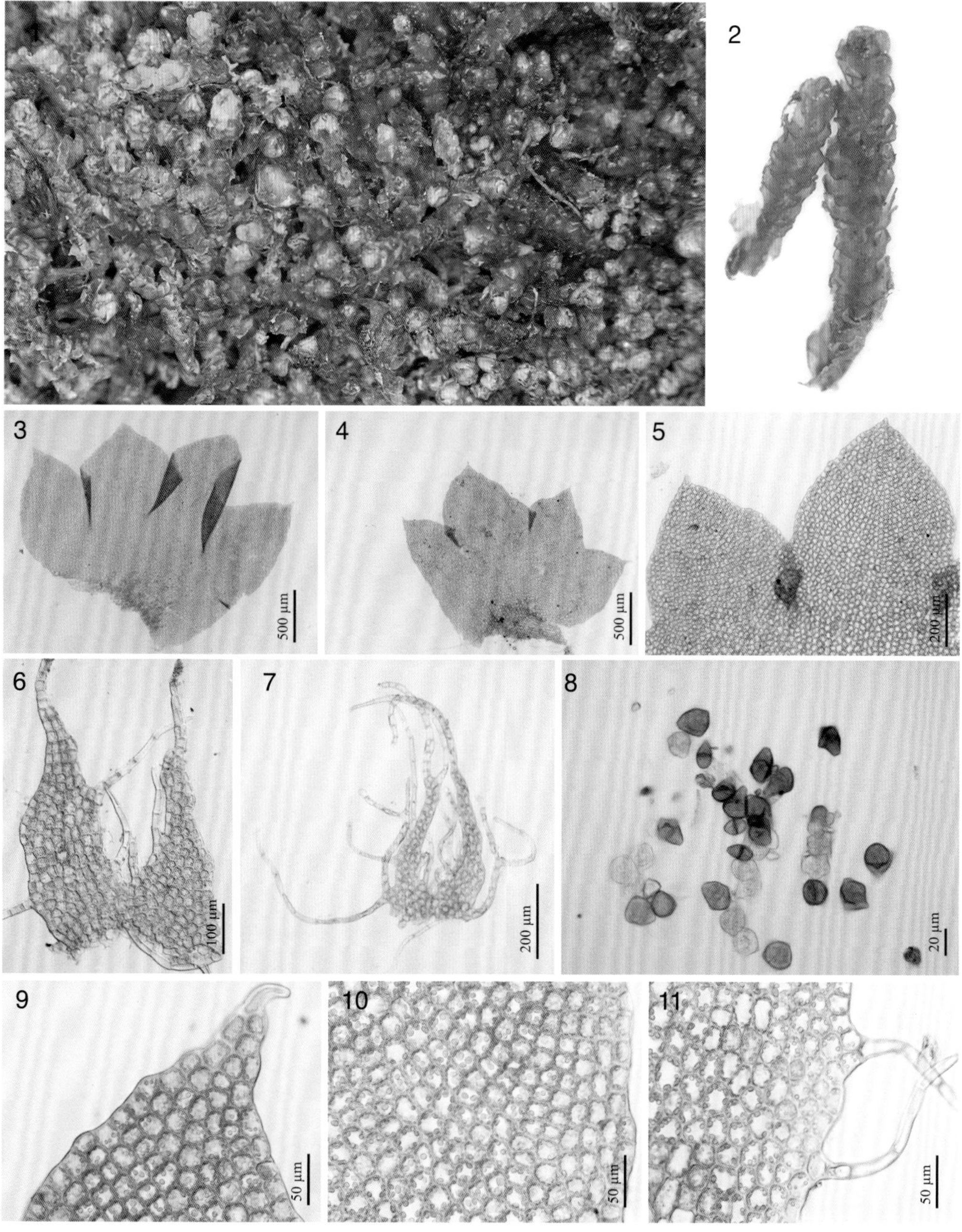

1. 植物群落；2. 植物体；3~4. 侧叶；5. 侧叶裂瓣；6~7. 腹叶；8. 芽胞；9. 叶尖部细胞；10. 叶中部细胞；11. 叶边缘细胞（凭证标本：买买提明·苏来曼 33512，XJU）

假裂叶苔属 *Pseudolophozia* Konstant. & Vilnet

19 假裂叶苔 *Pseudolophozia sudetica* (Nees ex Huebener) Konstant. & Vilnet

植物体密集垫状，中等大小或小型，淡绿色或红褐色。茎匍匐，稀直立，顶端上升，稀分枝，横切面细胞分化显著。侧叶斜生于茎上，很少有近横生，多呈近圆形至阔卵形，先端分裂成近等大 2 裂，稀 3 裂，裂瓣呈三角形，裂口达 1/6~1/4 叶片长度，夹角钝，新月形，裂瓣尖部钝尖或锐尖；叶细胞呈长圆方形或近圆方形，叶上部和边缘的细胞比较小，中部细胞 (13~22) μm × (17~26) μm；三角体显著；油体椭圆形，每细胞 4~10 个。腹叶缺失。芽胞密生于上部叶片尖部，浅红褐色，多边形。雌雄异株。雌苞顶生；蒴萼呈长卵形。孢子椭圆形，褐色，表面纹饰为疣状突起，形状不规则；弹丝双螺旋状，两端圆钝，表面平滑。

标本鉴定：塔克拉克，MS 24490；北木扎特河流域，MS 24978；海拔：2 260~2 470 m。

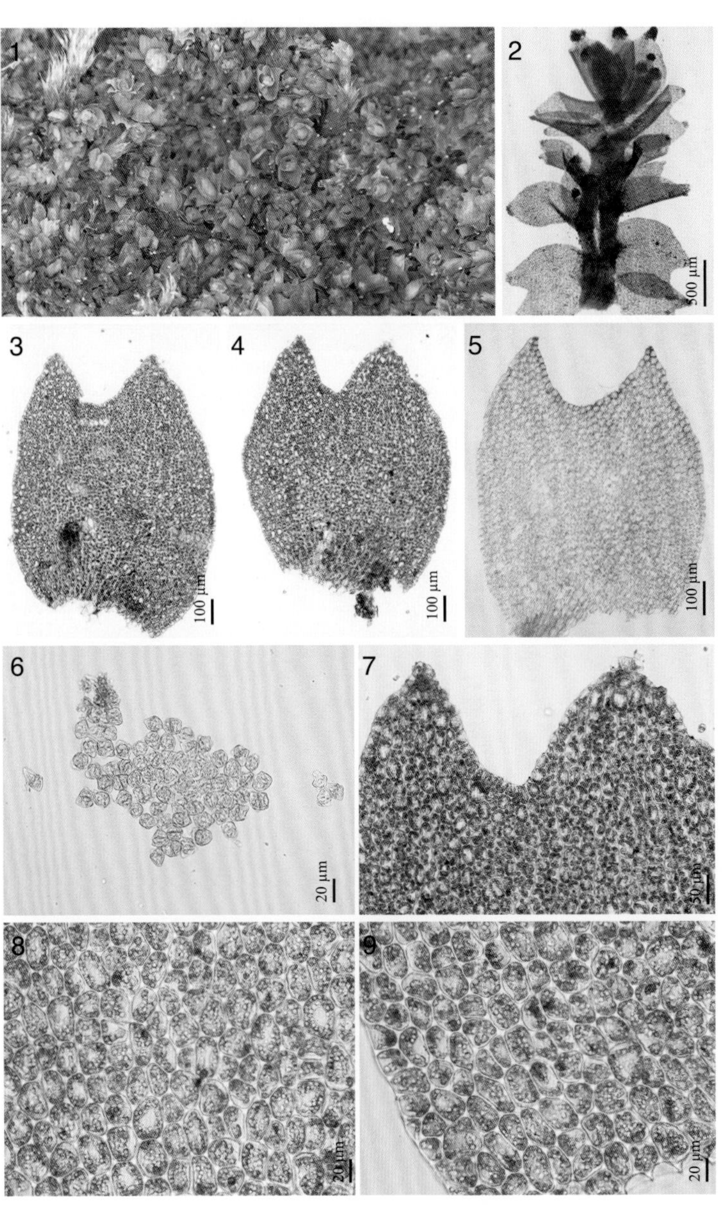

1. 植物群落；2. 植物体；3~5. 叶片；6. 芽胞；7. 叶尖部细胞；8 叶中部细胞；9. 叶基部细胞
（凭证标本：买买提明·苏来曼 16507、21178， XJU）

十二、大萼苔科 Cephaloziaceae Mig.

植物体细小，黄绿色或淡绿色，有时透明。茎匍匐生长，先端倾立，皮部有 1 层大型细胞，内部细胞小，薄壁或厚壁；不规则分枝。叶 3 列排列，腹叶小或缺失；侧叶 2 列，斜列于茎上，先端 2 裂，全缘。叶细胞薄壁或厚壁，无色，稀稍呈黄色；油体小或缺失。雌雄同株。雌苞生于茎腹面短枝或茎顶端。蒴萼长筒形，上部有 3 条纵褶。蒴柄粗，横切面皮部细胞 8 个，髓部细胞 4 个。孢蒴卵圆形，蒴壁 2 层细胞。弹丝具 2 列螺纹。芽胞生于茎顶端，由 1~2 个细胞组成，黄绿色。

柱萼苔属 *Alobiellopsis* (Steph.) R. M. Schust.

20 柱萼苔 *Alobiellopsis parvifolius* (Steph.) R. M. Schust.

植物体淡绿色或黄绿色，细小，平铺交织丛生。茎匍匐，黄绿色，长 1.5~2.5 mm，先端倾立。假根丛生于腹叶基部，无色。叶蔽前式密集排列，3 列，具残余的腹叶；侧叶斜列着生，近圆形或斜圆形，先端微凹，叶缘波曲，约 0.5 mm × 0.5 mm；叶细胞较规则，方圆形或长方圆形，薄壁，中部细胞 (20~25) μm × (30~45) μm，无三角体，细胞间排列紧密，表面平滑。生殖苞未见。

标本鉴定：亚依拉克，MS 29968；破城子，MS 30140a；小库孜巴依林场，MS 30004a；海拔：2 020~2 600 m。

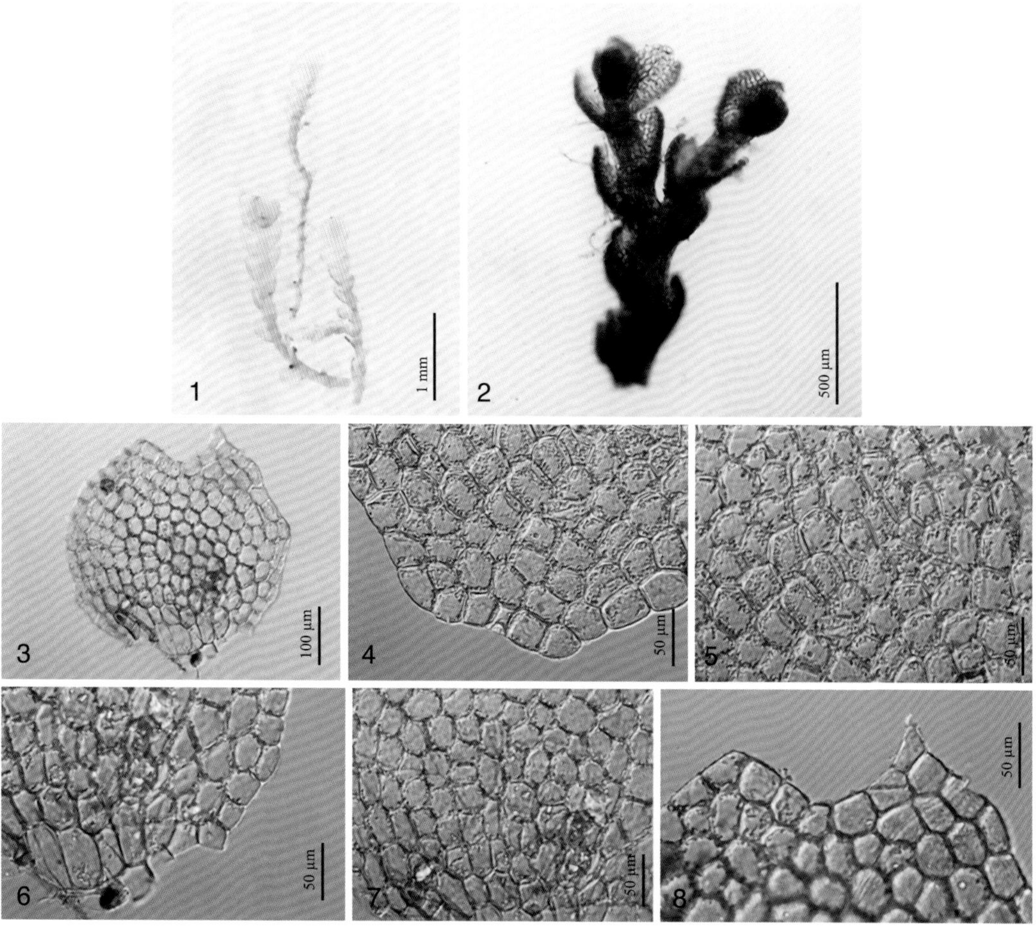

1~2. 植物体；3. 叶片；4. 叶边缘细胞；5. 叶中部细胞；6~7. 叶基部细胞；8. 叶尖部细胞
（凭证标本：买买提明·苏来曼 29942，XJU）

十三、拟大萼苔科 Cephaloziellaceae Douin

植物体细小，通常仅长数毫米，宽 0.1~0.4 mm，多次不规则分枝，平铺或交织生长，淡绿色或带红色。茎横切面圆形或扁圆形，皮部细胞与髓部细胞相似；腹面或侧面分枝。假根常散生于茎腹面。叶片 3 列着生，腹叶常退化或仅存于生殖枝上；侧叶 2 列着生，2 裂成等大的背腹瓣或稍有差异，基部一侧略下延；叶边平滑或具细齿，稀呈刺状齿。叶细胞六边形，多薄壁，芽胞生于茎顶或叶尖，椭圆形或多角形，由 1~2 个细胞组成。雌雄同株异苞。雌雄苞叶 2 裂，全缘或有齿。蒴萼生于茎顶或短侧枝先端，长筒形，上部具 4~5 条纵褶，口部宽，边缘有长形细胞。孢蒴椭圆形或短圆柱形，黑褐色，成熟后呈 4 瓣裂；蒴柄具 4 列细胞，中间有 1 列细胞。弹丝与孢子同数，弹丝具 2 列螺纹加厚。

拟大萼苔属 *Cephaloziella* (Spruce) Schiffn.

21 特氏拟大萼苔 *Cephaloziella turneri* (Hook.) Müll. Frib.

植物体微小，绿色至棕绿色，长 0.6~1 mm，连叶宽小于 0.5 mm。密集丛生或与其他苔藓混生，有时会形成小斑块。侧叶 2 列，密集排列，叶片长约 0.25 mm，2 裂达叶长的 1/2~2/3，裂片不等大，三角形，裂片边缘具细齿，由 2~3 个细胞组成；叶细胞方圆形、长方圆形或不规则，直径 10~20 μm；芽胞着生于叶先端，黄褐色，椭圆形，由 2 个细胞构成。腹叶缺失。雌雄异株。雌器苞生于茎顶端，雌苞叶有 5~6 个裂瓣，裂瓣边缘具细齿；蒴萼圆柱形；孢子粒状，红色，极微小，直径为 4~8 μm；弹丝具 2 条螺纹加厚。雄株未见。

标本鉴定：博孜墩，MS 24556；塔克拉克，MS 24423；海拔 2 500 m。

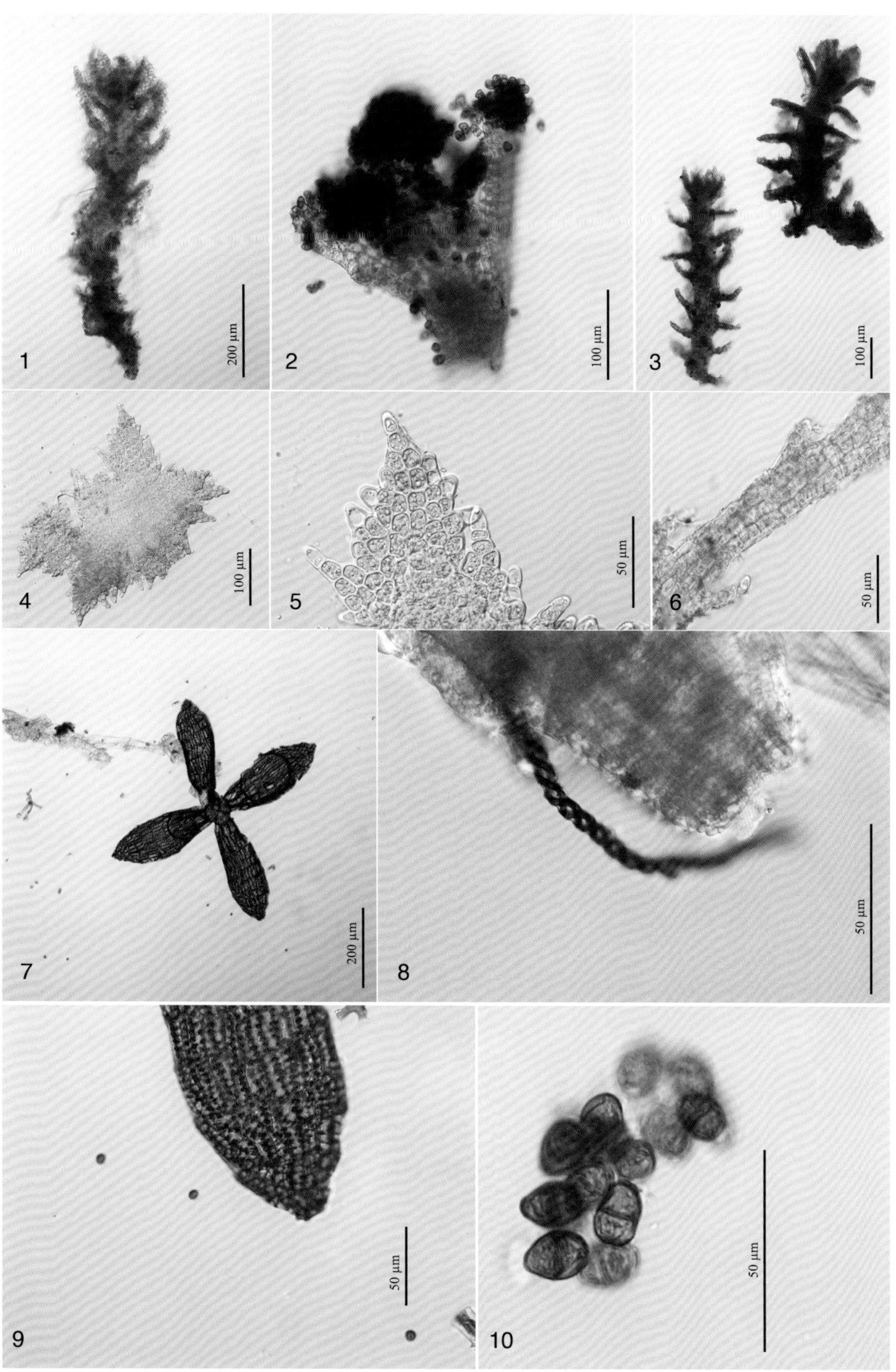

1~3. 植物体；4~5. 叶片；6. 拟茎；7. 孢蒴；8. 弹丝；9. 孢子；10. 芽胞
（凭证标本：买买提明·苏来曼 24556，XJU）

十四、裂叶苔科 Lophoziaceae Cavers

植物体密集丛生，变化较大，常与其他苔藓混生，中等大小或小型，稀大型，呈浅绿色、褐绿色或深绿色。茎倾立或匍匐生长，先端多上升，稀分枝；腹面生有假根，稀疏或密集；茎横切面中部细胞略大，分化比较明显，稀不分化。叶近横生、斜生或互生，多内凹，侧叶上部多 2~4 裂，裂口浅或有的种类裂口深达叶片长度的 1/2，裂瓣近等大或不等大，有的背侧裂瓣小于腹侧。叶细胞形态变化多样，油体数目几个到十几个，直径 3~10 μm，三角体无或明显。多数具有芽胞，椭圆形至多边形。腹叶披针形或深裂，基部边缘有齿突，有些种类腹叶缺失。雌雄异株，少见雌雄同株。蒴萼椭球形、卵柱状等，口部通常收缩。孢蒴卵球形。

裂叶苔属 *Lophozia* (Dumort.) Dumort.

22 圆叶裂叶苔 *Lophozia wenzelii* (Nees) Steph.

植物体为密集垫状，大小中等或小，黄绿色至褐绿色。茎匍匐，顶端上升，长约 1.5 cm，稀叉状分枝，横切面近似圆形，明显分化。侧叶近横生或斜生，阔卵形，长宽近等长，先端 2 浅裂，裂瓣呈近等大三角形，裂口深达 1/6~1/4，夹角多呈新月形，尖部略锐尖或钝；叶细胞近圆形至圆方形，中部细胞 (16~20) μm × (18~24) μm，基部细胞稍大；三角体小且显著；油体球形或卵球形。腹叶缺失。芽胞黄绿色，多边形。雌雄异株。雌苞顶生；蒴萼呈卵圆柱形，口部边缘有齿。

标本鉴定：塔克拉克，MS 24297；小库孜巴依林场，MS 24512；博孜墩乡巴依里，MS 32700；北木扎特河流域，MS 22708；海拔：2 267~2 600 m。

23 拟裂叶苔 *Lophoziopsis excisa* (Dicks.) Konstant. & Vilnet

植物体小至中等大，丛生或与其他苔藓混生。茎倾立或匍匐，稀分枝，长 0.5~2.0 cm 。侧叶常斜生，叶片呈阔卵形，先端常 2 裂，裂瓣多呈三角形，先端钝或渐尖，裂口达叶片的 1/5~1/4；叶细胞多边形，少数圆方形，中部细胞 (21~27) μm × (23~32) μm，基部细胞略大；三角体不突出；油体 4~8 μm，呈椭圆形，每细胞 10~20 个。腹叶缺失。芽胞红棕色或浅绿色，由 1~2 个细胞构成，三角形或多角形。雌雄同株。孢子球形，红褐色，直径 12~16 μm，表面纹饰为刺状突起；弹丝双螺旋状，表面有很稀的颗粒。

标本鉴定：亚依拉克，MS 29959；小库孜巴依林场，MS 24574；大库孜巴依林场，MS 24686；博孜墩乡巴依里，MS 32762；库尔干，MS 32590；铁兰河流域，MS 31313；海拔：2 382~2 636 m。

24 多角胞三瓣苔 *Tritomaria exsectiformis* (Breidl.) Schiffn. ex Loeske

植物体常与其他苔藓混生，大小中等或小，黄绿色。茎匍匐，长约 1.5 cm，先端几乎直立。侧叶斜生，近卵形，内凹，先端不等 2~3 裂，背瓣小于腹瓣，裂瓣呈三角状披针形；叶细胞圆方形至多边形，中部细胞 (14~20) μm × (20~30) μm，基部细胞稍大；三角体明显；每个细胞有 5~13 个油体，球形或椭圆形，直径 3~4.5 μm。腹叶缺。芽胞多角形或梨形，密生于叶尖，2 细胞构成，红褐色或锈红色。孢子球形，直径 10~13 μm，红褐色，表面纹饰为短棒状突起。

标本鉴定：北木扎特河流域，MS 24870；海拔：2 310 m。

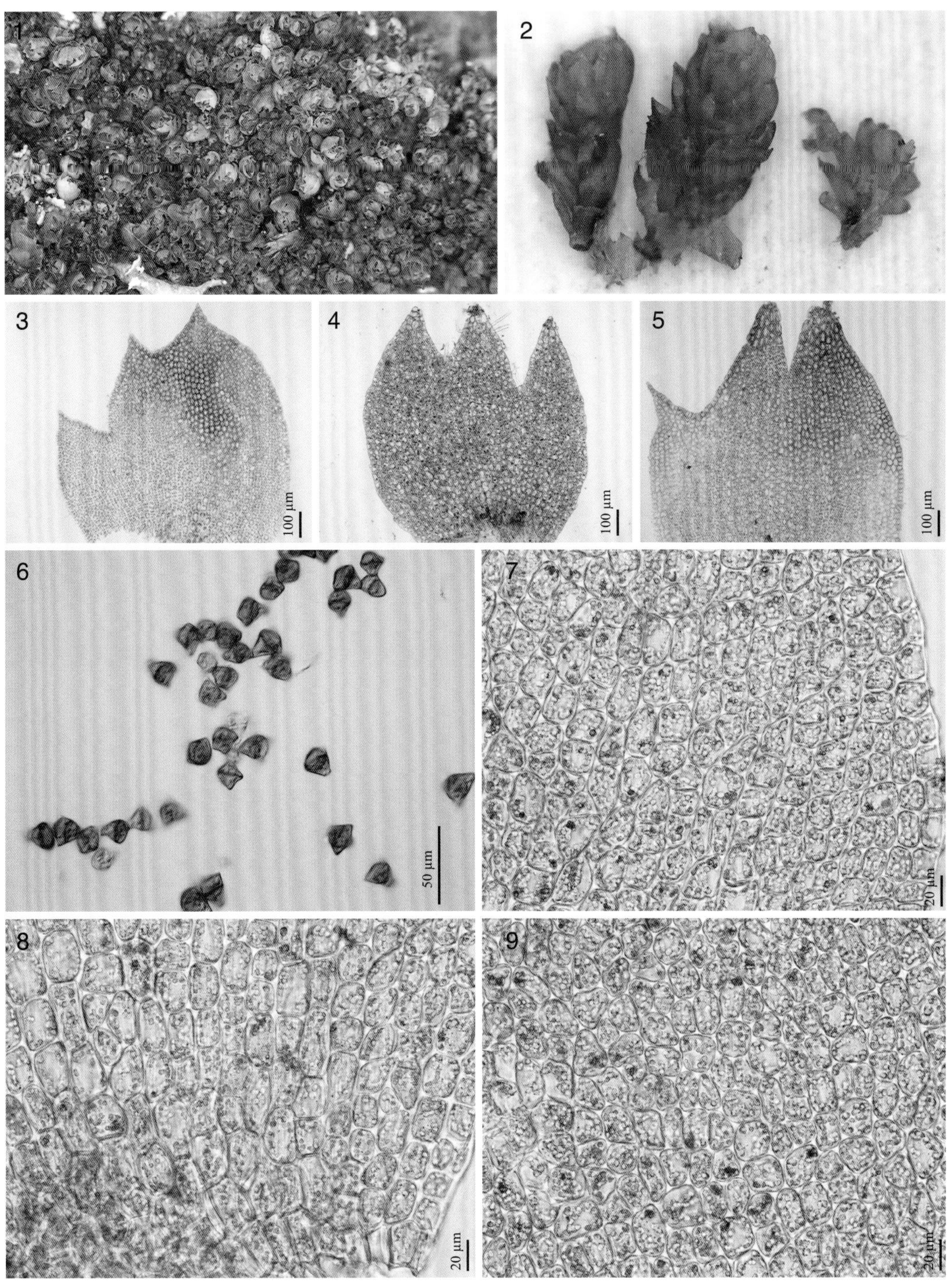

1. 植物群落；2. 植物体；3~5. 叶片；6. 芽胞；7. 叶边缘细胞；8. 叶基部细胞；9. 叶中部细胞
（凭证标本：买买提明·苏来曼 33099，XJU）

25 密叶三瓣苔 *Tritomaria quinquedentata* (Huds.) H. Buch

植物体粗壮，丛生或混生于其他苔藓中，大型，黄绿色至绿色。茎倾立或匍匐生长，1.5~5 cm长，稀分枝。侧叶斜生，倒卵状或阔卵方形，覆瓦状排列，稍内凹，先端不等三裂，裂瓣呈宽卵形，渐尖；叶细胞圆方形至圆多边形，边缘细胞 (11~16) μm × (18~21) μm，中部细胞 (16~20) μm × (20~26) μm，基部细胞略大；三角体显著；每细胞有 2~9 个油体，呈卵球形或椭圆形。腹叶缺。芽胞少见，由 1~2 个细胞构成，黄棕色。雌雄异株。

标本鉴定：北木扎特河流域，MS 22578；海拔：2 160 m。

1. 植物群落；2. 植物体；3~5. 叶片；6. 叶尖部细胞；7. 叶中部细胞；8. 叶边缘细胞；9. 叶基部细胞（凭证标本：买买提明·苏来曼 22086，XJU）

十五、合叶苔科 Scapaniaceae Mig.

植物体小型至略粗大，黄绿色、褐色或红褐色，有时呈紫红色。主茎匍匐，分枝倾立或直立。茎横切面皮层 1~4 (5) 层为小型厚壁细胞，髓部为大型薄壁细胞。分枝通常产生于叶腋间，稀从叶背面基部或茎腹面生出侧枝。假根多，疏散。叶明显 2 列，蔽前式斜生或横生于茎上，不等深 2 裂，多数呈折合状，背瓣小于腹瓣，背面突出成脊；叶边具齿突或全缘。无腹叶。叶细胞多厚壁，有或无三角体，表面平滑或具疣；油体明显，每个细胞具 2~12 个。无性芽胞常见于茎上部叶先端，多由 1~2 个细胞组成。雌雄异株，稀雌雄有序同苞或同株异苞。雄苞叶与茎叶相似，精子器生于雄苞叶叶腋，每个苞叶内有 2~4 个精子器。雌苞叶一般与茎叶同形，大而边缘具粗齿。蒴萼生于茎顶端，多背腹扁平，口部宽阔，半截，具齿突，少数口部收缩，有纵褶。孢蒴圆形或椭圆形，褐色，成熟后呈 4 瓣开裂至基部；蒴厚壁，由 3~7 层细胞组成，外层细胞壁具球加厚。孢子直径 11~20 μm，具细疣。弹丝通常具 2 列螺纹加厚。

合叶苔属 *Scapania* (Dumort.) Dumort.

26 多胞合叶苔 *Scapania apiculata* Spruce

植物体小型，长仅 2~5 mm，黄绿色，常着生于腐木上。茎单一或稀分枝，直立或先端上倾；横切面皮部 2 层褐色厚壁小细胞，髓部细胞大，薄壁；假根多数。叶相接或覆瓦状排列，分背瓣和腹瓣，脊部为腹瓣长度的 2/3~3/4，背瓣为腹瓣的 3/5~3/4，方舌形，渐尖；腹瓣长卵状舌形；叶边全缘，先端常具小尖，叶细胞较大，圆多边形；三角体大，胞壁明显加厚呈球状；叶尖部细胞宽 18~20 μm，叶中部细胞宽 18~22 μm，长 25~27 μm。表面具疣。油体小，每个细胞有 5~8 个。雌雄异株。蒴萼顶生，背腹面强烈扁平，口部宽阔，平截形，平滑或具短齿突。芽胞常见于鞭状枝的叶片尖部，红褐色，圆方形，单个细胞。

标本鉴定：塔克拉克，MS 11970；海拔：2 700 m。

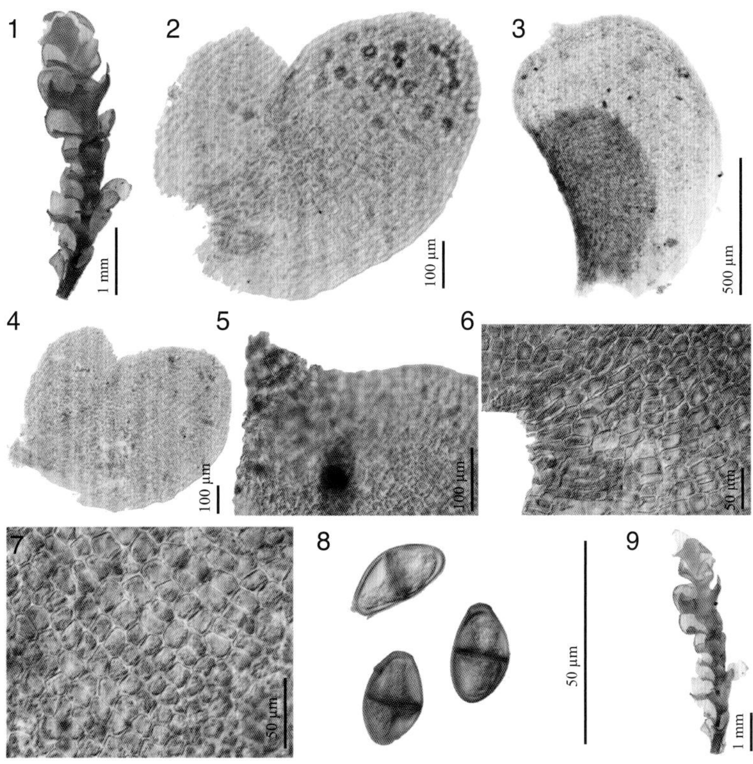

1、9. 植物体；2~4. 叶片；5. 叶尖部细胞；6. 叶基部细胞；7. 叶中部细胞；8. 芽胞
（凭证标本：买买提明·苏来曼 26189，XJU）

27 兜瓣合叶苔 *Scapania cuspiduligera* (Nees) Müll. Frib.

植物体小，纤细，长 1~1.5 cm；背脊直或略弧形弯曲，为腹瓣长的 1/2~2/3；叶不相接或稀疏覆瓦状排列，基部宽抱茎张开呈兜鞘状，背腹瓣同形，斜倒卵形，背瓣为腹瓣的 7/10~4/5 大小，先端圆钝，叶边全缘，基部着生处近于横生，不下延，腹瓣先端圆钝，叶边全缘，基部着生处略拱起，微下延；细胞具小三角体，或不明显，表面光滑；每个细胞具 2~4 个油体；芽胞常见于叶先端，2 个细胞大。雌雄异株。雄苞间生，雄苞叶与普通叶同行，2~4 对；雌苞叶较普通叶大，1 对，蒴萼顶生，长卵形，强烈扁平，口部平截，边缘不具齿。

标本鉴定：塔克拉克，MS 29980；亚依拉克，MS 31440；小库孜巴依林场，MS 24531；大库孜巴依林场，MS 32469；博孜墩乡巴依里，MS 32692；铁兰河流域，MS 31308；海拔：2 400 ~ 2 850 m。

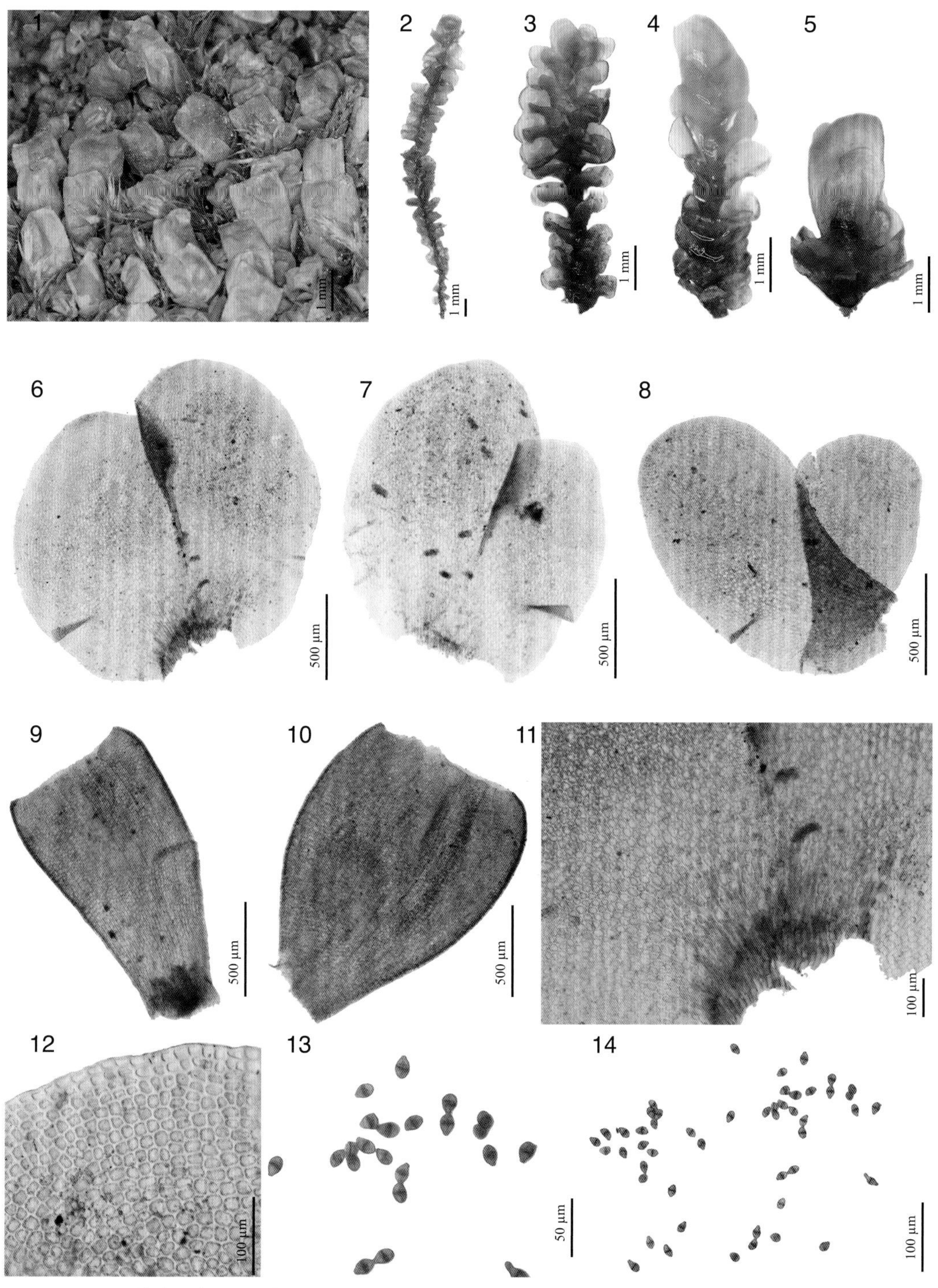

1. 植物群落；2~3. 植物体；4. 雌株；5. 孢蒴；6~8. 叶片；9~10. 蒴萼；11. 叶基部细胞；
12. 叶边缘细胞；13~14. 芽胞
（凭证标本：买买提明·苏来曼 29971，XJU）

28 小合叶苔 *Scapania parvifolia* Warnst.

植物体中等偏小型，长 1~2 cm，连同叶宽约 2 mm，黄绿色或绿色，片状丛生。茎单一，不分枝。侧叶密集着生，不等 2 裂至叶长的 2/3~3/4 处；背脊短，为腹瓣长的 1/4~1/3，略呈弓形弯曲；腹瓣大，椭圆形，先端圆钝或渐尖，长约为宽的 2 倍，基部不下延，中上部边缘具齿；背瓣小，为腹瓣大小的 1/2，阔卵形，向基部收缩，沿茎不下延，全缘近于平滑，但先端常具稀疏齿，尖锐。叶边缘 4~6 列细胞，厚壁，圆方形，直径约 15 μm，形成不明显分化的厚壁的细胞边缘，中部细胞圆多边形，长 15~20 μm，角部略加厚，基部细胞短长方形；三角体不可见，角质层粗糙具细疣；油体较大，每个细胞中有 2~5 个。芽胞绿色，长椭圆形，2 个细胞大。雌雄异株。蒴萼长筒形，背腹扁平，蒴口较宽，平滑无齿。

标本鉴定：塔克拉克，MS 24398；北木扎特河流域，MS22794；海拔：2 600~2 640 m。

29 合叶苔 *Scapania undulata* (L.) Dumort.

植物体黄绿色，长 2~10 cm，连同叶宽 2~4 cm。茎硬挺，墨绿色，单一或偶有分枝。叶稀疏，离生，不等 2 裂至叶长的 1/2~2/3 处；背脊为腹瓣长的 1/3~1/2，多平直，厚 3~4 层细胞；腹瓣阔卵形，长为宽的 1.3 倍左右，基部收缩渐窄，沿茎明显下延，先端圆钝，全缘或具短小齿突，齿稀疏，单细胞；背瓣圆方形，横生贴茎，约为腹瓣大小的一半，基部不下延，先端圆钝，全缘或具短小齿突。叶边缘细胞近方形，直径约 15 μm，中部细胞不规则圆多边形，15 μm × 20 μm，基部细胞长方形，20 μm × (30~40) μm，细胞壁略加厚，三角体不可见；角质层近于平滑；油体较小，每个细胞中有 2~5 个。芽胞长卵形，2 个细胞大小。雌雄异株。蒴萼圆柱形，背腹扁平，口部平滑或具短细齿突。

标本鉴定：博孜墩乡巴依里，MS 32706；海拔：2 729 m。

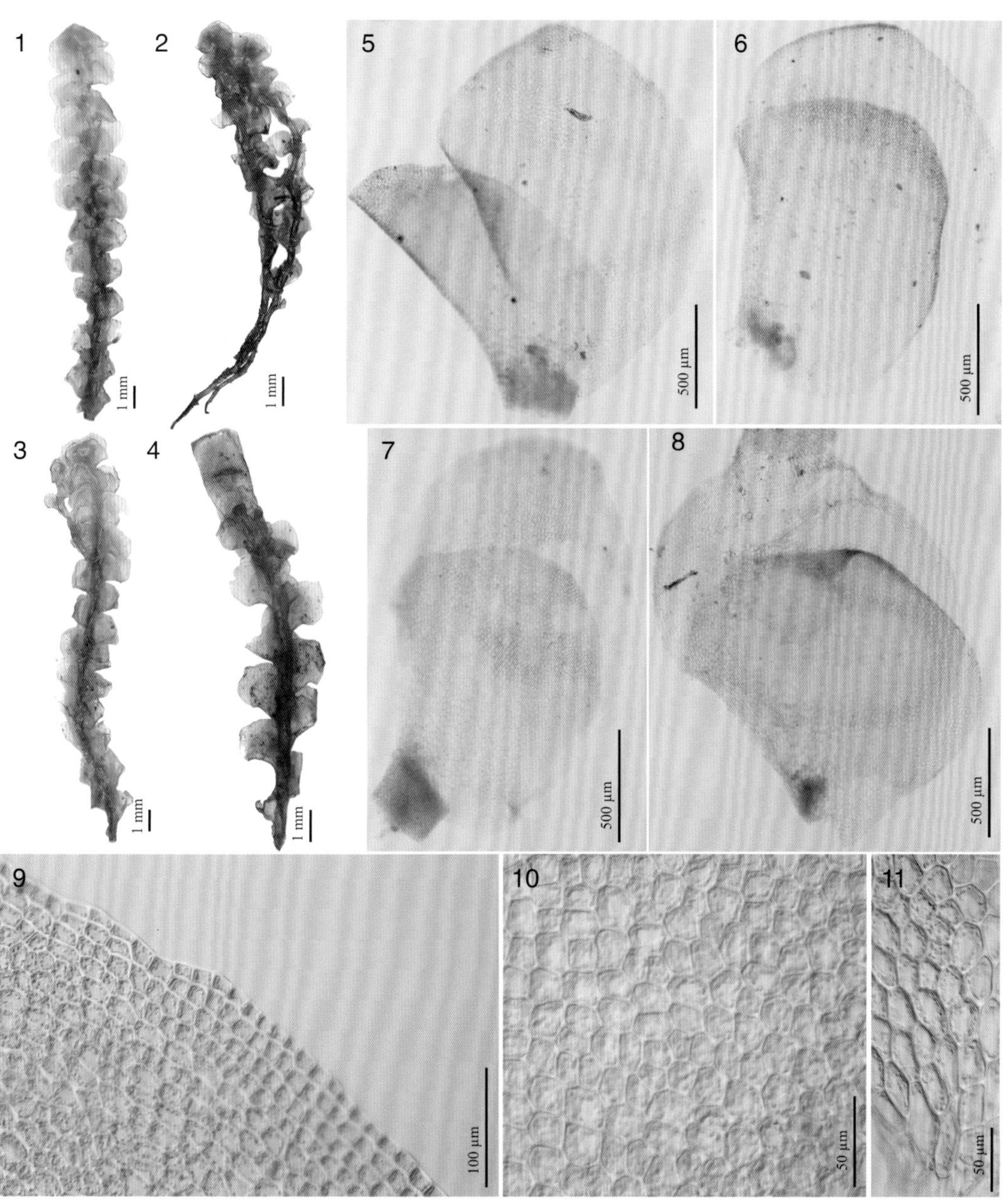

1~3. 植物体；4. 雌株；5~8. 叶片；9. 叶边缘细胞；10. 叶中部细胞；11. 叶基部细胞

（凭证标本：买买提明·苏来曼 16767，XJU）

30 厚边合叶苔 *Scapania carinthiaca* J.B. Jack ex Lindb.

植物体中型，黄绿色，有时褐色，长 2~4 cm，连同叶宽 4~5 mm。假根少而长，透明。茎不分枝，直立。茎叶分离或相接排列，不等 2 裂至叶长的 2/3，折合状；背脊为腹瓣长的 1/3，弯曲，有 3 层细胞；裂瓣大小差异大，背瓣小。腹瓣大，先端均圆钝，边缘具透明单细胞刺状齿；背瓣贴茎，基部略下延；腹瓣近横生，向水平方向伸展，卵形，约为背瓣的 3 倍，长大于宽，约为宽的 1.5 倍，基部常下延。叶边缘细胞方形，边长 12~15 μm，中部细胞圆方形至圆多边形，长 16 ~ 21 μm，基部细胞伸长，18 μm × (30~40) μm，三角体明显，中等大小；角质层粗糙，具明显密集疣。芽胞椭圆形，由 2 个细胞构成。雌雄异株。蒴萼棕褐色，长筒形，背腹扁平，平滑无褶，蒴口宽，平齐，具多数小裂，裂开部位具密纤毛状齿，均为单列细胞构成。

标本鉴定：塔克拉克，MS 24398；海拔：2 600 m。

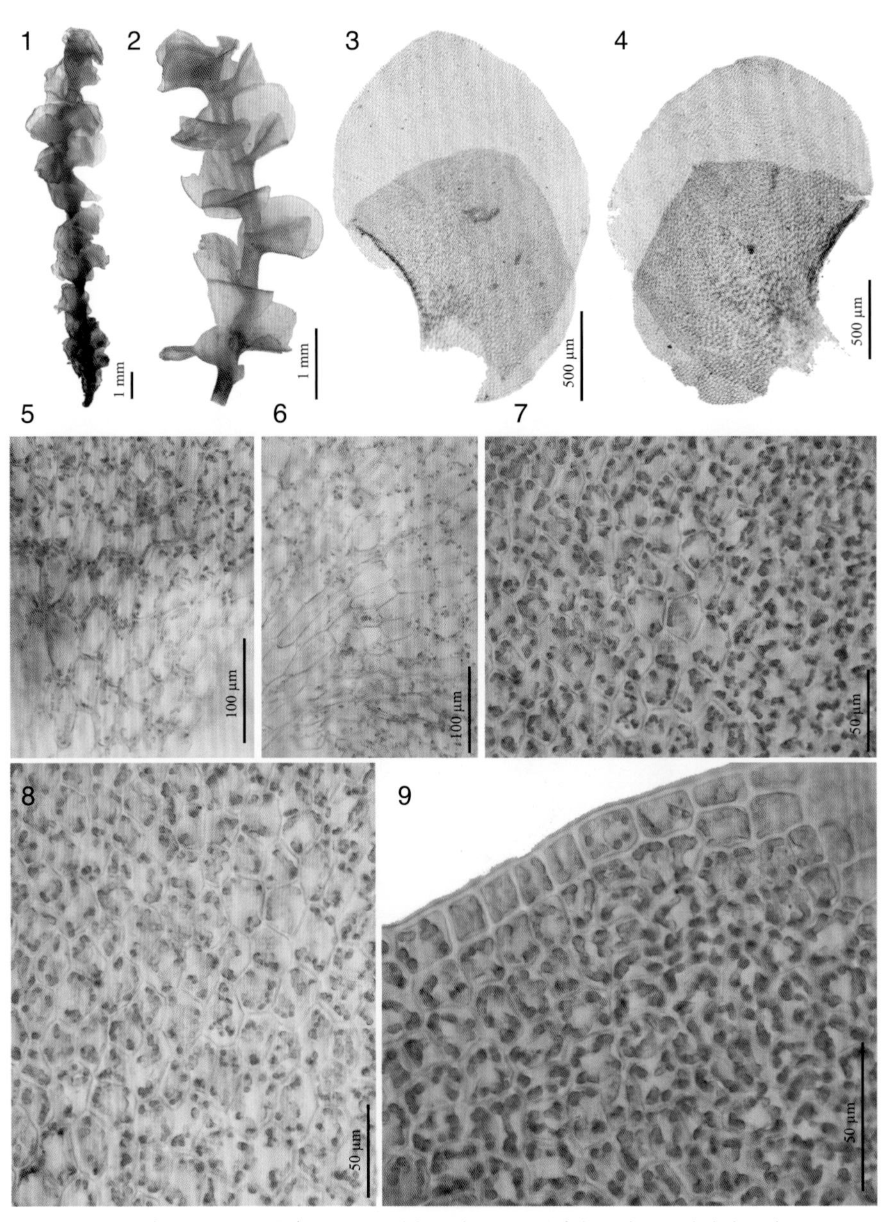

1~2. 植物体；3~4. 叶片；5~6. 叶基部细胞；7~8. 叶中部细胞；9. 叶边缘细胞
（凭证标本：买买提明·苏来曼 13423，XJU）

十六、齿萼苔科 Lophocoleaceae Vanden Berghen

植物体大小多变化，苍白色或暗褐绿色，具光泽，呈单独小群落或与其他苔藓植物混生。茎匍匐，横切面皮部细胞不分化；分枝多顶生，生殖枝侧生；假根散生于茎枝腹面，或生于腹叶基部。叶斜生于茎上，蔽后式覆瓦状排列，先端 2 裂或具齿。叶细胞薄壁，表面平滑，具细疣或粗疣；通常每个细胞具有 2~25 个球形或长椭圆形的油体。腹叶 2 裂，或浅 2 裂，两侧具齿，稀呈舌形，基部两侧或一侧与侧叶基部相连。无性芽胞多生于叶先端边缘，椭圆形或不规则形，由 2 至多个细胞组成。雄枝侧生，雄苞叶数对，囊状。雌苞顶生或生于侧短枝上，雌苞叶分化或不分化，仅少数属具隔丝，有的发育为蒴囊，有的转变为茎顶倾垂蒴囊。蒴柄长，由多个同形细胞构成。孢蒴卵形或长椭圆形，成熟后 4 瓣裂达基部；蒴壁由 4~8 层细胞组成。孢子小，直径 8~22 μm。弹丝具 2 列螺纹加厚，直径为孢子直径的 1/4~1/2。

裂萼苔属 *Chiloscyphus* Corda

31 芽胞裂萼苔 *Chiloscyphus minor* (Nees) J.J. Engel & R.M. Schust.

植物体细小，绿色或黄绿色，密集生长。茎匍匐，长0.5~1 cm，连叶宽1~1.5 mm。单一或稀分枝。假根生于腹叶基部。侧叶离生或相接，长椭圆形或长方形，2裂至叶片长度的1/4~1/3，稀圆钝，裂瓣渐尖。叶细胞多边形，叶中上部细胞直径20~25 μm，叶基部细胞略长大，细胞薄壁，无三角体，表面平滑；油体近球形，每个细胞具4~10个。腹叶略宽于茎，长方形，深2裂。芽胞特多，球形，单细胞，常着生于叶尖部。雌雄异株。雄株细小，雄苞多见于主茎顶端，小穗状。雌苞生于主茎或侧枝先端；雌苞叶略大，阔卵形。蒴萼长三棱形，口部具3裂瓣，边缘具不规则粗齿。

标本鉴定：北木扎特河流域，MS 324917；海拔：2 260~2 550 m。

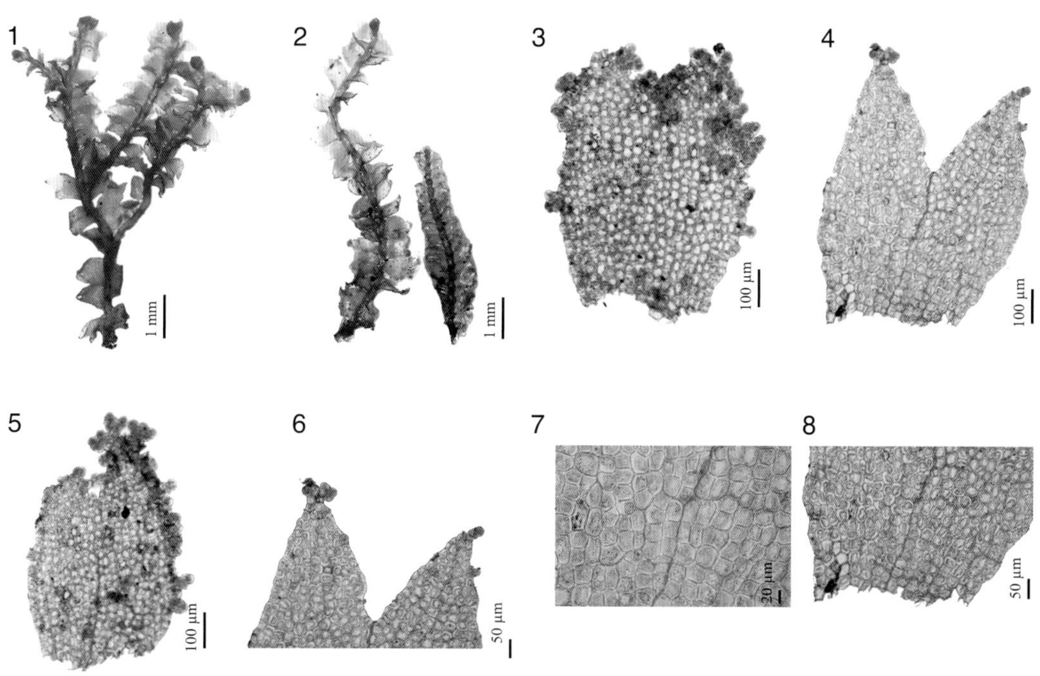

1~2. 植物体；3~5. 叶片；6. 叶尖部细胞；7. 叶中部细胞；8. 叶基部细胞

（凭证标本：买买提明·苏来曼 33798，XJU）

十七、指叶苔科 Lepidoziaceae Limpr.

植物体直立或匍匐，淡绿色、褐绿色，有时红褐色，常疏松平展生长。茎长数毫米至 80 mm 以上，连叶宽 0.3~6 mm；不规则 1~3 回分枝，侧枝为耳叶苔型；腹面具鞭状枝；茎横切面表皮细胞大，髓部细胞小。假根常生于腹叶基部或鞭状枝上。茎叶和腹叶形状近似，有的属［如虫叶苔属 *Zoopsis* (Hook. f. Taylor) Gottsche, Lindenb. & Nees］叶片退化为几个细胞，正常的茎叶多斜列着生，少数横生，先端 3~4 瓣裂，少数属种深裂，裂瓣全缘；腹叶通常较大，横生茎上，先端常有裂瓣和齿，少数退化为 2~4 个细胞。叶细胞薄壁或稍加厚，三角体小或大或呈球状加厚；表面平滑或有细疣。雌雄异株或同株。雄苞生于短侧枝上，雄苞叶基部膨大，每一雄苞叶具 1~2 个精子器。雌苞生于腹面短枝上，雌苞叶大于茎叶，内雌苞叶先端常成细瓣或裂瓣，边缘有毛。蒴萼长棒状或纺锤形，口部渐收缩，具毛，上部有褶或平滑。孢蒴卵圆形，成熟后呈 4 瓣裂状，孢蒴壁由 2~5 层细胞组成。孢子表面有疣。弹丝直径 1~1.5 μm，具 2 列螺纹加厚。

指叶苔属 *Lepidozia* (Dumort.) Dumort.

32 指叶苔 *Lepidozia reptans* (L.) Dumort.

植物体中等大小，长 1~3 cm，淡绿色或褐绿色，常与其他苔藓植物密生或疏生。茎匍匐，或先端上仰，直径 0.2~0.35 mm；横切面椭圆形；羽状分枝。叶斜列着生，近方形，内凹，前缘基部半圆形，上部 3~4 裂达叶长度的 1/3~1/2，裂瓣三角形，先端锐，内曲，基部宽 4~8 个细胞。叶细胞方形或多边形，中部细胞边长 22~28 μm，六边形，细胞壁中等厚，无三角体，表面平滑；每个细胞具 10~25 个卵形的油体。枝叶稍小。腹叶离生，大小约为侧叶的 3/4，4 裂至叶长度的 1/4~2/5，裂瓣短，内曲，先端较钝。雌雄同株。蒴萼长而明显，长圆柱形，口部 3 裂瓣，并具细齿。孢蒴黄褐色，圆柱状椭圆形，孢蒴壁常由 4 层细胞组成。孢子直径 11~15 μm，红色或黄褐色，具疣。

标本鉴定：北木扎特河流域，MS 25349；海拔：2 160~2 310 m。

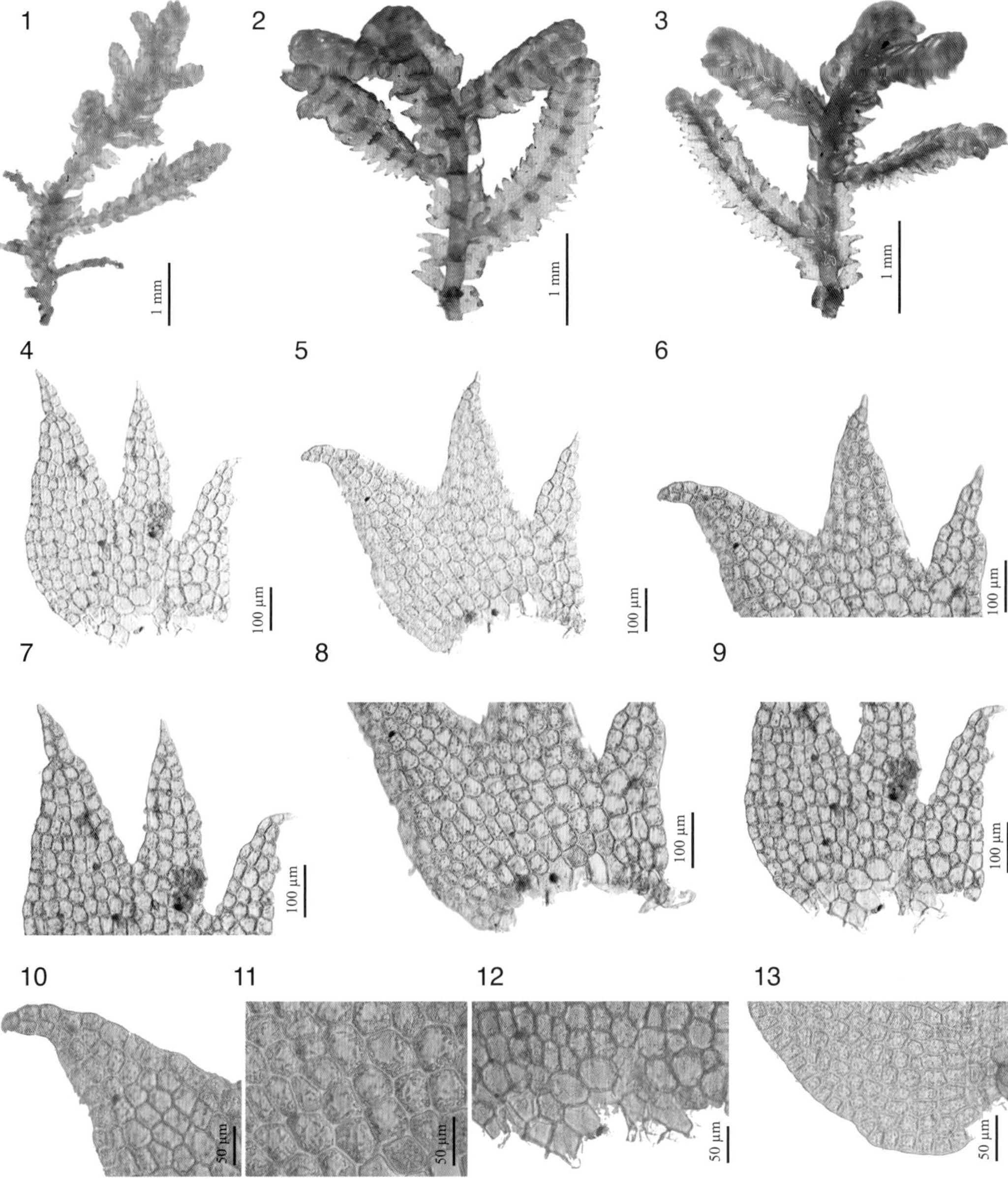

1~3. 植物体；4~5. 叶片；6~7. 叶尖部；8~9. 叶基部；10. 叶尖部细胞；
11. 叶中部细胞；12~13. 叶基部细胞
（凭证标本：买买提明·苏来曼 13423，XJU）

十八、羽苔科 Plagiochilaceae(Jörg) Müll. Frib.

植物体小型至大型，绿色、黄绿色或褐绿色，疏生或密集生长。茎匍匐、倾立或直立；不规则分枝、羽状分枝或不规则叉状分枝，自叶基生长或间生型；茎横切面圆形或椭圆形，皮部细胞厚壁，2~3 (4) 层，髓部细胞多层，薄壁，透明；假根散生于茎上。叶片 2 列着生，蔽后式排列，披针形、卵形、肾形、舌形或旗形，后缘基部多下延，稍内卷，平直或弯曲，前缘多呈弧形，反卷，基部常不下延，先端圆形或平截形，稀锐尖；叶边全缘、具齿或有裂瓣。叶细胞六角形或蠕虫形，叶基部细胞常长方形，有时形成假肋；细胞壁多样，有或无三角体，表面平滑或具疣。腹叶退化或仅有细胞残痕。雌雄异株。雄株较小，雄苞顶生、间生或侧生，雄苞叶 3~10 对。雌苞叶分化，较茎叶大，多齿。蒴萼钟形、三角形、倒卵形或长筒形，背腹面平滑或有翼，口部具 2 瓣，平截或弧形，平滑或具锐齿，孢蒴圆球形，成熟后呈 4 瓣深裂。

羽苔属 *Plagiochila* (Dumort.) Dumort.

33 秦岭羽苔 *Plagiochila biondiana* C. Massal.

植物体中等大小。茎长3~5 cm，连叶宽约2.7 mm，分枝少，枝条长，具鞭状枝，枝上的叶片常退化；茎横切面宽0.2~0.25 mm，皮部细胞3~4层，细胞厚壁，髓部细胞13~15层，(18~20) μm × (20~28) μm。假根稀疏。叶密集生长，抱茎着生，近于圆形，长1.0~1.4 mm，宽0.8~1.3mm，背缘基部长下延，内卷，腹缘基部不下延，叶片全缘或具6~12个细齿，齿长1~2个细胞，齿基部1~2个细胞宽。叶细胞小，叶边缘和中部的细胞(10~16) μm × (10~16) μm，叶基部细胞(20~24) μm × (20~30) μm，细胞厚壁，无三角体；角质层平滑。腹叶退化。雄苞未见。雌苞顶生，无新生侧枝，雌苞叶较茎叶大，长与宽约为2.2 mm；蒴萼钟形，脊无翼，长约2.8 mm，宽约2.2 mm，口部平截。孢子体未见。

标本鉴定：塔克拉克，MS 11957；破城子，MS 30101；铁兰河流域，MS 31294；北木扎特河流域 MS 30216；海拔：2 140~2 700 m。

34 圆叶羽苔 *Plagiochila duthiana* Steph.

植物体细小或中等大小，黄绿色或淡褐色，稀疏交织生长。茎长 3~5 cm，连叶宽 3~5 mm，分枝少；茎横切面皮部细胞 2 层，细胞厚壁，髓部细胞 6 层，薄壁。假根稀疏。叶相互贴生或稀疏覆瓦状排列，阔圆形，长 1.8~2.2 mm，宽 1.8~2.2 mm，斜列，后缘内卷，基部长下延，前缘基部稍宽下延；叶边全缘或具 7~9 个细齿，齿长 1~2 细胞。叶边缘细胞长 16~20 μm，叶中部细胞长 30~36 μm，宽 20~26 μm，叶基部细胞长 20~36 μm，细胞薄壁，三角体大，形成节状；细胞表面平滑。腹叶退化。雌雄异株。雄苞间生，无新生侧枝；雄苞叶 4~10 对。雌苞顶生，通常无侧生新枝，雌苞叶与营养叶形状和大小类似。蒴萼钟形，口部平截，具密齿，齿长 1~3 个细胞。

标本鉴定：塔克拉克，MS 11996；北木扎特河流域，MS 30221；海拔：2 110~2 660 m。

35 卵叶羽苔 *Plagiochila ovalifolia* Mitt.

植物体绿色或褐色，常与其他苔藓植物混生。茎长 2~4 cm，连叶宽 2~4 mm，分枝间生型；茎横切面直径 16~18 个细胞，皮部细胞 2~3 层，细胞壁稍厚，髓部细胞薄壁。假根少，生于茎基部。叶密覆瓦状排列，卵圆形、卵状椭圆形或长卵形，长 2.0~2.4 mm，宽 1.6~2.4 mm；后缘稍内卷，基部下延，前缘呈弧形，基部宽阔，稍下延，先端圆形或截形；叶边具 20~40 个细齿，齿长 3~4 个细胞。叶边缘细胞长 16~30 μm，宽 16~24 μm，叶中部细胞长 37~55 μm，宽 31~41 μm，叶基部细胞长 55~80 μm，宽 27~40 μm，细胞薄壁，三角体小，稀无；细胞表面平滑；每个细胞具 4~11 个油体。腹叶退化。雌苞顶生，具 1~2 个新生侧枝，雌苞叶与茎叶近乎同形。蒴萼椭圆状钟形，长 3.8~4.8 mm，在口部宽约 1.8 mm。孢子球形，直径 14~17 μm，表面具棕色细疣。弹丝宽 7~10 μm，长 170~220 μm，具 2 列螺纹加厚，稀具 3 列螺纹加厚。

标本鉴定：塔克拉克，MS 24308；铁兰河流域，MS 31419；海拔：2 470~2 700 m。

十九、叶苔科 Jungermanniaceae Rchb.

植物体为有背腹之分的叶状体，小至中等大，通常长 0.5~5 cm，宽 0.3~4 cm，绿色、黄绿色、暗绿色或红褐色。茎直立、倾立或匍匐，侧枝发生于茎腹面，少数种有鞭状枝。假根分散生于茎腹面，或生于叶片着生部位，或生于叶腹面。侧叶蔽后式，全缘或少数先端微凹，稀二浅裂瓣，斜列着生或近似横生，背缘基角有短或长的下延部分。腹叶多数缺如，存在则呈舌形或三角披针形，稀 2 裂。叶细胞方形或六角圆形，厚壁或薄壁，三角体大或呈节状，或小不明显，少数具疣；油体少至多数，均质状或小粒状聚合体，多为椭圆形或球形。雌雄同株或异株或有序同苞。雄穗顶生或间生，雄苞叶 2 至多对，每个雄苞叶中通常 1~3 个精子器；精子器柄 2 列细胞。雌苞顶生或生于侧短枝上；雌苞叶多大于侧叶，与茎同形或略异形；蒴萼多数分化明显，长或短圆柱形、卵形、梨形、纺锤形，平滑或上部有纵褶，口部均收缩，有时呈喙状，蒴萼短生于假蒴苞上；颈卵器多个，集生于茎顶端蒴萼内。孢蒴通常圆形或长椭圆形，黑色，成熟时 4 裂瓣；蒴柄长，由多数细胞构成。孢子褐色或红褐色，具细疣，粒状，直径 10~20 μm。

管口苔属 *Solenostoma* Mitt.

36 厚边管口苔 *Solenostoma gracillimum* (Sm.) R.M. Schust.

植物体中等大小，丛生，黄绿色或上部深绿色，长1~2 cm，带叶宽1.2~1.5 mm。茎匍匐生长，先端直立，不规则分枝。密生无色假根，成束状沿茎下延。叶近横生，覆瓦状排列；近圆形，长宽仅等大，边缘有一层厚壁细胞，腔大，(30~45) μm × (25~40) μm，中部细胞(22~32) μm × (18~38) μm，基部细胞(28~40) μm × (20~40) μm，薄壁，三角体不显著或小；每细胞具2~5个长椭圆形油体。雌雄异株。雄穗间生或顶生，苞叶4~8对。蒴萼倒卵形，伸出长约1/2，蒴萼口常开裂有齿突，蒴囊几乎不发育，苞叶与茎叶同形，1对。

标本鉴定：小库孜巴依林场，MS 24510；大库孜巴依林场，MS 24723；海拔：2 382~2 470 m。

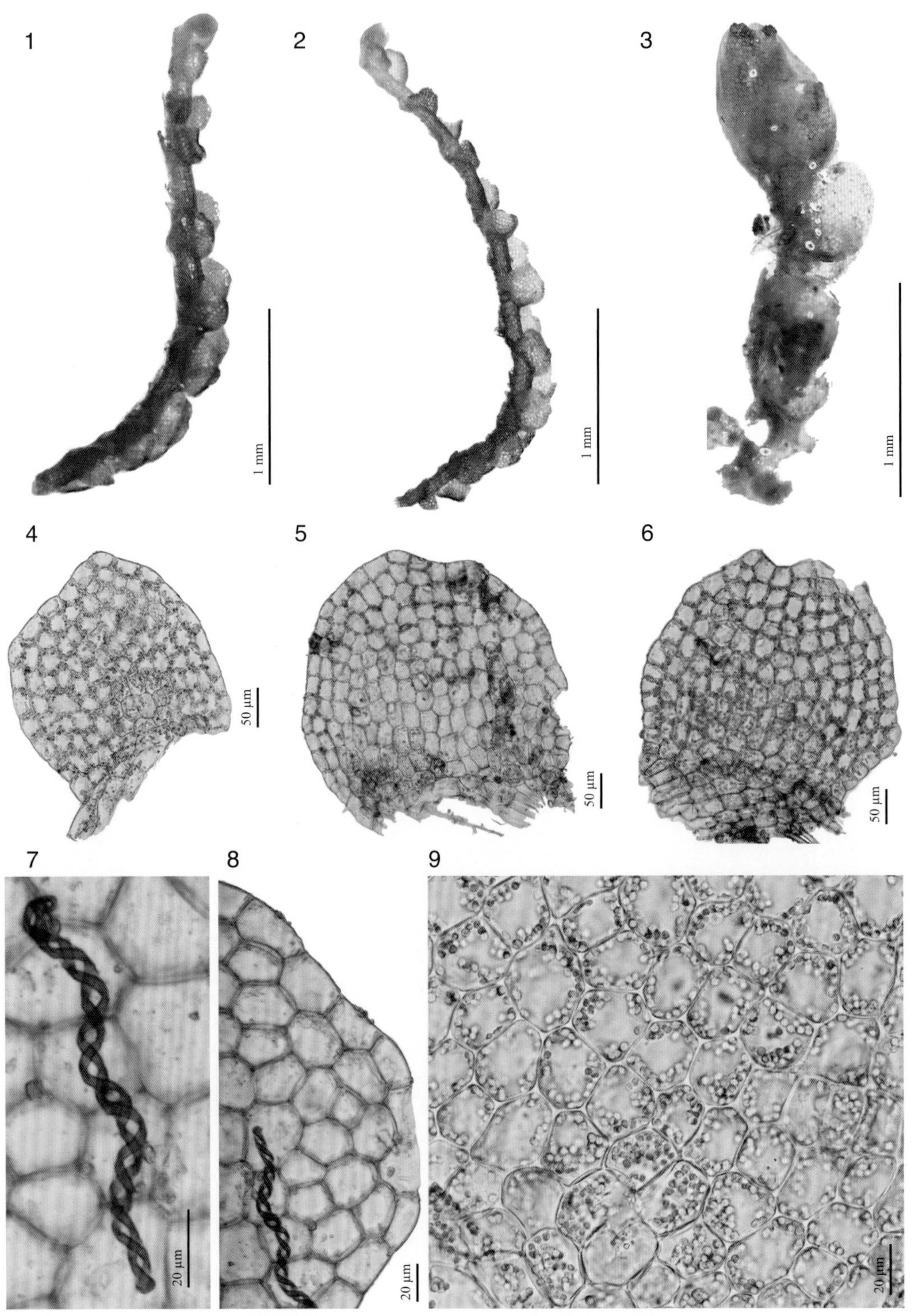

1~3. 植物体；4~6. 叶片；7. 弹丝；8. 叶边缘细胞；9. 叶中部细胞

（凭证标本：买买提明·苏来曼 24510，XJU）

二十、四齿藓科 Tetraphidaceae Schimp.

植物体纤细，密集丛生或散生，呈淡绿色、暗绿色或带红棕色，无光泽。原丝体呈丝状，易凋萎，或呈片状及棍棒状的原丝体叶，往往宿存，聚生于植株周围。茎直立，单一，稀具分枝。叶疏生，排成 3~5 列。叶片呈阔卵状或长卵状披针形，先端急尖或渐尖，边全缘或具小圆齿，叶片单细胞层；中肋单一。长达叶中上部或在叶尖稍下部消失。有时细弱或缺如。叶中上部细胞绿色，呈多角状圆形或不规则菱形，六角形或长方形；叶基部细胞呈狭长方形，细胞壁均平滑。雌雄同株异苞，生殖器顶生；雄器苞呈花状张开，具丝状配丝；雌生殖苞呈芽状，无配丝；雌苞叶较茎叶长大，呈卵状披针形。蒴柄细长，直立或中部折曲。孢蒴呈长圆柱形或卵状柱形，直立，对称，蒴壁平滑。环带缺如。蒴齿由多层细胞构成，成熟后裂成 4 片，齿片成等腰三角状锥体形，外层细胞厚壁，内层干缩成纵纹。具蒴轴，与朔盖不相连。蒴盖呈圆锥体形，单细胞层。蒴帽长圆锥体形，往往具纵长皱褶，无毛，基部成瓣状深裂。

四齿藓属 *Tetraphis* Hedw.

37 四齿藓 *Tetraphis pellucida* Hedw.

植株纤细，往往成纯群落密集丛生。茎直立，单生，长 12~18 (23) mm，往往下部裸露，叶集生于上段，较下之叶疏生，干燥时紧贴于茎上，呈阔卵圆形或长椭圆形，先端急尖，叶边全缘；上部叶较长大，呈长卵状披针形，先端急尖或渐尖，长 1.5~2.2 mm，宽 0.5~1 mm，叶边全缘，平展或向背面弯曲；中肋粗壮，长达叶先端或几至顶，在叶背面突出。叶片上中部细胞呈多角状圆形，薄壁而角部增厚，直径为 12~16 μm，向叶基角部细胞较长，呈不规则长方形。蒴柄直立，平滑，长 10~16 mm；孢蒴细长，圆柱形，长 3~4 mm，直径 0.4~0.5 mm，或多或少略弯曲；蒴口部增厚；蒴齿棕色，呈狭长等腰三角形，长 0.6~0.8 mm；蒴盖长圆柱状锥形，长约 1 mm；环带缺如。蒴帽棕色，长 2~2.5 mm，上半部粗糙，下部平滑，具沟槽，基部瓣裂。孢子小，平滑，直径 10~12 μm。不育枝顶端往往着生芽胞杯，无性芽胞呈片状，着生于杯内。

标本鉴定：北木扎特河流域，MS 25098a；海拔：2 640 m。

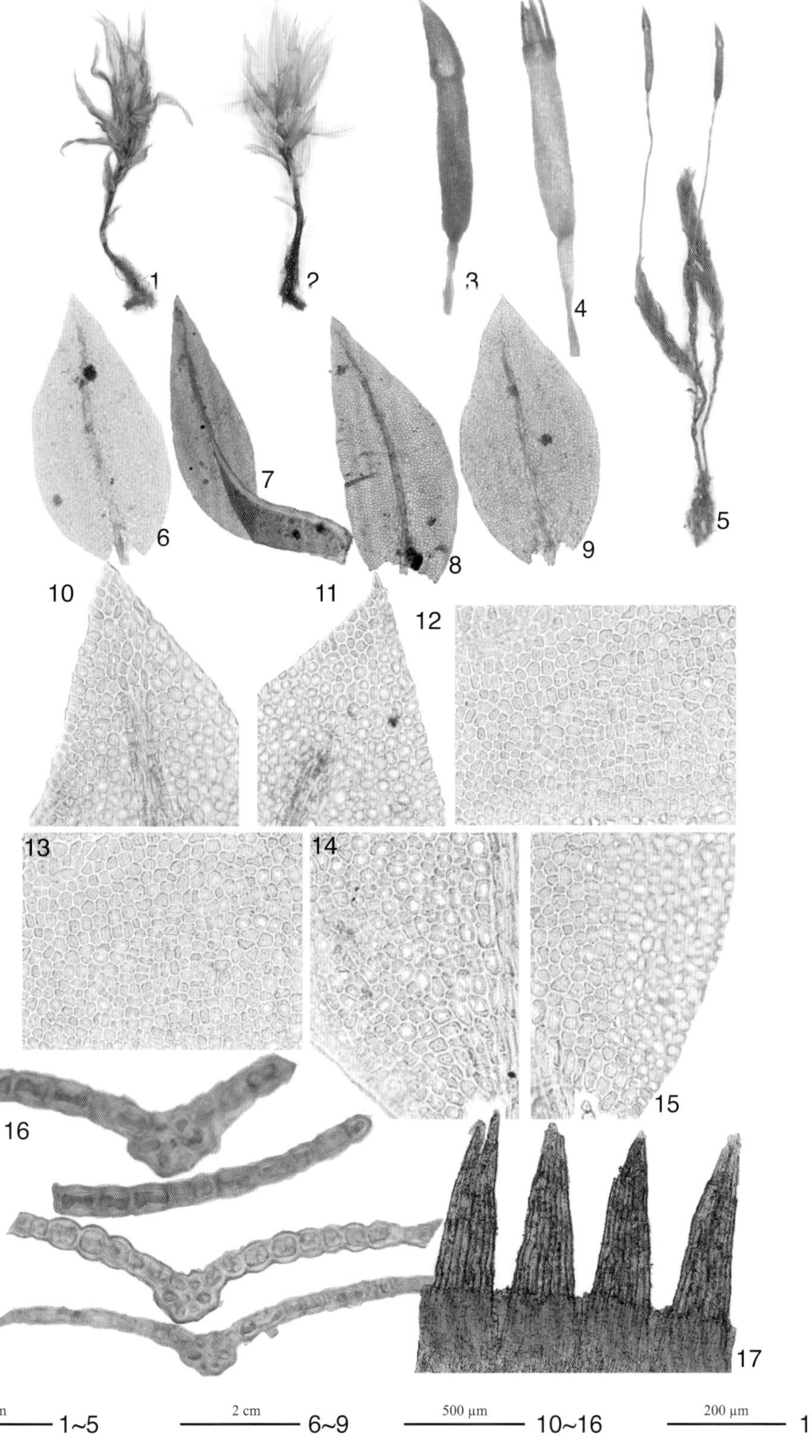

1、5. 植物体（干）；2. 植物体（湿）；3~4. 孢子体；6~9. 叶片；10~11. 叶上部细胞；12~13. 叶中部细胞；14~15. 叶基部细胞；16. 叶横切面；17. 蒴齿

（凭证标本：买买提明·苏来曼 25098a，XJU）

二十一、金发藓科 Polytrichaceae Schwägr.

一年生或多年生植物，通常土生，大型、粗壮至小型，直立，一般硬挺，绿色、褐绿色至红棕色，湿时叶片伸展，似松杉幼苗，干时叶片紧贴、伸展、略卷或强烈卷曲；密集成片，疏生或散生于其他藓类植物中；稀绿色原丝体长存。茎多数单一，稀分枝，少数属种呈树状分枝。茎上部密被叶片，下部一般无叶或具鳞片状叶，基部丛生棕红色或无色假根，常具地下横茎。通常茎外层为厚壁细胞，内部有薄壁细胞及中轴，具较强的对干燥环境的适应。叶片螺旋状排列，多为长披针形或长舌形，常具宽大的鞘部；叶边全缘或具齿，由单层或多层细胞构成；一般中肋较宽阔，及顶、突出叶尖或呈芒状；叶腹面一般具多数明显的纵行栉片及两侧无栉片的翼部，不同种的栉片顶细胞形态各异，部分种类背面亦有栉片或棘刺。叶细胞卵圆形、近方形或不规则，平滑或表面具疣，薄壁或厚壁，细胞内常含有多数叶绿体；鞘部细胞一般呈不规则扁方形和长方形，多数透明，有时略呈棕黄色，部分属种具分化的边缘。雌雄异株，稀雌雄同株。雄株常略小，雄苞顶生，呈花盘状，有时于中央继续萌生新枝。雌株较大。孢蒴顶生或侧生，多数为卵形、圆柱形或呈 4~6 棱柱形，稀为扁圆形、球形或呈梨形，平滑或具疣，有时略弯曲，基部常具气孔。蒴柄单一或多数族生，坚挺，一般较长，多直立。蒴盖多圆锥形，具长或短喙。环带不分化；有时蒴轴顶端延伸成盖膜而与蒴齿相连，常封闭蒴口。蒴齿由细胞所构成，一般为 32 片或 64 片，稀 16 片或缺失，多舌形，基部愈合。蒴帽兜形、长圆锥形或钟形，表面常密被灰白色、浅黄色、金黄色或红色纤毛，稀平滑成纤细刺，罩于全蒴或仅覆于蒴盖喙部。孢子球形或卵形，表面具疣。

拟金发藓属 *Polytrichastrum* G. Sm.

38 拟金发藓 *Polytrichastrum alpinum* (Hedw.) G. L. Sm.

植物体中等大小，丛集成片生长。茎高 1.5~2 cm，直立，有时分枝，下部具棕红色假根。叶丛生于茎上部，干燥时卷曲，湿润时倾立，由近于圆卵形鞘状基部向上突收缩成披针形，尖部呈急尖或狭短尖，叶上部长约 4 mm，宽约 0.6 mm；叶边内曲，两层细胞厚，齿粗而疏；中肋宽阔，背面具少数小齿。叶片腹面约有 30 条纵列栉片，栉片高 3~6 个细胞，顶细胞近于方形或长方形，高度小于宽度，胞壁强烈加厚，上面被密疣。蒴柄单生，长 1~2 cm，黄橙色，干燥时常扭曲。孢蒴短卵状圆柱形，外壁具乳头状突起。蒴齿长舌形，长约 0.25 mm，上部透明，中下部红棕色。孢子直径 12~20 μm。

标本鉴定：北木扎特河流域，MS 30259；琼台兰河谷；阿托伊纳克；海拔：2 200~2 660 m。

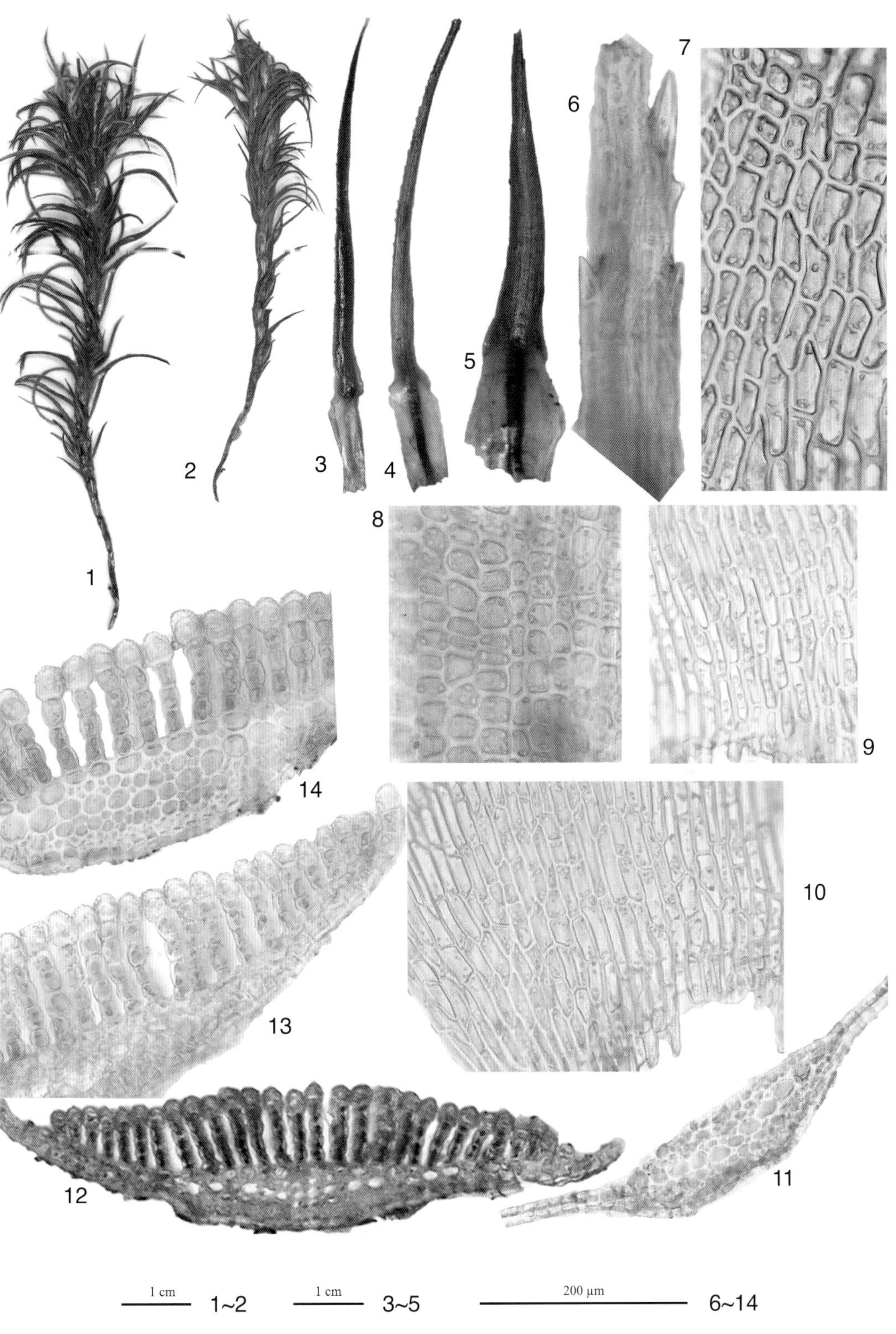

1. 植物体（湿）；2. 植物体（干）；3~5. 叶片；6. 叶尖部；7. 叶上部细胞；8. 叶中部细胞；9~10. 叶基部细胞；11~14. 叶横切面

（凭证标本：买买提明·苏来曼 30259，XJU）

39 直叶金发藓 *Polytrichum strictum* Menzies. ex Brid.

植物体密集丛生，深绿色或棕绿色。茎高 6~30 cm，直立不分枝，丛生叶部以下均具白色密假根。叶短直立，干燥时紧贴于茎上，基部鞘状，向上渐成宽披针形，渐尖；叶缘宽，内卷膜质状，全缘平滑，浅黄褐色；中肋达叶先端，突出成具齿的黄褐色短尖；叶片边缘细胞单层，横宽长方形；鞘状部分细胞长方形，近边缘变狭，无色。栉片 25~30 条，位于叶片中央的栉片高为 6 个细胞，近叶缘栉片高 3 个细胞，侧面观成城墙垛口状；栉片横切面顶端细胞饼形，外壁加厚突出成乳头状。

标本鉴定：北木扎特河流域，MS 30259；大台兰；库木拜力高山；海拔：2 100~2 860 m。

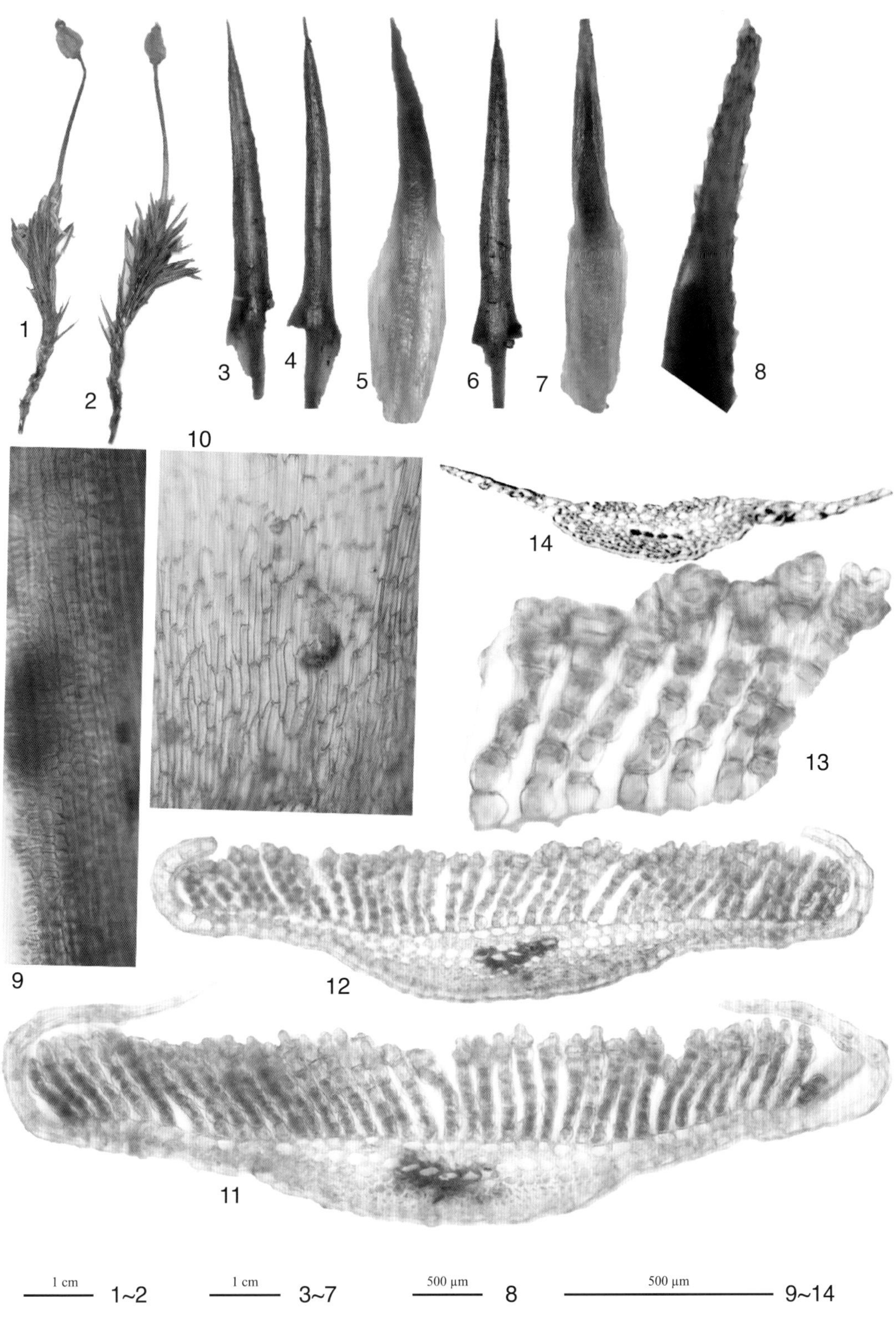

1. 植物体（干）；2. 植物体（湿）；3~7. 叶片；8. 叶尖部；9. 叶中边缘细胞；10. 叶基部细胞；11~14. 叶横切面
（凭证标本：买买提明·苏来曼 22801，XJU）

二十二、牛毛藓科 Ditrichaceae Limpr.

植株小或中等大小，聚生或密集丛生。茎直立，单一或叉状，有分化中轴。叶多列，披针形、渐尖形或锥状，直的或有些弯曲，少数有鞘状基部；对叶藓属的叶片2列，其余多列；中肋单一，发育良好，长达叶尖，在横切面上有一排主细胞和2条厚壁细胞带，近轴带有时大大减少；叶细胞光滑（对叶藓属粗糙例外）；基部细胞伸长，向边缘变窄，角细胞没有分化或形成边缘；远端细胞等径或短矩形伸长形，壁坚实。常具有特化的无性繁殖体，如多细胞芽胞生长在中轴或沿茎产生、块茎或假根的丝状繁殖体上；雌雄同株异苞，雌雄有序同苞，或雌雄同株同苞；雄器苞腋生或生于临近雌器苞的短枝上，或顶生；雌苞叶没有明显的分化或者具有更长、更宽的鞘状基部和短钻状顶端。蒴柄黄色至橙色、红棕色、棕色或红紫色；孢蒴近球形至长突状、圆柱状，直立、倾斜或下垂，通常弯曲或不对称；闭蒴，无蒴齿或有蒴齿；环带通常由2~3排较大的细胞组成，容易脱落，单层蒴层由16个蒴齿组成，分裂成两个圆柱形的细丝或近基部穿孔；蒴盖圆锥形，有的喙状。蒴帽呈兜形，很少为钟形。孢子球形、卵形或肾形，表面具乳头状疣或细疣。

角齿藓属 *Ceratodon* Brid.

40 角齿藓 *Ceratodon purpureus* (Hedw.) Brid.

植株密集丛生，绿色或黄绿色，长 1~2 cm，有红棕色假根。茎直立，高 2~3 cm，常分枝。叶密生，披针形或卵披针形，干燥时扭曲，潮湿时伸展，长 1~2 mm，叶边缘内卷，叶上部短，具不规则齿突，叶基部宽阔；中肋粗壮，达于叶尖或突出于叶尖；叶上部细胞长方形或方形，单层，宽 7~10 μm，长 23~30 μm，基部细胞短矩形，平滑，宽 6~9 μm，长 12~18 μm，厚壁；雌雄异株；蒴柄红褐色，1~3 cm；孢蒴圆筒状或长卵形，倾立到垂倾，红褐色，有光泽，长 1~2 mm，具明显纵肋棱；换代分化，蒴齿 16 片，齿片红棕色，具细疣；蒴盖圆锥形，具短喙。蒴帽兜形。孢子小，直径 10~15 μm，黄色，表面平滑，具小乳突。

标本鉴定：小库孜巴依林场，MS 24606；广布保护区；海拔 2 000~2 583 m。

41 对叶藓 *Distichium capillaceum* (Hedw.) Bruch & Schimp.

植物体密集丝状丛生，纤细，黄绿色或绿色，具光泽。茎高达约6 cm，直立，稀分枝，基部具红褐色假根。叶2列，对生，鞘状基部长方形；叶长3~5 mm，从直立高鞘状基部向上突然变成狭披针形，叶上部细长，叶缘平滑；中肋扁宽，单一，充满整个叶上部；叶上部细胞方形或菱形，不透明；叶肩部细胞不规则多边形，宽4~5 μm，长10~20 μm；叶基部细胞宽2~6 μm，长50~70 μm，狭长方形，平滑透明；雌雄有序同苞；蒴柄红棕色，长1~2 cm，直立，平滑；孢蒴棕色，1~2 mm，直立，卵形或圆柱形，干燥时起皱；蒴齿齿片16，披针形，单层，2裂达于基部，中上部具小乳突或有时具条纹。蒴盖圆锥形；浓密和细小的孢子，黄褐色，15~25 μm，球形。

标本鉴定：塔克拉克，MS 24323；亚依拉克，MS 29910；破城子，MS30107；小库孜巴依林场，MS 11724；大库孜巴依林场，MS 24720；大库孜巴依泉水，MS 31566；铁兰河流域，MS 31402；北木扎特河流域，MS 25010；海拔：2 100~3 200 m。

42 斜蒴对叶藓 *Distichium inclinatum*（Hedw.）Bruch & Schimp.

植物体密集丛生，略具光泽，较小，高 1~2 cm，黄绿色或绿色。茎高达约 3 cm，多数较短。叶交互对生，基部鞘状，长椭圆形；叶长 2~3 mm，向上突然变狭成粗糙细长毛尖，叶上部细长，叶缘平滑；中肋单一，粗壮，几乎占满整个叶上部；叶上部细胞方形或不规则六边形，不透明；叶肩部细胞矩形或短长方形，宽 3~5 μm，长 6~12 μm；叶基部细胞狭长方形，宽 5~9 μm，长 40~70 μm，平滑透明；雌雄同株异苞；蒴柄长 1~2 cm，直立，光滑，红色或红棕色；孢蒴棕色，1~1.5 mm，倾立，不对称，卵形或长卵形，干燥时皱；蒴齿不规则 2~3 裂近基部，披针形，单层，表面平滑；环带分化；蒴盖圆锥形；孢子浓密且具细小乳突，黄绿色，粗糙，30~45 μm，球形。

标本鉴定：塔克拉克，MS 24363；破城子，MS 30095；小库孜巴依林场，MS 24540；大库孜巴依林场，MS 31257；铁兰河流域，MS 31202；北木扎特河流域，MS 25016；海拔：2 100~3 300 m。

43 毛齿藓短蒴变种 *Trichodon cylindricus* var. *oblongus* (Lindb.) Podp.

植物体散生或丛集，淡绿色至黄绿色，高4~6 mm。假根棕色，表面具细疣。茎直立，单一，具中轴。叶长1.5~2.3 mm，宽0.2~0.4 mm，茎上部叶较大，密集着生，下部叶较小，稀疏着生；基部宽，鞘状，向上突然狭缩成线状披针形，湿时强烈背仰，干时卷曲；叶缘平展，上部有细锯齿；中肋单一，贯顶，充满叶上部，背面粗糙；横切面有数个大型主细胞，远轴面有微弱的厚壁细胞束分化，近轴面不分化；叶细胞光滑，中上细胞长方形至长圆形，长20~40 μm，宽6~9 μm，肩部边缘常为短方形至不规则多角形；鞘部细胞狭长方形，长40~90 μm，宽6~10 μm；假根生芽胞红棕色至黄棕色，圆球形，表面光滑，多细胞组成，直径约 80 μm；雌雄异株；苞叶较营养叶稍大；蒴柄直立至稍弯曲，平滑，红棕色，长4.7~6 mm；孢蒴短柱状至长梨形，直立至稍倾立，稍弓形弯曲，干时平滑，灰棕色，长1.3~2.2 mm；环带由1~3列大型细胞组成，卷曲；蒴盖圆锥形，有长喙，高约0.5 mm；蒴齿单层，16片，线状披针形，直立，红棕色，高约260 μm，在近基部2裂，中下部表面有细疣形成的纵条纹，齿片干时内弯；孢子球形，直径约13 μm，表面密被不规则颗粒状疣；蒴帽头巾状，光滑。

标本鉴定：塔克拉克，MS 24478b；海拔：2 267 m。

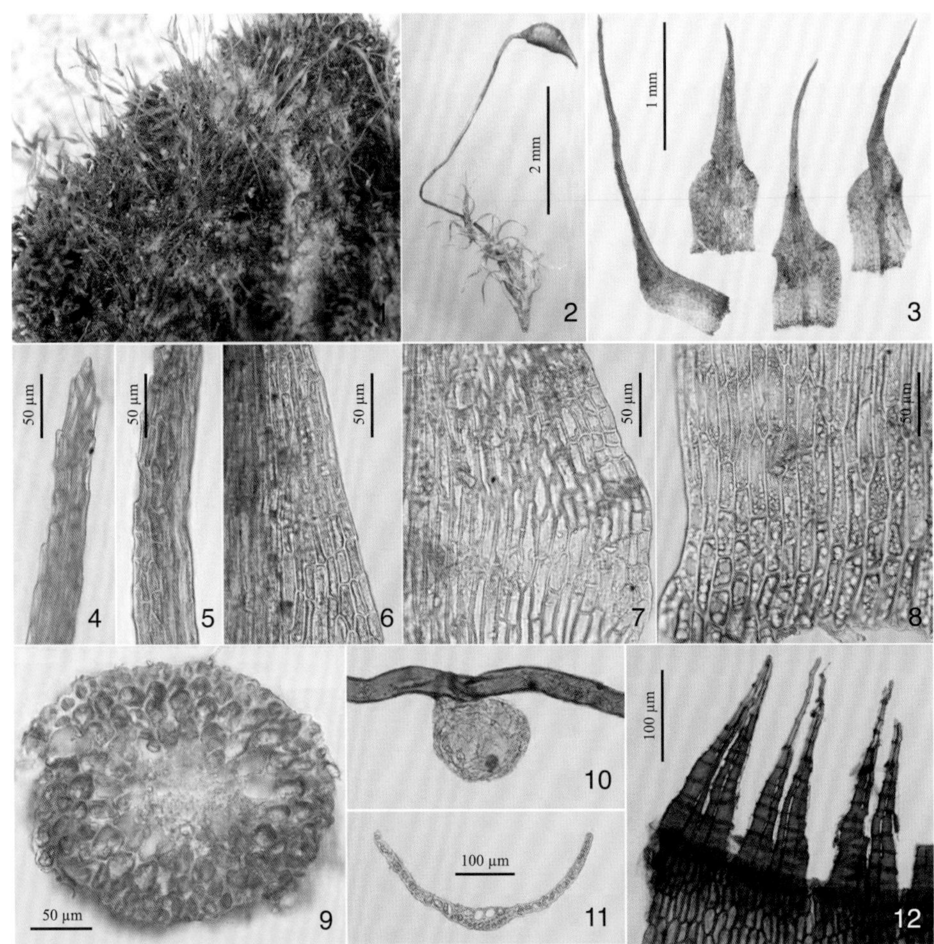

1. 株丛；2. 植物体；3. 叶片；4. 叶尖；5. 叶上部细胞；6. 叶中部细胞；7. 叶肩部细胞；8. 叶基部细胞；9. 茎横切面；10. 芽胞；11. 叶片横切面；12. 蒴齿
（凭证标本：买买提明·苏来曼 24478b，XJU）

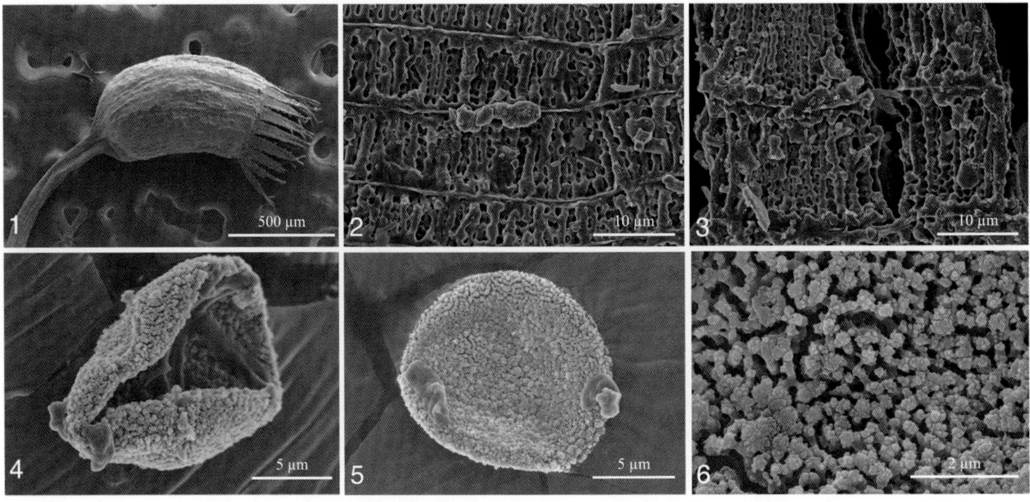

孢子体超微结构：1. 孢蒴；2. 蒴齿基部纹饰；3. 蒴齿中部纹饰；4. 孢子近轴面；5. 孢子远轴面；6. 孢子表面纹饰
（凭证标本：买买提明·苏来曼 24478b，XJU）

二十三、曲尾藓科 Dicranaceae Schimp.

土生、石生、沼生或腐木生藓类。植物体成大片丛生、小垫状或稀散生。茎直立，单 1 或 2 歧分枝，基部或全株生假根。叶片多列，密生，基部阔或半鞘状，上部披针形，常有毛状或细长有刺的长叶尖；叶边平直或内卷；中肋长达叶尖，突出或于叶尖前部终止；叶基部细胞短或狭长矩形，上部细胞较短，呈方形或长圆形或狭长形，平滑或有疣或乳头，角细胞常特殊分化成一群大型无色或红褐色厚壁或薄壁细胞。雌雄异株或同株。生殖苞内有配丝。雄器苞多呈芽苞状。蒴柄长，直立，鹅颈状弯曲或不规则弯曲，平滑。孢蒴柱形或卵形对称，多倾立。蒴齿 16 枚，基部常有稍高的基膜，齿片上中部 2~3 裂，具加厚的纵条纹，上部有疣，少数平滑或全部具疣，少数种齿片 2 裂到底，齿片内面常具加厚的梯形横隔。蒴盖高锥体形或斜喙状。蒴帽大，兜形，平滑。

曲尾藓属 *Dicranum* Hedw.

44 多蒴曲尾藓 *Dicranum majus* Turner

植物体高大，丛生，深绿色、黄绿色或绿色，有光泽。茎倾立或直立，长达 4~7 cm，分枝，基部具褐色假根。叶片镰刀形一侧偏曲，基部宽，向上逐渐呈长披针形；叶边具锯齿；中肋细弱，占基部的 1/10 宽，长达于叶尖终止或突出呈短毛状；角细胞淡褐色，与中肋之间具无色透明细胞；叶片基部细胞狭长形；中部细胞狭短长方形，厚壁。蒴柄黄褐色，长达 23~30 mm。孢蒴柱形，黄褐色，平滑。蒴盖高圆锥形，长喙状。蒴帽兜形。孢子椭圆形，具细疣，直径 20 μm。雌雄异株。

标本鉴定：北木扎特河流域，MS 22687；海拔：2 220 m。

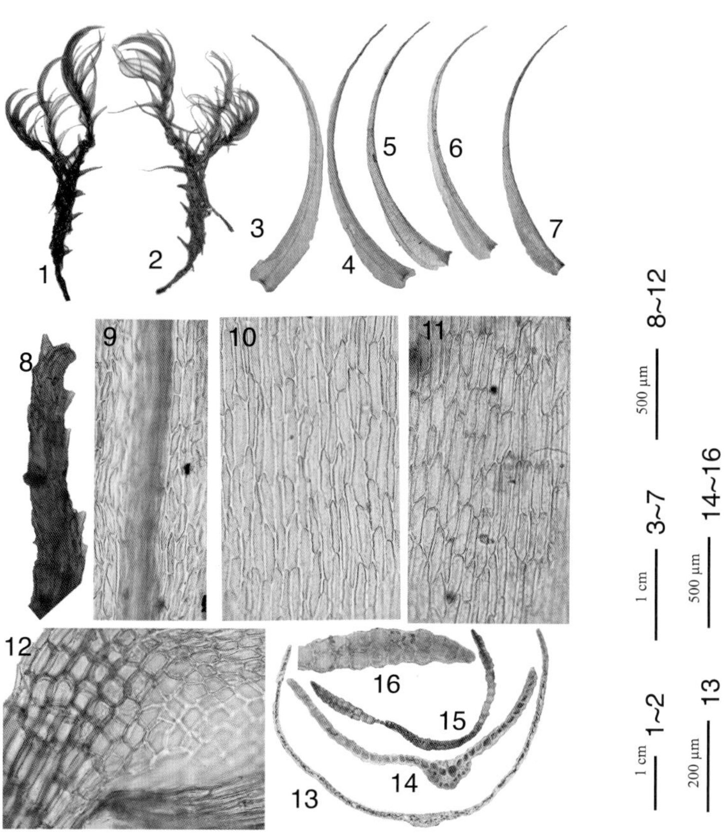

1. 植物体（干）；2. 植物体（湿）；3~7. 叶片；8. 叶尖部；9. 叶上部细胞；10. 叶中部细胞；11. 叶基部细胞；12. 叶角部细胞；13~14. 叶中横切面；15~16. 叶基部横切面

（凭证标本：买买提明·苏来曼 22687，XJU）

45 细叶曲尾藓 *Dicranum muehlenbeckii* Bruch & Schimp.

植物体密集丛生，褐绿色或黄绿色，具弱光泽，也有无光泽，中下部有假根。茎直立或倾立，长达 2~3 cm，叉状分枝或单一。叶片倾立或直立，先端一侧弯曲，干燥时卷缩，潮湿时舒展展开，从卵形基部向上披针形；叶边上部具锯齿，内卷，下部平滑；中肋粗，占基部的 1/5~1/4，长达于叶尖并突出；角细胞较大，长方形或六边形，深褐色；叶片基部细胞长矩形，厚壁；中部细胞不规则圆形或短矩形，无厚壁。蒴柄红棕色或褐色，长达 25 mm。孢蒴圆柱形，单生。蒴齿红褐色，2 裂达下部，表面具纵条纹；孢子球形，直径约 20 μm。雌雄异株。

标本鉴定：北木扎特河流域，MS 25097；海拔：2 260 m。

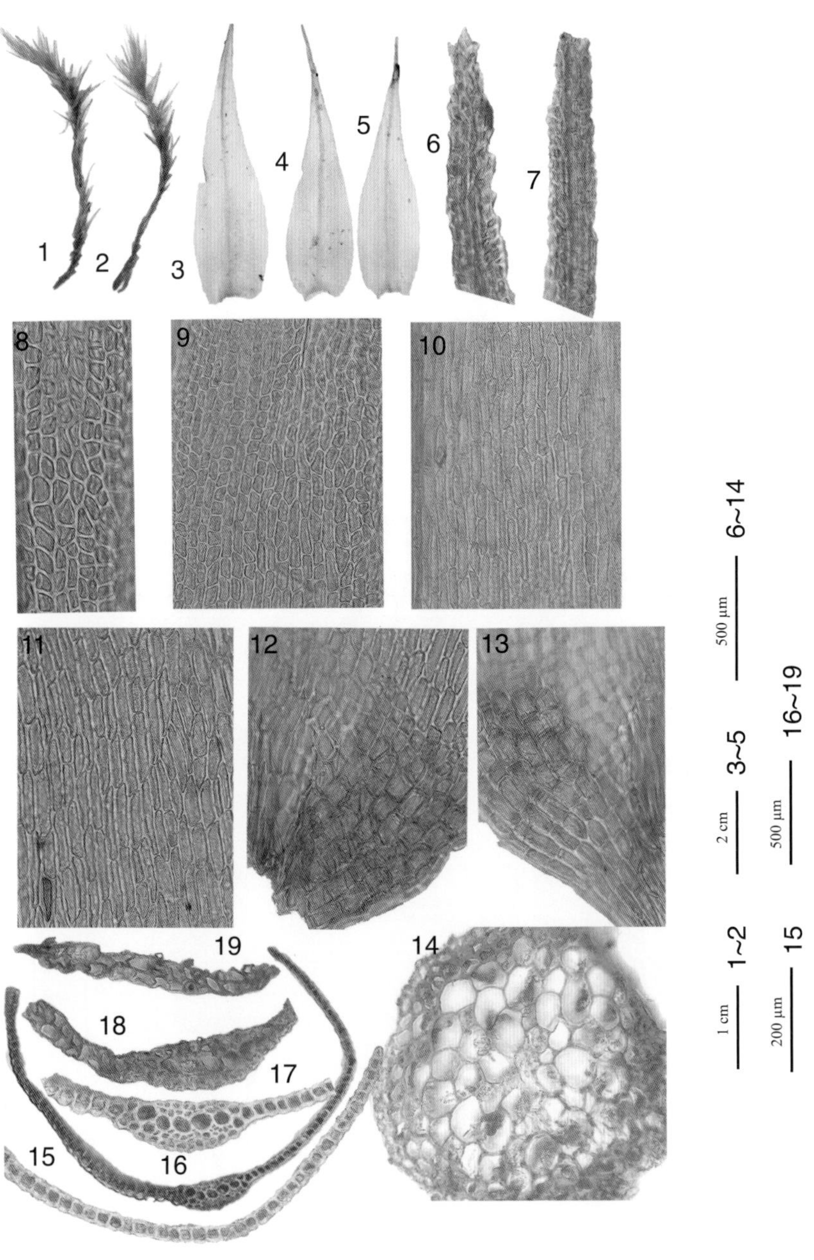

1~2. 植物体（湿）；3~5. 叶片；6~7. 叶尖部；8. 叶上部细胞；9. 叶中部细胞；10~11. 叶基部细胞；12~13. 叶角部细胞；14. 茎横切面；15~17. 叶中、上部横切面；18~19. 叶基部横切面
（凭证标本：买买提明·苏来曼 25097，XJU）

46 波叶曲尾藓 *Dicranum polysetum* Swartz

植物体中等大，密丛生，上部黄绿色，下部深褐绿色，具光泽。茎倾立或直立，高达 9 cm，叉状分枝，基部生假根。叶片倾立或直立，不规则镰刀形偏曲，干燥时皱缩，披针形，向叶片上部逐渐变细长叶尖；叶边上部有粗齿；中肋细弱，长达于叶尖并突出；角细胞大，方形或六边形；叶片基部近中肋细胞薄壁；叶片中部细胞六边形，薄壁；上部细胞短长方形，薄壁。蒴柄直立，长达 20~40 mm，红褐色。孢蒴圆柱形，辐射对称；蒴盖高圆锥形，跟孢蒴几乎一样长度。齿片披针形，红褐色。蒴帽兜形。孢子球形或三角状卵形，直径 20~27 μm。雌雄异株。

标本鉴定：北木扎特河流域，MS 24985；海拔：2 100~2 310 m。

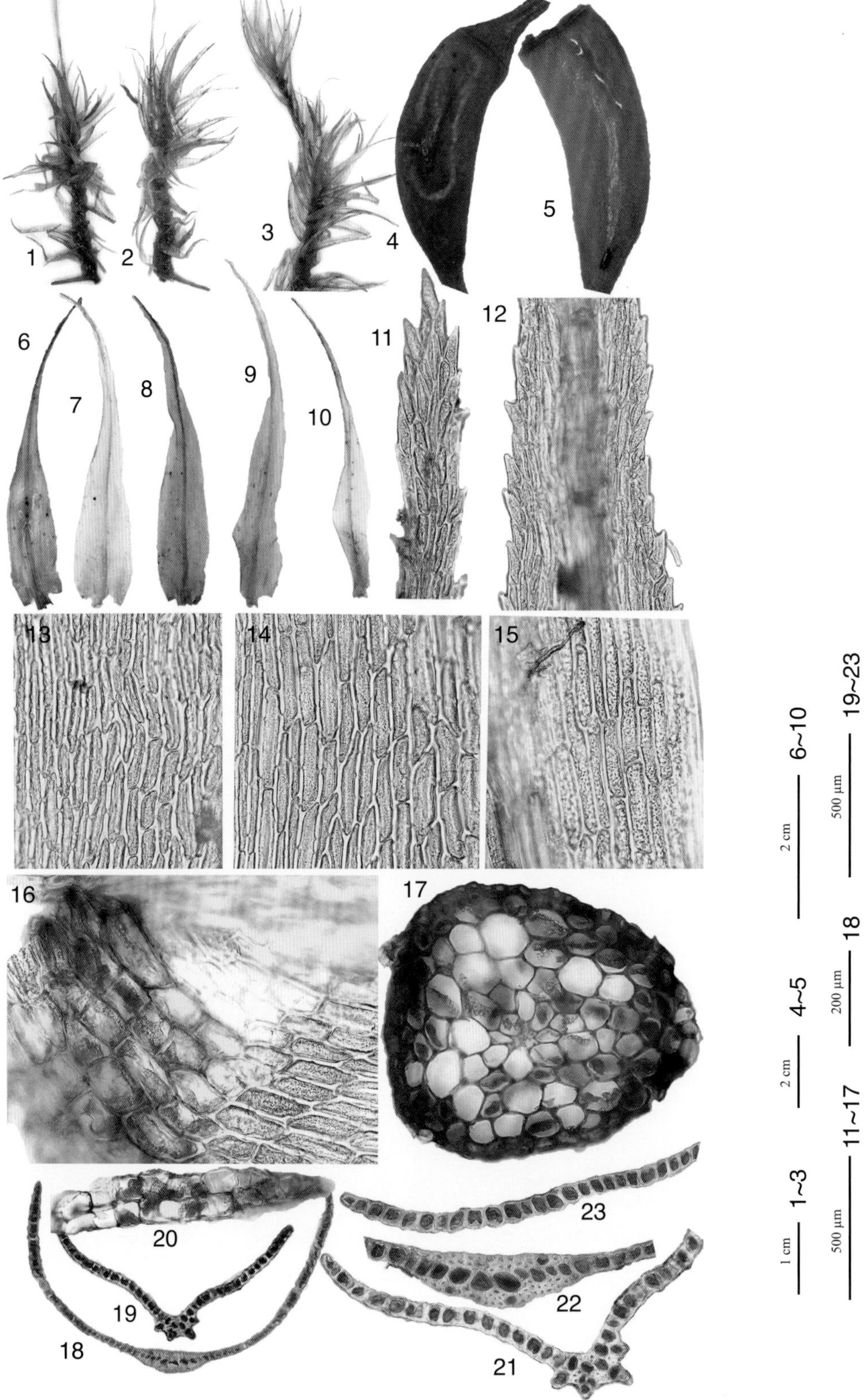

1~3. 植物体（湿）；4~5. 孢子体；6~10. 叶片；11. 叶尖部；12. 叶上部细胞；13. 叶中部细胞；14~15. 叶基部细胞；16. 叶角部细胞；17. 茎横切面；18~19、21~23. 叶中、上部横切面；20. 叶基部横切面

（凭证标本：买买提明·苏来曼 24985，XJU）

47 曲尾藓 *Dicranum scoparium* Hedw.

植物体密集丛生，黄褐色，下部色比上部色深。茎倾立或直立，高达 9 cm，多数不分枝，单一，少数为叉状分枝。叶片干燥时扭曲，披针形，渐尖；上部叶边具锯齿，下部叶边平滑；中肋细弱，长达于叶尖突出；角胞大，长方形；叶片基部细胞长条形；中部细胞长方形，比基部细胞短；上部细胞长六边形，比中部细胞短，薄壁。孢子体单生。蒴柄红褐色，干燥时扭曲，长达 10~30 mm。孢蒴长圆柱形，褐色，干燥时背曲；蒴盖圆锥形。齿片红褐色，表面具粗条纹。蒴帽兜形。孢子椭圆形，直径 16~20 μm。雌雄同株或异株。

对淋巴细胞白血病及神经胶质细胞癌等癌症有抑制作用。

标本鉴定：破城子，MS 30097；北木扎特河流域，MS 22663；海拔：2 160~2 715 m。

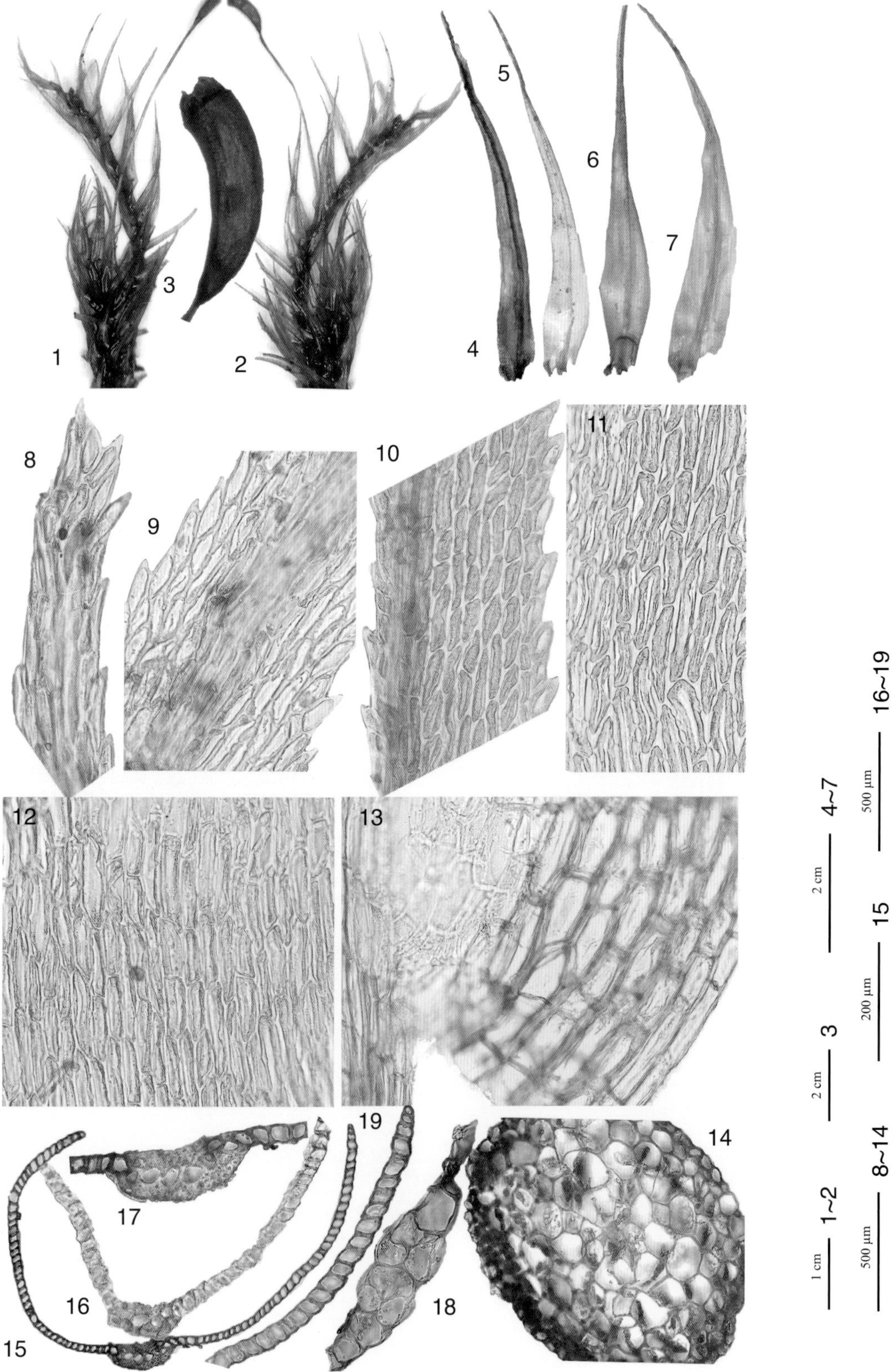

1~2. 植物体（湿）；3. 孢子体；4~7. 叶片；8. 叶尖部；9~10. 叶上部细胞；11. 叶中部细胞；12. 叶基部细胞；13. 叶角部细胞；14. 茎横切面；15~16、19. 叶中、上部横切面；17~18. 叶基部横切面

（凭证标本：买买提明·苏来曼 30267，XJU）

48 大曲背藓 *Oncophorus virens* (Hedw.) Brid.

植物体较大，密集丛生，褐绿色或绿色，有光泽，基部生假根。茎倾立或直立，叉状分枝或不分枝。叶片直立或倾立，基部较宽，向上逐渐狭，具披针形叶尖。叶片干燥时卷缩，潮湿时舒展；叶边全缘，叶尖具突齿；中肋基部宽，长达于叶尖终止或突出；叶片基部细胞不规则长方形；中上部细胞短长方形；蒴柄直立，褐色，长 23 mm；孢蒴圆柱形，褐色，干燥时平滑；齿片曲尾藓形生于蒴口深处，红褐色。雌雄同株。

标本鉴定：北木扎特河流域，MS 24786、30189a；海拔：2 160~2 310 m。

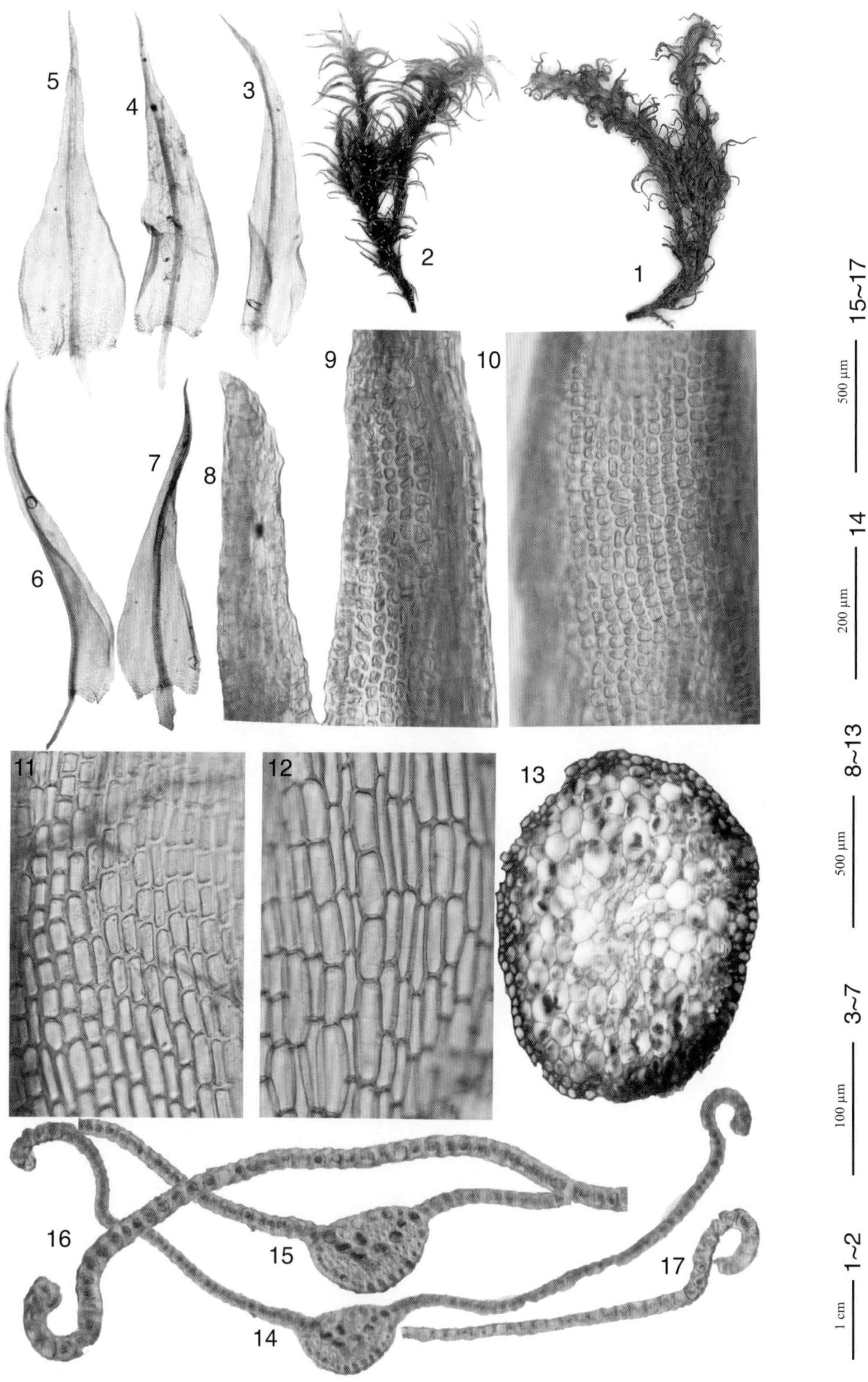

1. 植物体（干）；2. 植物体（湿）；3~7. 叶片；8. 叶尖部；9. 叶上部细胞；10. 叶中上部细胞；11. 叶中部细胞；12. 叶基部细胞；13. 茎横切面；14~17. 叶横切面

（凭证标本：买买提明·苏来曼 22690，XJU）

49 曲背藓 *Oncophorus wahlenbergii* Brid.

植物体密集丛生，黄绿色，具光泽。茎多分枝，倾立或直立，高为 4 cm。叶片基部阔鞘状，从阔肩部突然变细呈长毛状叶尖。叶片干燥时卷缩，潮湿时舒展。叶边全缘，顶部具突齿；中肋长达于叶尖或突出；叶片基部细胞宽长方形，透明；上部细胞小，短方形；叶片基部细胞长方形。蒴柄直立，长为 40 mm；孢蒴椭圆形黄褐色，干燥时平滑；齿片曲尾藓形生于蒴口内，红褐色。雌雄同株。

标本鉴定：北木扎特河流域，MS 24751；海拔：2 660 m。

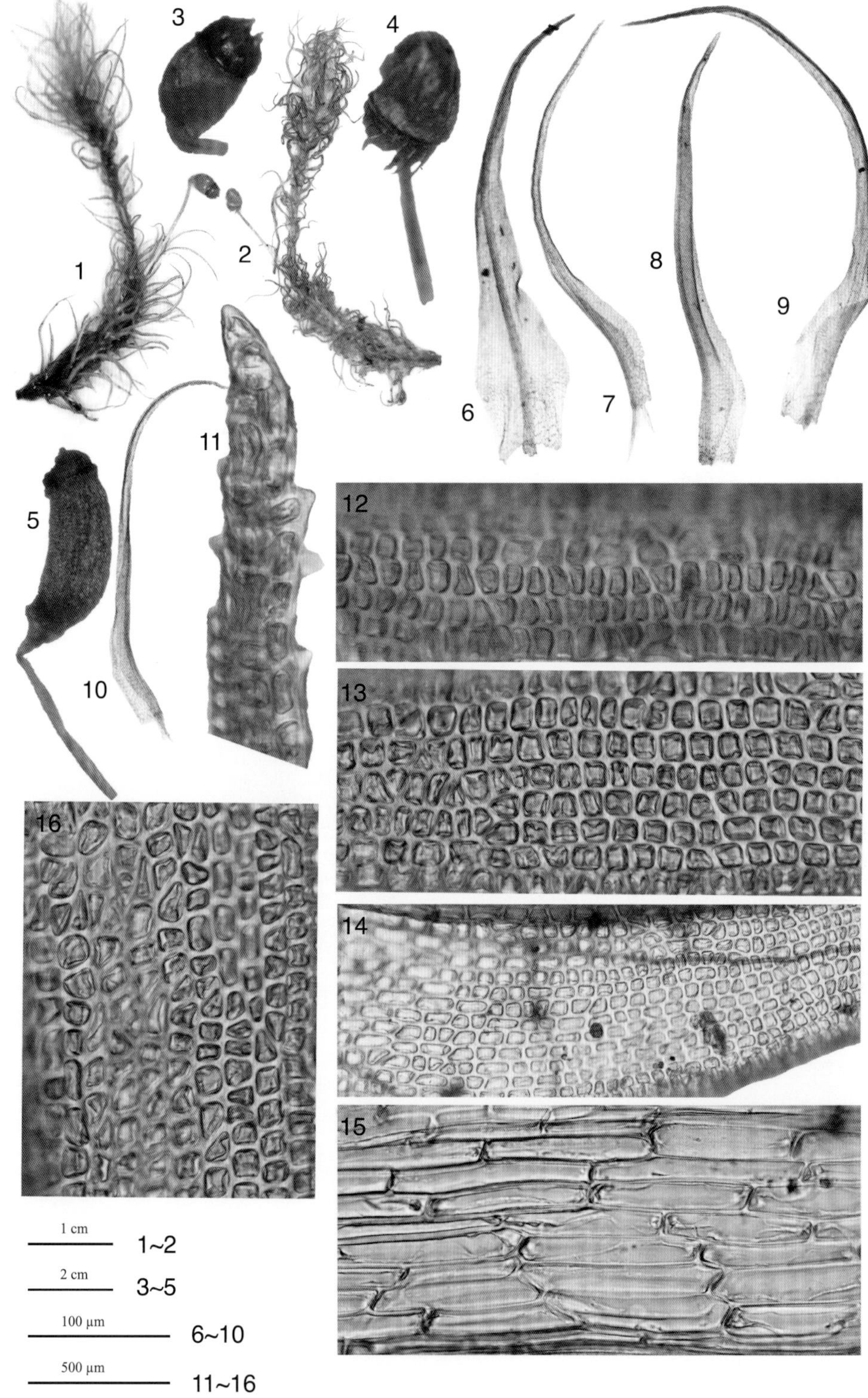

1. 植物体（湿）；2. 植物体（干）；3~5. 孢子体；6~10. 叶片；11. 叶尖部；12~13、16. 叶上部细胞；14. 叶中部细胞；15. 叶基部细胞

（凭证标本：买买提明·苏来曼 22856，XJU）

二十四、凤尾藓科 Fissidentaceae Schimp.

植物体多密集丛生，多为土生或石生，绿色或黄绿色。茎直立或倾立，单一或分枝、横切面呈椭圆形，具中轴，基部生假根。叶腋内有时有无色透明细胞组成的突起结节。叶互生，排成扁平的 2 列，通常可分成：①鞘部，位于叶的基部，呈鞘状而抱茎；②前翅，在鞘部前方，中肋的近轴扁平部分；③背翅，在鞘部和前翅的对侧，即中肋的远轴扁平部分。叶边全缘或具齿，有时具由狭长细胞构成的分化边缘；中肋单一，常长达叶尖或于叶尖稍下处消失，罕为不明显或退失；叶细胞多为圆六边形或不规则多边形，平滑或具疣，或具乳头状突起，角细胞不分化。雌雄异株或同株。孢蒴顶生或腋生，辐射对称或略弯曲、多对称，基部常具气孔。齿片单层及红棕色，齿片 16 条，上部常呈丝状，2 深裂达中部或基部，外面常具粗长条纹及密横脊；环带不分化；内面具粗横隔；蒴盖圆锥状，具长或短喙。蒴帽兜形，通常平滑。孢子细小，平滑或具疣。

凤尾藓属 *Fissidens* Hedw.

50 异形凤尾藓 *Fissidens anomalus* Mont.

植物体绿色至带褐色。茎密集丛生，单一或分枝，连叶高 14~50 mm，宽 4.5~5.3 mm；无腋生透明结节；茎中轴分化。叶 15~53 对，最基部叶小，上部叶远较下部叶为大，排列较紧密；中部以上各叶狭披针形，长 3.1~3.7 mm，宽 0.7~0.8 mm，干时明显卷曲，先端狭急尖；背翅基部圆形，罕为短下延；鞘部为叶全长的 1/2~3/5，对称至稍不对称；叶尖处有不规则的牙齿，其余部分具细圆齿至锯齿；叶边由 1~3 列平滑、厚壁而浅色的细胞构成一浅色的边缘；中肋粗壮，突出；前翅和背翅细胞四方形、圆形至不规则的六边形，长 7~11 μm，角隅加厚，具明显的乳头状突起，不透明；前翅厚 1 层细胞；鞘部细胞与前翅和背翅细胞相似，但靠近中肋基部的细胞较大而壁较厚，乳头状突起较不明显。叶生雌雄异株。雄株细小，高 0.9~1.1 mm，长于雌株叶的鞘部；茎叶细小，长约 0.5 mm，由 1 列细胞构成 1 条不明显的浅色边缘；中肋远离叶尖消失。雄器苞顶生于主茎或短的基部侧枝上。雌器苞腋生。雌苞叶卵圆状披针形至钻状披针形，长约 0.9 mm。颈卵器长 280~370 μm。蒴柄短，长仅 1.5~2 mm，平滑。孢蒴直立对称；蒴壶长 0.7~1 mm，蒴壁细胞长圆形，纵厚壁，横壁较薄。蒴齿长 0.3~0.5 mm，基部宽 88~98 μm，上部具螺纹加厚及突起的节瘤，中部具粗疣，下部具细密疣。蒴盖具长喙，长 0.5~0.8 mm。蒴帽钟状，长约 1.3 mm。

标本鉴定：塔克拉克，MS 31469；北木扎特河流域，MS 24895；海拔：1 960~2 310 m。

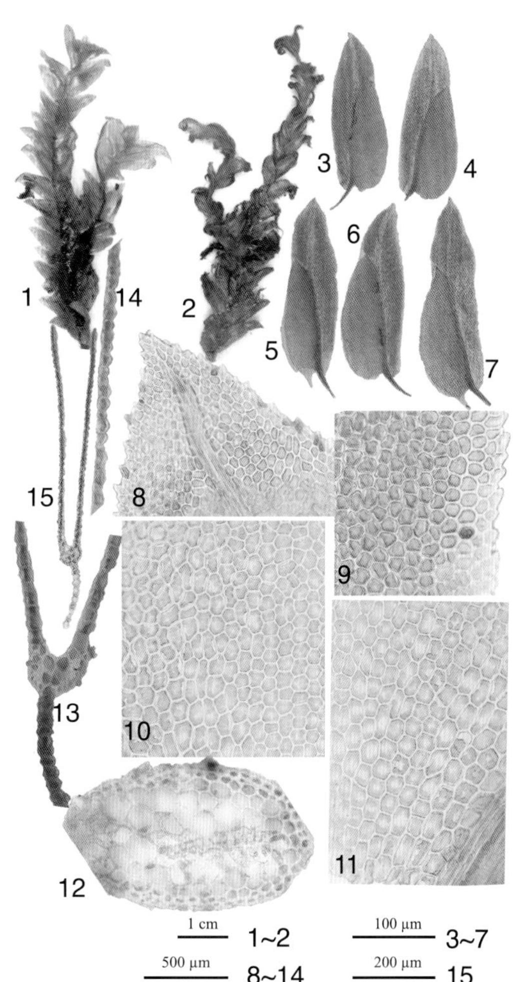

1. 植物体（干）；2. 植物体（湿）；3~7. 叶片；8. 叶尖部；9. 叶中边缘细胞；10. 叶中部细胞；11. 叶基部细胞；12. 茎横切面；13~15. 叶横切面

（凭证标本：买买提明·苏来曼 31469，XJU）

51 小凤尾藓 *Fissidens bryoides* Hedw.

植物体细小。茎单一通常不分枝，连叶高 1.5~5.6 mm，长 1.3~2.4 mm，腋生透明结节不明显，中轴稍分化。叶 4~6 对，上部叶长圆状披针形，长 0.8~2 mm，宽 0.3~0.5 mm，先端急尖，背翅基部楔形；中肋及顶或在叶尖稍下处消失；叶鞘约为叶全长的 1/2~3/5，通常略不对称；分化边缘通常粗壮，鞘部更为明显，在前翅宽 1~3 列细胞，在叶鞘处宽 3~6 列细胞，厚度为 1~3 层细胞；前翅及背翅的细胞为方形至六边形，长 5~12 μm，略厚壁，平滑；叶鞘细胞与前翅及背翅细胞相似，但靠近中肋基部细胞较大而长。雌雄同株。雄生殖苞芽状。腋生于茎叶。雌生殖苞生于茎顶，颈卵器长约 2.45 μm；雌苞叶与茎叶相似，但较长。蒴柄长 1.8~7.5 mm，平滑。孢蒴直立，对称。蒴壶长 0.25~0.8 mm。蒴盖圆锥形，具喙，长 0.35~0.6 mm。蒴外层细胞长方形，侧壁略加厚。

全草入药，可四季采收，洗净晒干。味辛、微涩，性凉，具有利尿的功效。

标本鉴定：塔克拉克，MS 24299；亚依拉克，MS 31423；破城子，MS 30107b；小库孜巴依林场，MS 11834；大库孜巴依林场，MS 24726；海拔：2 442~2 600 m。

52 多形凤尾藓 *Fissidens diversifolius* Mitt.

植物体细小，黄绿色。能育茎通常单一。连叶高约 3.3 mm，宽 1.3 mm；腋生透明结节不明显；茎中轴不分化。叶 5~9 对，下部叶小，鳞片状，疏散排列；上部叶远大于下部叶，紧密排列，长圆状卵圆形，长 0.65~1.1 mm，宽 0.2~1 mm，先端急尖至钝急尖；背翅基部阔楔形至圆形；鞘部几乎与全叶等长，不对称；叶边全缘，分化边缘在茎上部叶的鞘部上半部宽 1~2 列细胞，下半部宽 2~3 列细胞；中肋粗壮，消失于叶尖下；前翅和背翅细胞四方形至不规则六边形，长 5~10 μm，平滑，稍厚壁；鞘部细胞大于前翅和背翅细胞，尤以靠近中肋基部的细胞更大。雌雄同株异苞。雄器苞顶生于短枝上。雌器苞顶生于主茎上。蒴柄长 2.5~3 mm。孢蒴直立或倾斜，对称；蒴壶长 0.4~0.6 mm。蒴盖圆锥形，长约 0.2 mm。孢子直径 14~25 μm。

药用全草。味辛、微苦，性凉，有清肝明目、养心安神的功能。

标本鉴定：塔克拉克，MS31473；小库孜巴依林场，MS 24564；海拔：1 960~2 500 m。

二十五、大帽藓科 Encalyptaceae Schimp.

植物体小型，密集丛生，群居，具假根；茎有短有长，根据种类的不同而不同，偶尔在近端茎或整个茎上有茸毛；横切面圆形，无中轴或极少分化，细胞小，薄壁；叶子密集，干燥时强烈卷缩，潮湿时直立，狭舌形至匙形、披针形或窄匙形；叶尖圆盾，具长毛尖或具短尖；叶基部边缘细胞细长形，薄壁，中肋两侧细胞正方形，具明显红褐色增厚壁；叶中上部细胞圆方形，两面均有细密疣，不透明；雌雄同株；蒴柄有长有短，直立，有的上部卷曲，横切面圆形或不规则五边形，中轴分化或无中轴，细胞圆形；蒴帽覆盖整个孢蒴，长筒形或钟形，表面光滑或具乳头，基部平整或具不规则裂瓣；孢蒴卵圆形或圆筒形，直立，表面平滑或具明显纵长条纹；环带细胞增厚或不分化；具蒴齿或无蒴齿，蒴齿单层、双层，披针形，表面具细密疣；蒴盖长喙形；孢子通常较大，圆形，有明显的远近面之分，表面具乳头状、棒状、细密纹饰。

大帽藓属 *Encalypta* Hedw.

53 高山大帽藓 *Encalypta alpina* Smith.

植物体比其他种要高，较大，高 3~6 cm，浅绿色至橄榄绿色，下部呈褐棕色。茎单一，稀见分枝，横切面没有分化的中轴。叶干燥时略扭曲，潮湿时直立，长 2.0~4.0 mm，宽 0.5~1.2 mm，卵状披针形，叶边缘平整；中肋及顶形成长毛尖，单一，粗壮，突出于叶表面；叶上部细胞不规则圆方形，不透明，叶腹面具有密集分叉疣，多呈马蹄形，分叉疣上具有粗糙的纹饰，叶背面具有疏松排列的不规则疣，叶中部细胞浅绿色，不规则小矩形或椭圆形，表面光滑，稀见乳突；叶基部呈橙色透明，中肋两边的细胞形状一般为短矩形或不规则多边形，具有深橙色增厚的壁，表面光滑，边缘具 3~6 列细胞不规则长形，长 50~80 μm，壁略增厚，透明，表面光滑。雌雄同株。蒴柄长达 0.5~1.3 cm，红褐色或橙色，直立，上部扭曲，横切边为圆形或椭圆形，无分化中轴，边缘细胞增厚。孢蒴长 1.5~3.2 mm，圆筒状，表面光滑，没有蒴齿，环带不分化。蒴盖具有喙。蒴帽大钟形至圆筒形，金黄色，带光泽，表面光滑，顶端深褐色，基部具有不规则裂瓣。孢子淡褐色，直径 20~30 μm，分近轴面和远轴面，表面具不规则的细密疣。

标本鉴定：破城子，MS 30109；北木扎特河流域，MS 30290；海拔：2 010~2 740 m。

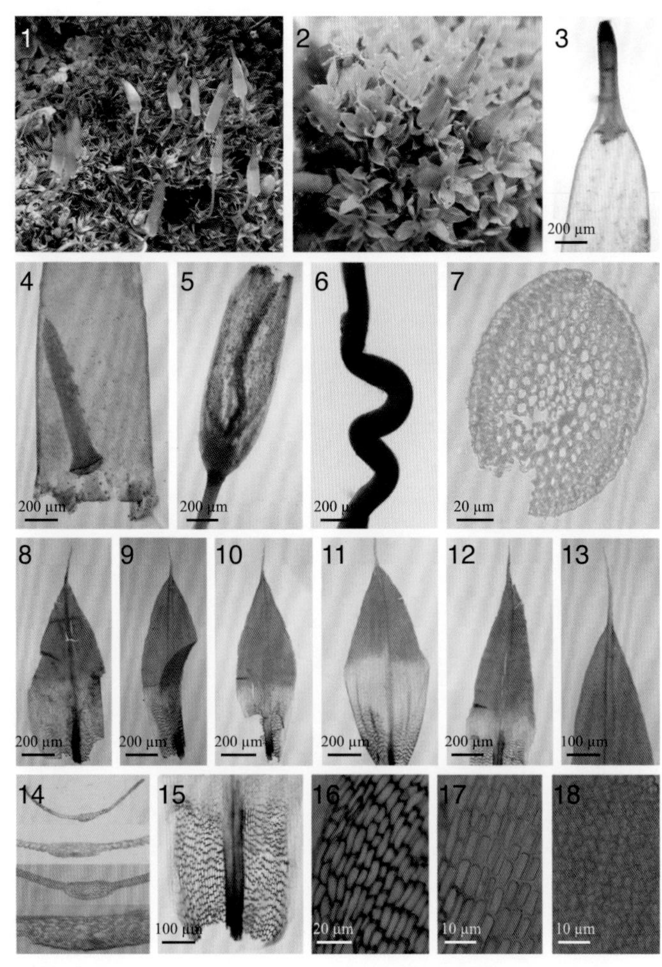

1~2. 植物群落；3~4. 蒴帽；5. 孢蒴；6~7. 蒴柄及横切面；8~12. 叶片；13. 叶尖；14. 叶横切面；15. 叶基部；16. 叶基部细胞；17. 叶中部细胞；18. 叶上部细胞（凭证标本：买买提明·苏来曼 30109，XJU）

54 短柄大帽藓 *Encalypta brevicolla* (Bruch & Schimp.) Ångstr.

植物体疏松生长，高 2~3 cm，浅绿色至深绿色，基部棕色。茎分枝或单一，横切面无分化中轴。没有无性芽。叶干燥时不规则扭曲，潮湿时直立或略弯曲，长舌形，具透明长毛尖或短透明毛尖，先端内卷；中肋及顶突出于叶尖，单一，粗壮；叶上部细胞不规则圆形或多边形，每个细胞表面具 3~4 个哑铃形疣；叶基部中肋两边的细胞规则矩形或椭圆形，具增厚壁，橙色；边缘具 3~4 列规则排列的线性长细胞，薄壁，透明。雌雄同株。蒴柄长 3~15 mm，直立或扭曲，亮红色或橙色，横切面椭圆形或圆形。孢蒴略扭曲，表面具纵向条纹或光滑，蒴口敞开；蒴齿双层，直立或扭卷，线性披针形，白色，表面具纵向条纹，环带不分化。蒴盖具长直喙。蒴帽钟形，表面光滑，金黄色或浅褐色，基部具裂瓣，喙长，深褐色，长约是整个蒴帽的 1/3。孢子深褐色或深橙色，直径 30~45 μm，表面具不规则乳突且具小颗粒物。

标本鉴定：塔克拉克，MS 31093；海拔：2 886 m。

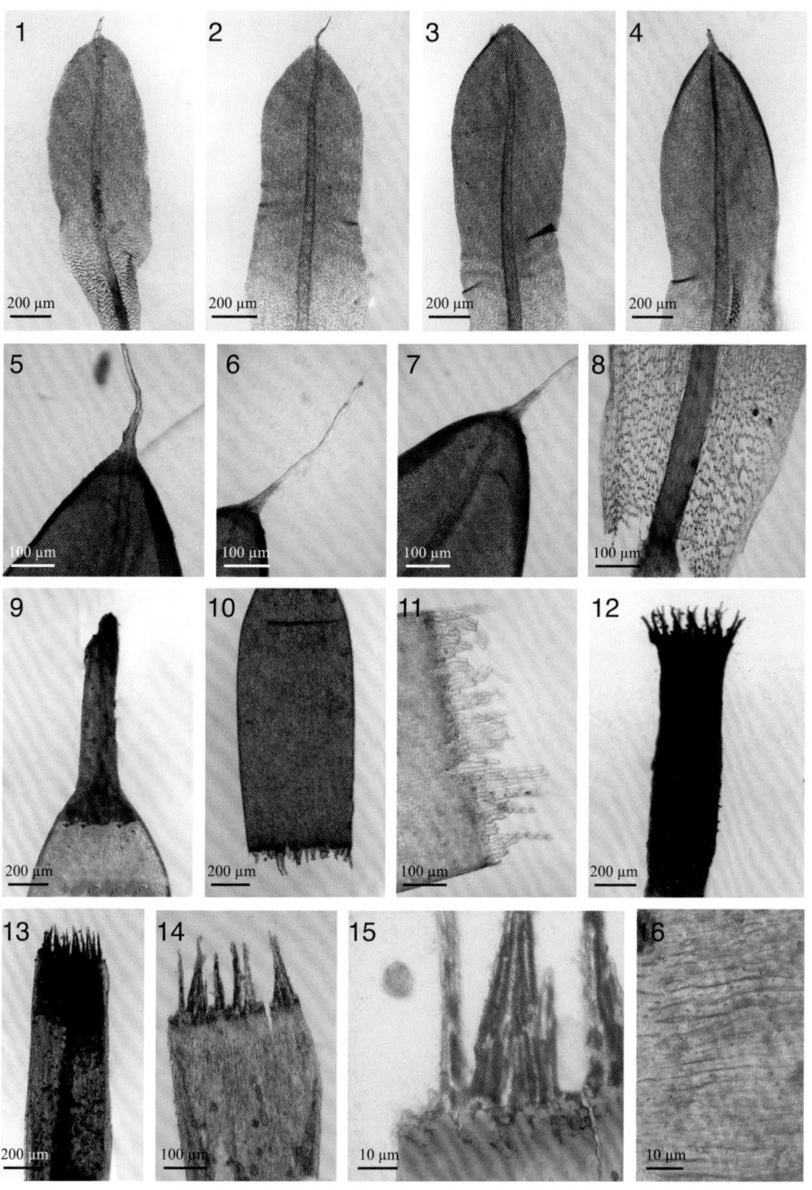

1~4. 叶片；5~7. 叶尖；8. 叶基部；9~11. 蒴帽及基部；12~15. 孢蒴及蒴齿；16. 孢蒴表面（凭证标本：买买提明·苏来曼 31093，XJU）

55 大帽藓 *Encalypta ciliata* Hedw.

植物体密集丛生，浅绿色至深绿色，高1.5~3.5 cm。茎单一，稀见分枝，基部具假根，中轴不分化。叶干燥时强烈扭卷，潮湿时倾立，长4~7 mm，宽0.6~1.8 mm，狭椭圆形、倒卵形至近舌状，具短毛尖，叶中下部边缘内卷；中肋粗壮单一，在叶顶端消失或突出形成短芒尖；叶上部细胞方圆形或正方形，无规则，表面具细密疣，覆盖面积较大，直至基部上部分；叶基部中肋两侧细胞长椭圆形，壁增厚，橙色带透明，边缘3~5列细胞透明细长菱形。雌雄同株。蒴柄长0.2~1.5 cm，干燥时略扭曲，潮湿时直立，黄色或黄褐色，表面光滑，上部扭曲，横切面圆形，具增厚壁，中央细胞透明圆大。孢蒴深橙色至红褐色，表面光滑，圆筒状；蒴齿单层，深橙色，披针形，分3~4节，表面具细密疣；环带不分化。蒴盖具细长喙。蒴帽大钟形，表面光滑，金黄色，喙为全长的1/3，褐色，基部具规则裂瓣。孢子黄色，直径30~37 μm，表面具不规则细密疣，具皱褶。

标本鉴定：亚依拉克，MS 24445；北木扎特河流域，MS 24767；海拔：2 160~2 550 m。

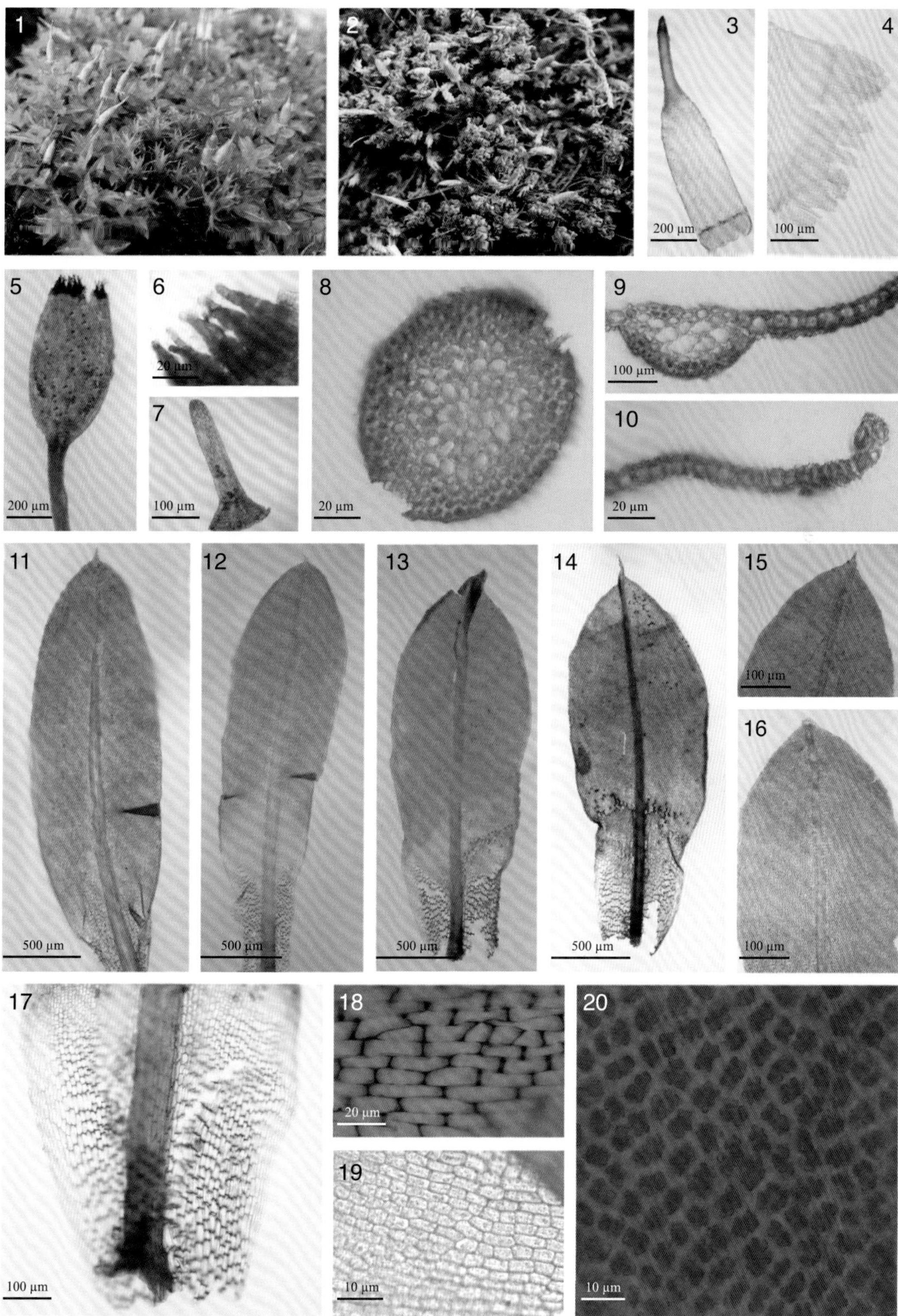

1~2. 植物群落；3~4. 蒴帽；5. 孢蒴；6. 蒴齿；7. 蒴盖；8. 蒴柄横切面；9~10. 叶横切面；11~14. 叶片；15~16. 叶尖；17. 叶基部；18. 叶基部细胞；19. 叶中部细胞；20. 叶上部细胞

（凭证标本：买买提明·苏来曼 29993，XJU）

56 尖叶大帽藓 *Encalypta rhaptocarpa* Schwägr.

植物体密集丛生，高 0.8~1.5 cm，浅绿色至绿色。茎单一，没有中轴分化。叶干燥时微卷缩，潮湿时直立，长 2.0~3.5 mm，长卵形，下部分窄，渐渐向上变宽，具透明而长的毛尖；中肋及顶粗壮；叶上部细胞方形或方圆形，不透明，表面具细密疣，基部细胞中肋两侧明显形成了橙色扇形，细胞短长方形或菱形，边缘 3~6 列细胞长方形，长 25~45 μm，薄壁。雌雄同株。蒴柄长 5~8 mm，红褐色，表面光滑，横切面为椭圆形，具明显的分化中轴；孢蒴长圆筒形，直立，表面具纵向条纹；具单层蒴齿，披针形，黄白色，表面具细密疣；环带不分化；蒴盖具有长喙。蒴帽大钟形，长 2~5 mm，喙短钝，表面光滑，基部具有不规则裂瓣。孢子土黄色，直径 25~30 μm，表面具粗棒状纹饰。

标本鉴定：塔克拉克，MS 24456；小库孜巴依林场，MS 30081；大库孜巴依林场，MS 24689；亚依拉克，MS 29966；海拔：2 200~2 668 m。

1~2. 植物群落；3. 蒴帽；4. 孢蒴；5~6. 蒴齿；7. 蒴柄横切面；8~9. 叶横切面；10~14. 叶片；15. 叶尖；16. 叶基部；17. 叶基部细胞；18. 叶中部细胞；19. 叶上部细胞

（凭证标本：买买提明·苏来曼 30015，XJU）

57 剑叶大帽藓 *Encalypta spathulata* Müll. Hal.

植物体密集丛生，较小，高0.5~1.5 cm，橄榄绿至深绿色。茎单一，中轴不分化。叶干燥时不规则扭曲，潮湿时直立或背仰，长1.5~3.0 mm，长圆形至狭窄匙形，叶先端具长毛尖，叶边缘平整，先端边缘具细齿；中肋贯顶，粗壮，单一；叶上部细胞方圆形，每个细胞上都具有2~3个哑铃形疣；基部细胞中肋两侧呈短矩形，具增厚的壁，边缘具3~6列长矩形细胞，长25~70 µm，透明，薄壁。雌雄同株。蒴柄长2~10 mm，干燥时扭曲，有光泽，红色至深红色，横切面为椭圆形。孢蒴圆柱形，表面具纵向条纹；无蒴齿，环带不分化。蒴盖具长喙。蒴帽长钟形，长2~6 mm，金黄色至褐色，表面光滑，喙约占蒴帽总长的1/4，基部具不规则裂瓣或平直。孢子棕色，直径28~36 µm，远极面具棒状粗疣，近极面具不规则纹饰。

标本鉴定：塔克拉克，MS 24443；亚依拉克，MS 29937；小库孜巴依林场，MS 24600；大库孜巴依林场，MS 24721；铁兰河流域，MS 31358；博孜墩乡巴依里，MS 32754；北木扎特河流域，MS 22662；海拔：2 190~2 886 m。

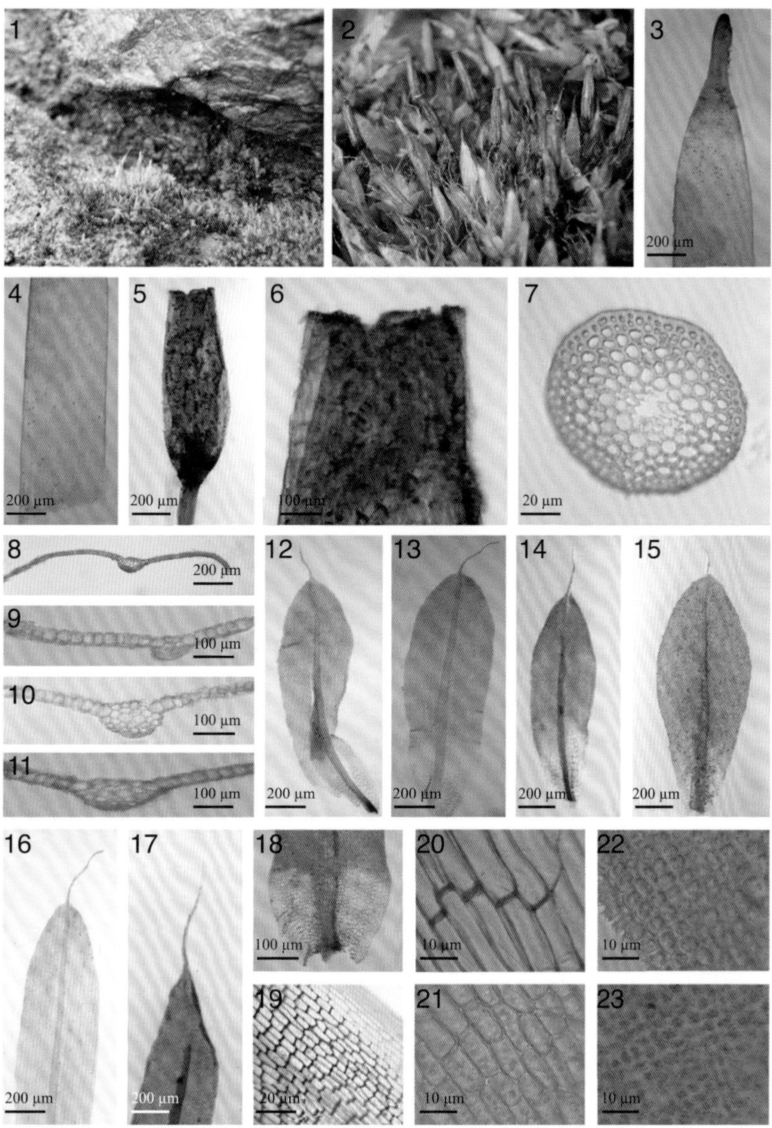

1~2. 植物群落；3~4. 蒴帽；5~6. 孢蒴；7. 蒴柄横切面；8~11. 叶横切面；12~15. 叶片；16~17. 叶尖；18. 叶基部；19~20. 叶基部细胞；21. 叶中部细胞；22~23. 叶上部细胞

（凭证标本：买买提明·苏来曼 24443，XJU）

58 西藏大帽藓 *Encalypta tibetana* Mitt.

植物体密集丛生，矮小，高 5~10 mm，上部黄绿色，下部褐色。茎单一，中轴不分化。叶干燥时扭卷，潮湿时直立或背仰，舌形或匙形，上部渐尖，先端圆钝或稀见短齿；中肋粗壮，单一，在叶先端消失；叶上部细胞不规则，圆形或矩形，表面具分叉疣；叶基部中肋两侧细胞通常为矩形，橙色，具增厚壁；边缘具 3~6 列线性长细胞，薄壁，透明。雌雄同株。蒴柄短，直立，长 3~4 mm，横切面为圆形，橙色。孢蒴长卵形，表面具纵向条纹；具单层蒴齿，披针形，深橙色，具细密疣；环带不分化。蒴盖具长直喙。蒴帽大钟形，表面光滑，金黄色或褐色，具短喙，基部无裂瓣。孢子浅褐色，直径 30~35 μm，近极面具粗棒状疣，远极面具不规则疣。

标本鉴定：塔克拉克，MS 31112；巴依里，MS 32723；海拔：2 729~3 060 m。

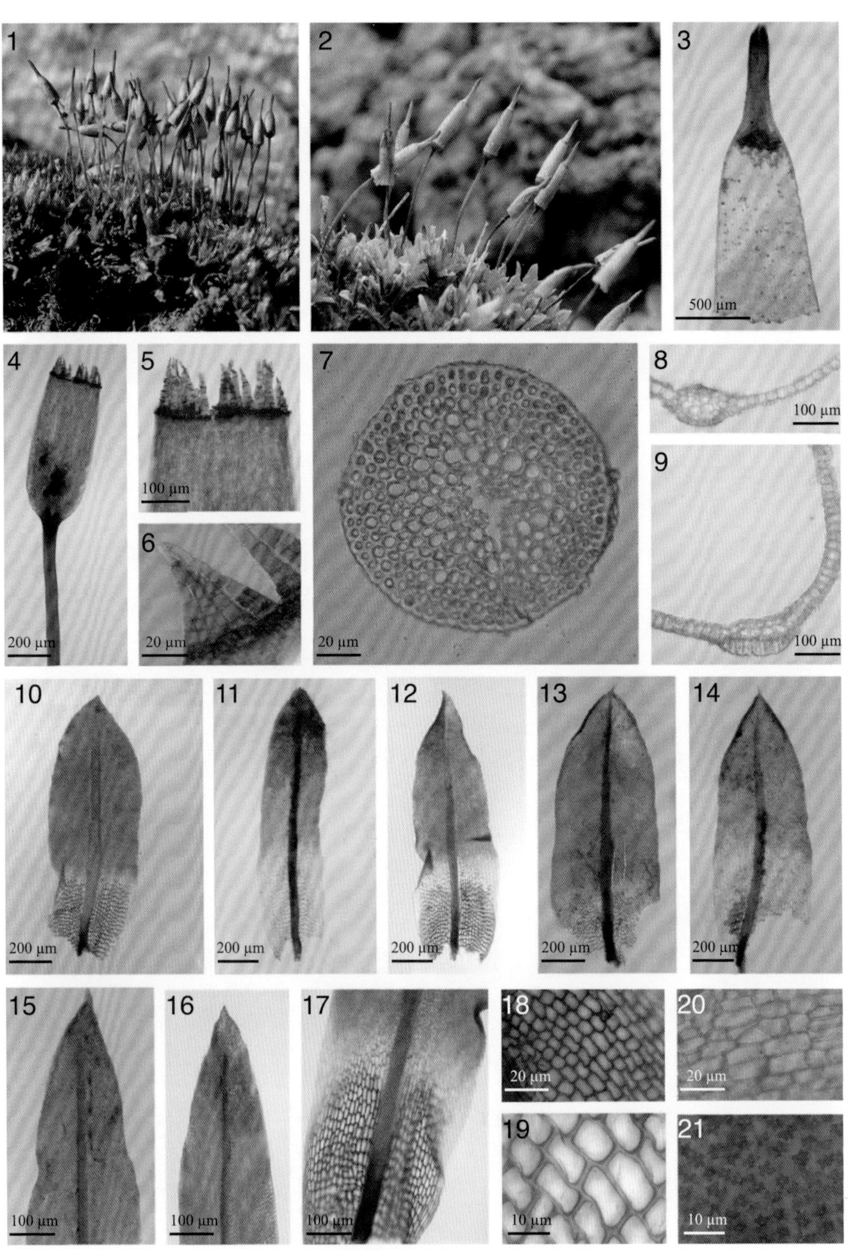

1~2. 植物群落；3. 蒴帽；4. 孢蒴；5~6. 蒴齿；7. 蒴柄横切面；8~9. 叶横切面；10~14. 叶片；15~16. 叶尖；17. 叶基部；18~19. 叶基部细胞；20. 叶中部细胞；21. 叶上部细胞

（凭证标本：买买提明·苏来曼 31112，XJU）

59 钝叶大帽藓 *Encalypta vulgaris* Hedw.

植物体密集丛生，高 0.8~1.5 cm，上部分黄绿色，下部分浅褐色。茎单一，稀见分枝，中轴不分化。叶干燥时扭卷，潮湿时直立或背仰，舌形至匙形，叶尖具短毛尖或圆钝；中肋粗壮，单一，在叶先端消失；叶上部细胞圆形或多边形，表面具不规则细密疣；叶基部中肋两边细胞不规则矩形、菱形或六边形；边缘具 3~6 列狭长细胞，排列不规则。雌雄同株。蒴柄长 2~4 mm，黄色至橙色，干燥时略扭曲，横切面为三角形。孢蒴圆筒形，表面具纵向条纹；无蒴齿，环带不分化；蒴盖具长直喙。蒴帽钟形，金黄色或褐色，表面光滑，具短喙。孢子黄褐色，直径 25~32 μm，近极面与远极面表面具不规则细密疣。

标本鉴定：塔克拉克，MS 24468；亚依拉克，MS 29976；大库孜巴依林场，MS 32618；小库孜巴依林场，MS 30037；海拔：1 950~2 750 m。

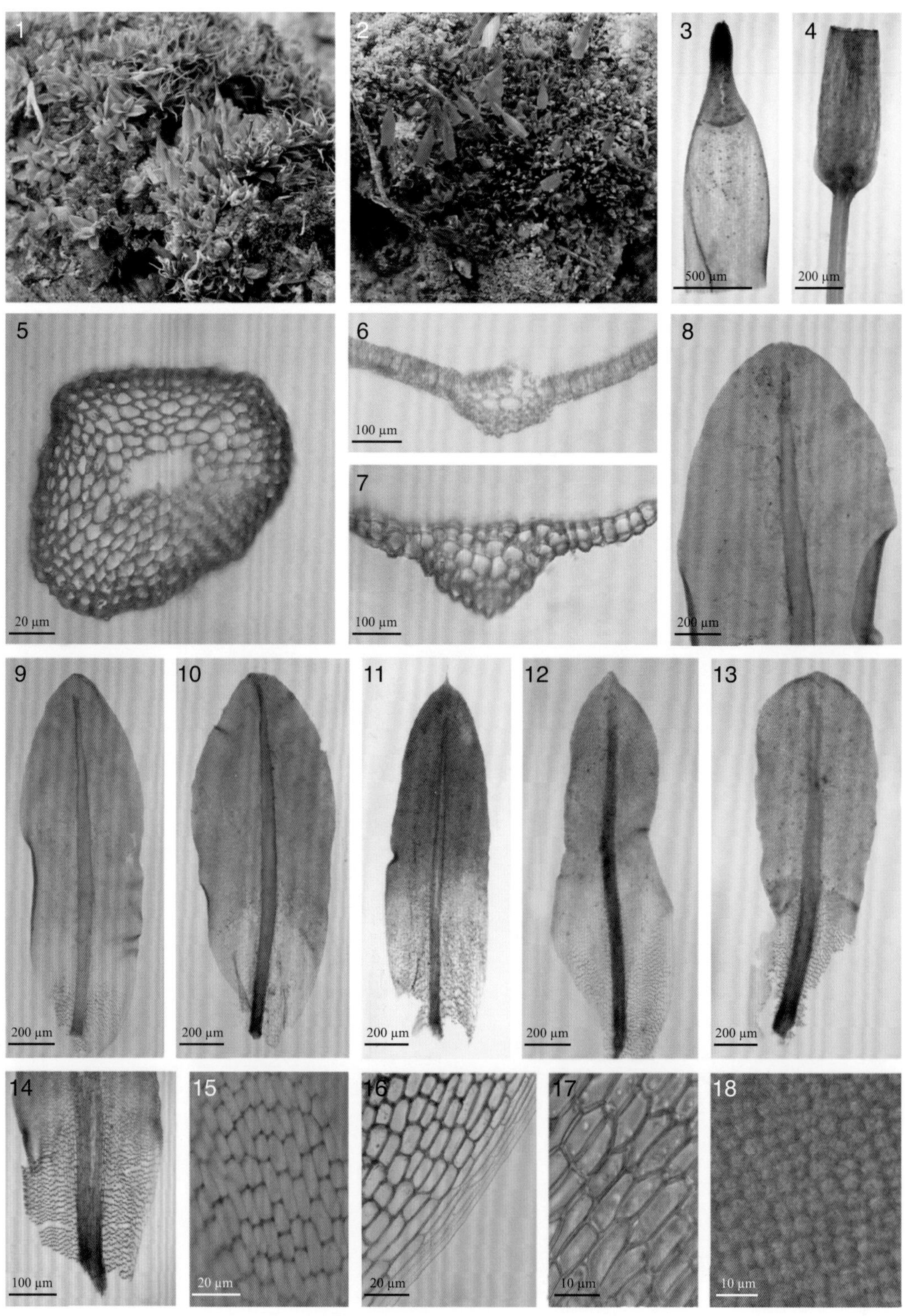

1~2. 植物群落；3. 蒴帽；4. 孢蒴；5. 蒴柄横切面；6~7. 叶横切面；8. 叶尖；9~13. 叶片；14. 叶基部；15~16. 叶基部细胞；17. 叶中部细胞；18. 叶上部细胞

（凭证标本：买买提明·苏来曼 29975，XJU）

二十六、丛藓科 Pottiaceae Schimp.

植物体矮小丛生。茎直立，多具中轴，单一，稀叉状分枝或呈束状分枝。叶多列，干燥时多皱缩，稀紧贴茎上，潮湿时伸展或背仰；叶片多呈卵形、三角形或线状披针形，稀呈阔披针形、椭圆形、舌形或剑头形；先端多渐尖或急尖，稀圆钝，叶边全缘，稀具齿。平展，背卷或内卷；中肋多粗壮，长达叶尖或稍突出，稀在叶尖稍下处消失；中央具厚壁层；叶细胞呈多角状圆形，方形或 5~6 角形，细胞壁上具疣或乳头状突起，稀平滑无疣，叶基细胞常常分化呈方形或长方形，平滑透明。雌雄异株或同株，孢蒴多呈卵圆形，长卵形圆柱状，稀球形，多直立，稀倾立或下垂，蒴壁平滑；蒴齿单层，稀缺如，常具基膜，齿片 16 条，多呈狭长披针形或线形，直立成向左旋扭，往往密被细疣；蒴盖呈锥形，先端具长尖喙；蒴帽多兜形，孢子形小。

芦荟藓属 *Aloina* Kindb.

60 斜叶芦荟藓 *Aloina obliquifolia* (Müll. Hal.) Broth.

植物体细小，高约 3 mm。茎短，直立，疏被叶。叶片长约 2 mm，干燥时绕茎卷曲，叶基阔，呈鞘状抱茎，叶呈阔卵形，内凹，先端渐尖，向内卷合成兜形；叶边全缘，内卷，中肋长，突出叶尖呈刺芒状，红色。叶细胞呈扁长方形或椭圆形，壁特厚，雌雄异株。蒴柄长约 2.2 cm，下部红色，上部黄棕色。孢蒴直立，长卵状圆柱形，呈黄褐色，蒴齿线状，红色，呈 2~3 回左向旋扭；环带由 2~3 列细胞构成，成熟后自行卷落。

标本鉴定：塔克拉克，MS 24466；海拔：2 583 m。

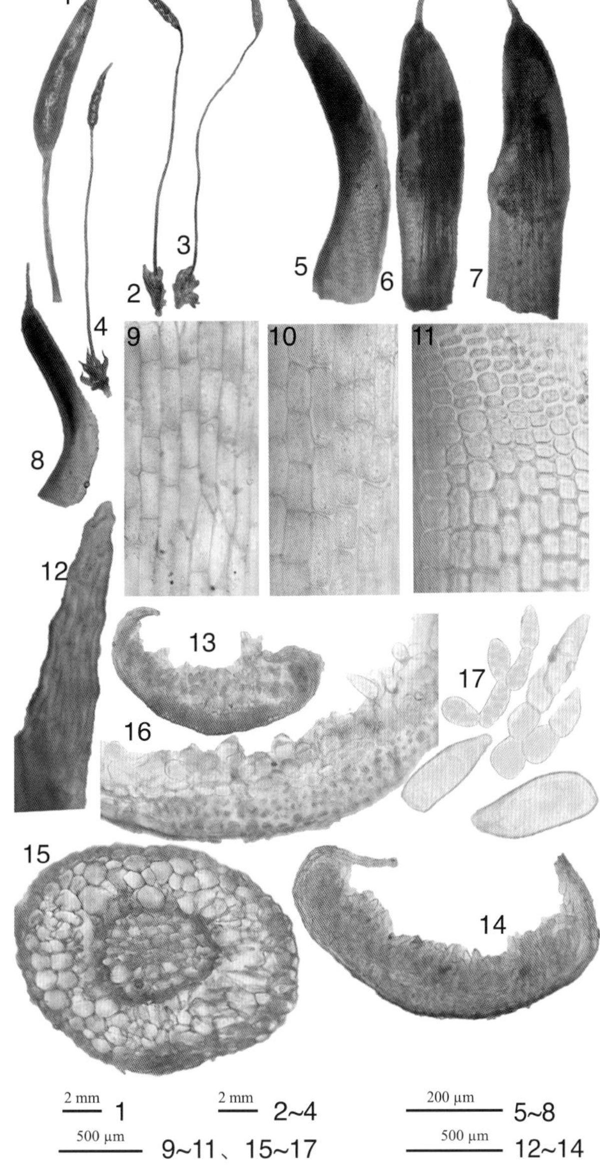

1. 孢子体；2~4. 植物体（湿）；5~8. 叶片；9~10. 叶基部细胞；11. 叶中部细胞；12. 叶尖；13~14. 叶横切面；15. 茎横切面；16~17. 栉片（凭证标本：买买提明·苏来曼 24466，XJU）

61 钝叶芦荟藓 *Aloina rigida* (Hedw.) Limpr.

植株矮小，呈芽苞形。叶呈阔卵形或舌形，先端圆钝，内卷呈兜形；叶边全缘；中肋特宽，上段腹面具多数绿色分枝的丝状体。蒴柄长 1~2 cm，红褐色；孢蒴直立，长圆柱形；蒴齿红色，齿片长线形，向左旋扭；蒴盖圆锥形，具长喙。孢子黄绿色，光滑。

标本鉴定：塔克拉克，MS 24464；小库孜巴依林场，MS 24512；大库孜巴依林场，MS 24716；北木扎特河流域，MS 22797；海拔：2 267~2 600 m。

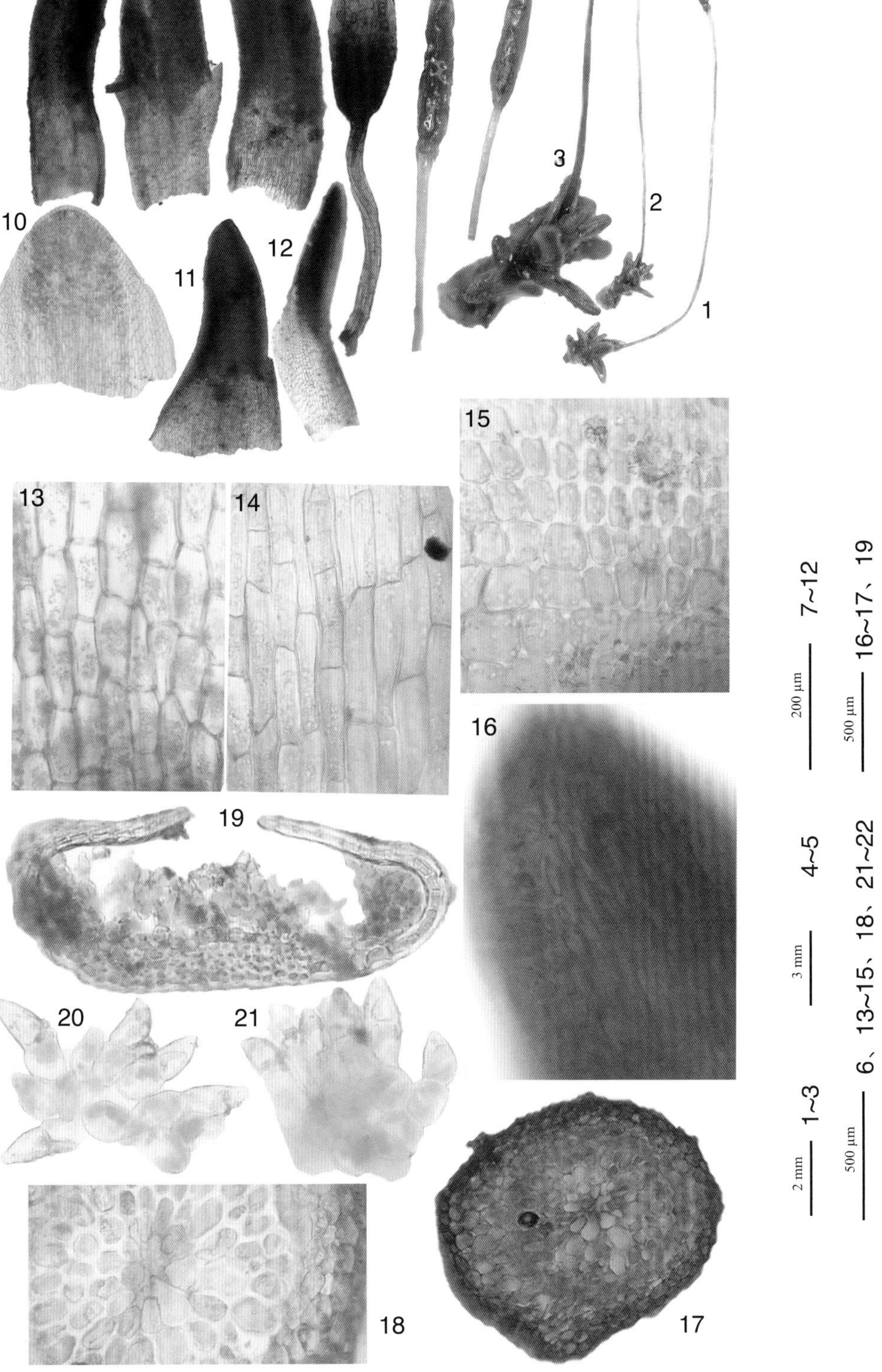

1~3. 植物体（湿）；4~5. 孢子体；6. 精子器；7~12. 叶片；13~14. 叶基部细胞；15. 叶中部细胞；16. 叶上部细胞；17~18. 茎横切面；19. 叶横切面；20~21. 绿色丝状体

（凭证标本：买买提明·苏来曼 24464，XJU）

62 丛本藓 *Anoectangium aestivum* (Hedw.) Mitt.

植株纤细，鲜绿色，往往密集丛生呈垫状。茎直立，高 3~4 cm。叶密生，呈披针形，先端渐尖内折呈龙骨状；叶缘具圆钝齿；中肋粗壮，长达叶先端稍下处消失，绝不突出叶尖；叶细胞密被粗疣，基部细胞呈长方形，稀具疣，近中肋处细胞平滑无疣。蒴柄长 0.5~1.5 cm，黄色。孢蒴呈长圆筒形或狭倒卵形。蒴齿缺失。孢子暗黄色，平滑。

标本鉴定：大库孜巴依林场，MS 31255；海拔：2 190 m。

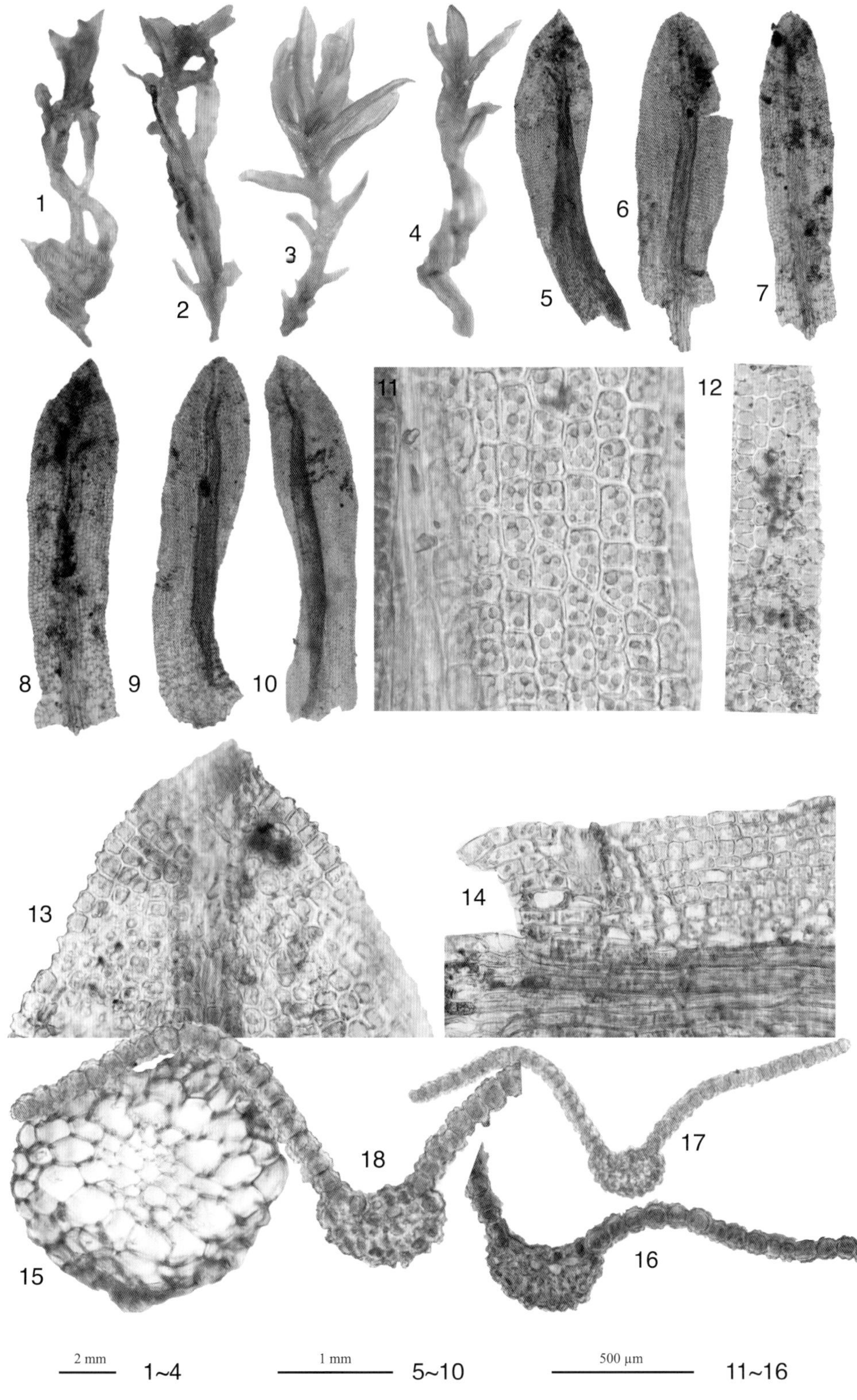

2 mm 1~4　　1 mm 5~10　　500 μm 11~16

1~2. 植物体（干）；3~4. 植物体（湿）；5~10. 叶片；11~12. 叶中部细胞；13. 叶上部细胞；14. 叶基部细胞；15. 茎横切面；16~18. 叶横切面

（凭证标本：买买提明·苏来曼 31255，XJU）

63 锈色红叶藓 *Bryoerythrophyllum ferruginascens* (Stirt.) Giacom.

植物体小到中等大小，红褐色。茎直立，常分枝，茎高 5~18 mm，茎中轴发育良好，基部密生假根。叶披针形，长 1.0~1.2 mm，先端具小尖头，有 1~3 个细胞，全缘，中下部背卷。中肋粗壮，长达叶尖。叶上部细胞圆方形或多边圆形，具密疣不透明，每细胞具 3~4 疣，基部细胞短矩形至长方形，长 8~10 μm，宽 23 μm，透明或淡黄色，上部叶腋或假根常生芽胞，卵球形至不规则形，红棕色。

标本鉴定：塔克拉克，MS 24314；小库孜巴依林场，MS 24627；海拔：2 470~2 700 m。

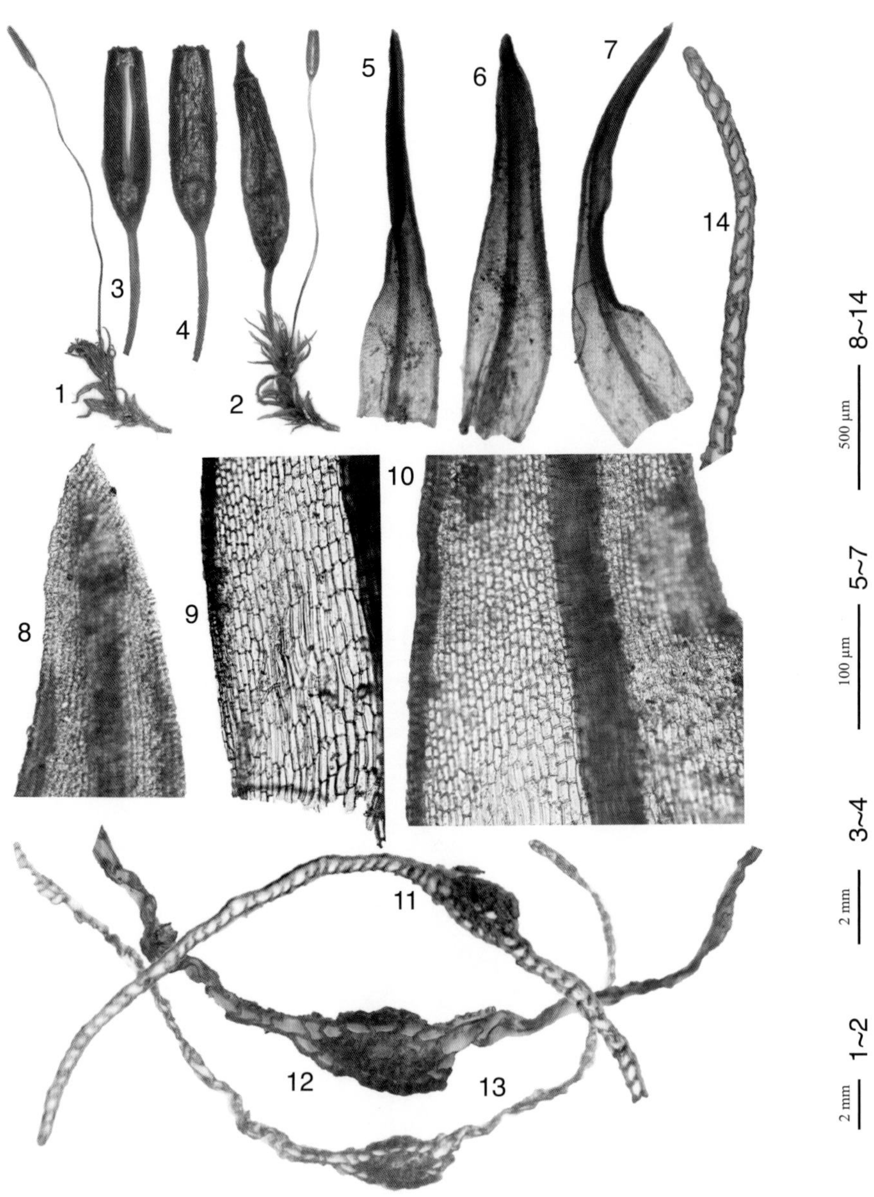

1. 植物体（干）； 2. 植物体（湿）；3~4. 孢子体；5~7. 叶片；8. 叶上部细胞；9. 叶基部细胞；10. 叶中部细胞；11~14. 叶横切面

（凭证标本：买买提明·苏来曼 24314，XJU）

64 无齿红叶藓 *Bryoerythrophyllum gymnostomum* (Broth.) P. C. Chen

植物体矮小，密集丛生，黄绿色或红棕色。茎直立，单一，高 0.5~1.0 cm。叶干燥时卷缩，潮湿时倾立，卵状披针形，先端急尖或钝，具平滑小尖，叶边全缘，中部背卷；中肋强筋，长达叶尖之下终止。叶上部细胞圆方形，薄壁，每个细胞有 2 ~ 4 个马蹄形疣，基部细胞矩形，平滑。孢子体顶生，蒴柄红棕色；孢蒴直立，卵圆柱形，棕色；蒴齿短，披针形，密背疣。孢子棕色，近球形，密背疣，直径 14.5~18 μm。

标本鉴定：塔克拉克，MS 24475；破城子，MS 30142；小库孜巴依林场，MS 24602；大库孜巴依林场，MS 24664；北木扎特河流域，MS 22791，海拔：2 010~2 640 m。

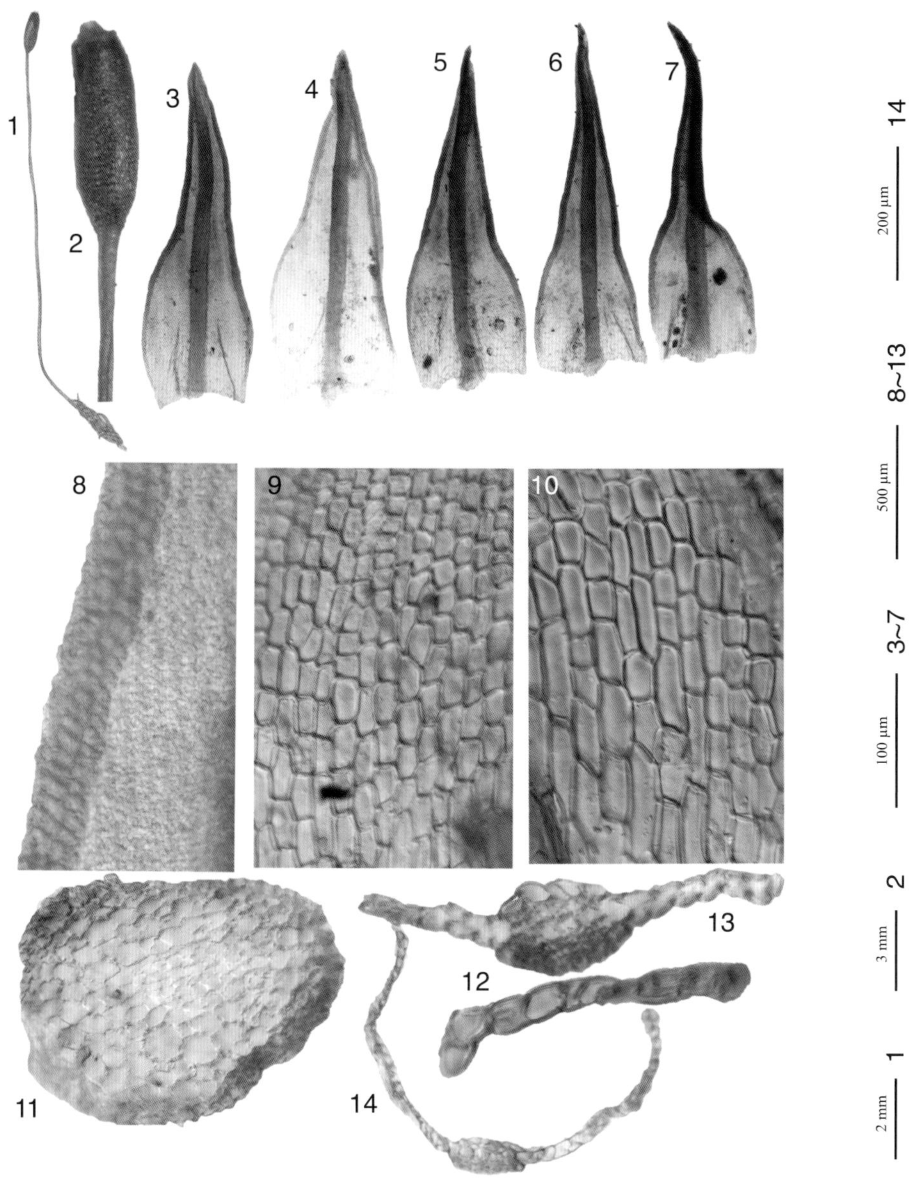

1. 植物体（干）；2. 孢子体；3~7. 叶片；8. 叶上部细胞；9. 叶中部细胞；10. 叶基部细胞；11. 茎横切面；12~14. 叶横切面

（凭证标本：买买提明·苏来曼 24475，XJU）

65 红叶藓 *Bryoerythrophyllum recurvirostrum* (Hedw.) P. C. Chen

红叶藓在新疆分布广泛。在分类鉴定时，红叶藓与钝头红叶藓（*B. brachystegium*）易混淆，因为它们的叶形、疣的形状和孢子体等特征较为相近。Saito (1975) 认为，红叶藓和钝头红叶藓在植物体不完全发育或缺乏孢子体的情况下很难区分，两者的差别仅在于叶尖和蒴齿的形状。

标本鉴定：塔克拉克，MS 24321；亚依拉克，MS 31433；小库孜巴依林场，MS 24600；大库孜巴依林场，MS 24721；铁兰河流域，MS 31342；阿克亚孜苏布亭，MS 22874；北木扎特河流域，MS 22667；海拔：2 260~2 630 m。

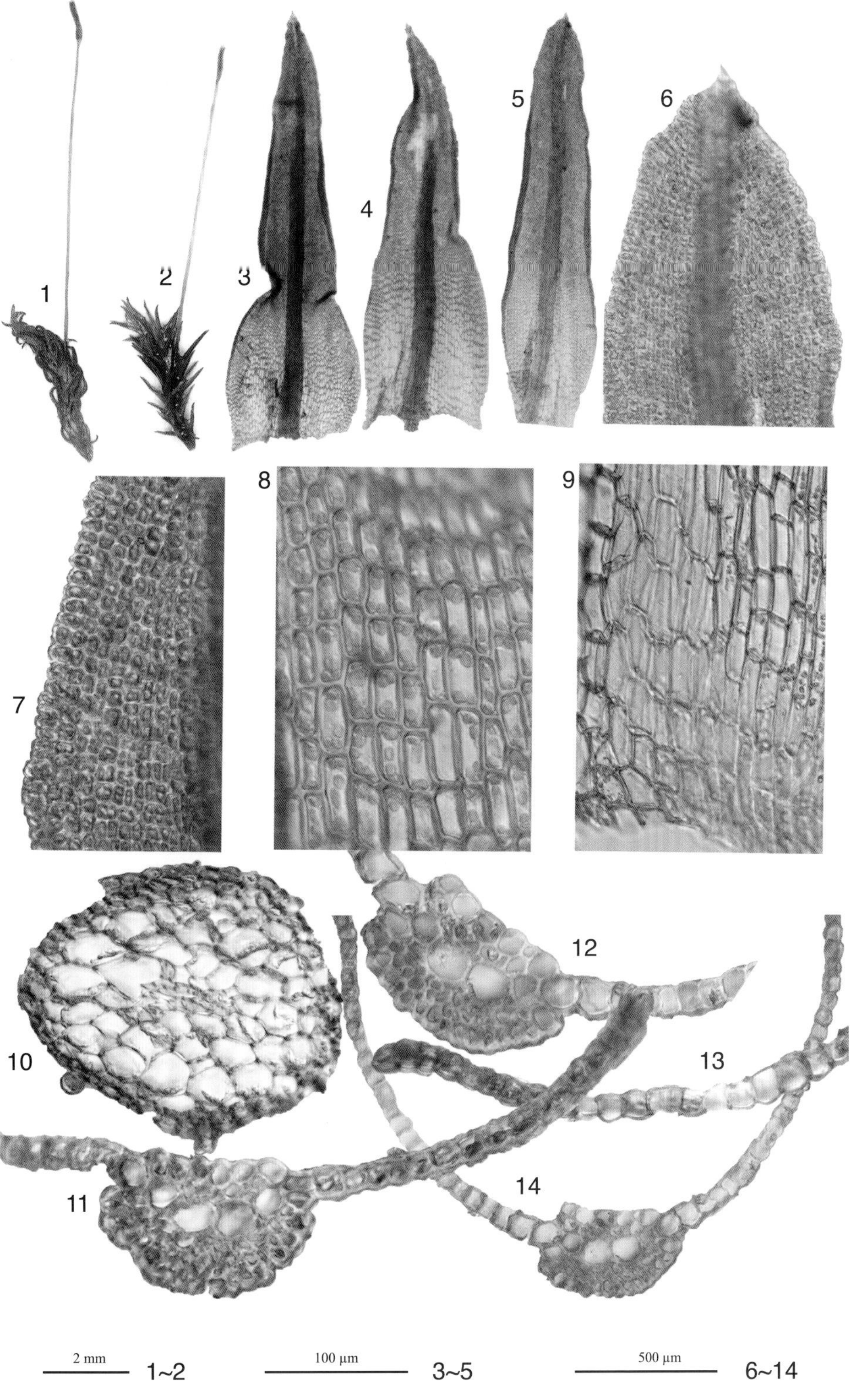

1. 植物体（干）；2. 植物体（湿）；3~5. 叶片；6~7. 叶上部细胞；8. 叶中部细胞；9. 叶基部细胞；10. 茎横切面；11~14. 叶横切面

（凭证标本：买买提明·苏来曼 24321，XJU）

66 云南红叶藓 *Bryoerythrophyllum yunnanense* (Herzog) P. C. Chen

植株粗壮，暗绿带红褐色。茎高1~2 cm，直立，单一或具叉状分枝。叶狭卵状披针形，先端渐尖，叶边中下部全缘，背卷，先端具不规则粗齿；中肋粗壮，长达叶尖稍下处消失；叶上部细胞呈多角状圆形，壁稍增厚，具多个圆形或马蹄形细疣；叶基细胞呈长方形，平滑透明，形成明显分化的叶基。

标本鉴定：塔克拉克，MS 24313；小库孜巴依林场，MS 24518；大库孜巴依林场，MS 24721；海拔：2 267~2 600 m。

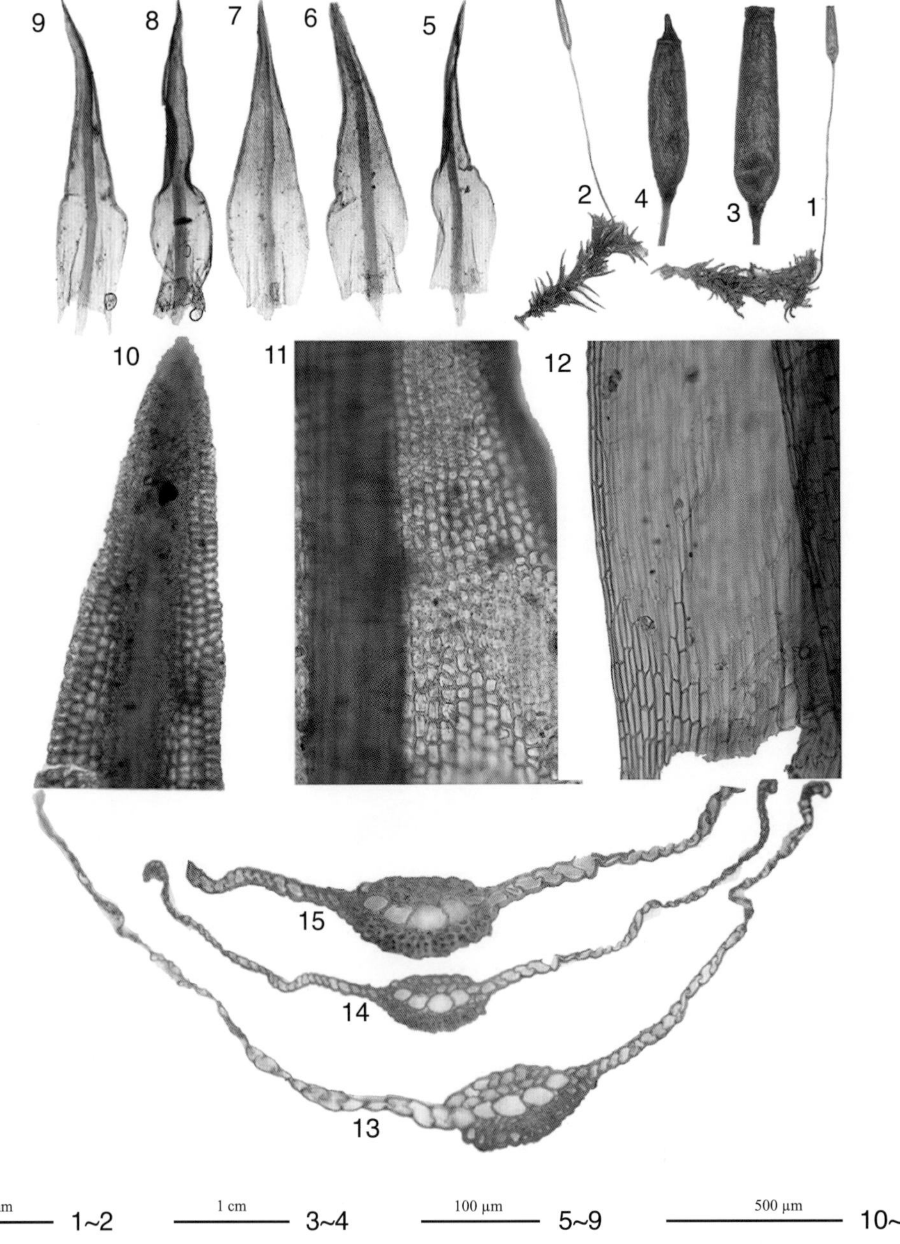

1~2. 植物体；3~4. 孢蒴；5~9. 叶片；10. 叶上部细胞；11. 叶中部细胞；12. 叶基部细胞；13~15. 叶横切面
（凭证标本：买买提明·苏来曼 35737，XJU）

67 尖锐对齿藓 *Didymodon acutus* (Brid.) K. Saito

植物体密集垫状丛生，棕色或棕绿色，高 5~15 mm。茎直立，单一或分枝，茎横切面圆形，中轴分化明显，无透明细胞表皮。无假根。叶同形，干燥时紧贴于茎，潮湿时倾立或伸展，卵形或卵状披针形，长 0.82~1.37 mm，宽 0.30~0.50 mm；叶片细胞单层；叶尖尖锐，不易脱落；叶边全缘，叶基部至叶中上部背卷，叶上部平展；中肋粗壮，长达于叶尖或稍微突出叶尖，在叶基部宽 20~70 μm；中肋中上部腹面细胞短矩形或方形，光滑，背面细胞短矩形或亚方形，光滑，中肋横切面呈圆形或卵圆形，主细胞 1 层，2~5 个；叶片中上部细胞圆形、卵形或亚方形，长 13~30 μm，宽 7~10 μm，光滑或具疣；基部细胞分化或分化不明显，长方形或方形，长 25~55 μm，宽 6~10.5 μm，光滑，细胞壁增厚；基部边缘细胞不分化。无芽胞。雌雄异株。

标本鉴定：塔克拉克，MS 24265；亚依拉克，MS 29917；破城子，MS 30131；小库孜巴依林场，MS 24532；大库孜巴依林场，MS 24711；大库孜巴依泉水，MS 31567；北木扎特河流域，MS 22835；海拔：1 960~2 965 m。

68 红对齿藓 *Didymodon asperifolius* (Mitt.) H. A. Crum

植物体密集丛生或稀丛生，暗绿色或红棕色，高 8~22 mm。茎直立或倾立，单一或分枝，茎中轴不分化。叶干燥时紧贴于茎，潮湿时稍扭转展开并强烈背仰，卵圆形或卵圆披针形，长 0.55~1.65 mm，宽 0.45~0.60 mm，叶片单层；先端急尖，不易脱落。叶边全缘，叶上部具疣状细齿，叶中下部边缘背曲。中肋粗壮，长达于叶尖或在叶尖下处消失，中肋中上部腹面细胞短矩形，具疣，中肋横切面呈圆形或卵圆形，主细胞 2~5 个，1 层；具背、腹厚壁细胞带，背厚细胞带 1~3 层；腹厚细胞带 1~2 层，背、腹表皮细胞分化，具疣。叶上部有 3~5 个角状圆形细胞，中部细胞呈圆形或圆方形，长 5.5~9.7 μm，宽 3.2~6.5 μm，每个细胞具有 1~2 个圆疣，细胞壁稍增厚，无壁孔；基部细胞显著增大，呈方形或长方形，长 4.5~9.4 μm，宽 9.5~35.6 μm，细胞壁增厚，具壁孔，平滑，呈淡黄色。雌雄异株。未见孢子体。

标本鉴定：破城子，MS 30130；小库孜巴依林场，MS 11802；海拔：2 010~2 500 m。

69 北地对齿藓 *Didymodon fallax* (Hedw.) R. H. Zander

植物体密集丛生或稀丛生，黄绿色或红褐色，高 5~12 mm。茎直立，单一或分枝，茎中轴分化。叶干燥时皱缩、卷曲，紧贴于茎，潮湿时稍扭转并倾立展开，阔卵状或三角状，先端渐尖，长 1.2~1.6 mm，宽 0.30~0.60 mm；叶片单层，KOH 反应呈橙红色，先端急尖，不易脱落，叶边全缘，叶上部平展，中下部边缘形成狭背卷边。中肋粗壮，长达于叶尖或止于叶尖之下，中肋中上部腹面细胞伸长呈长方形，平滑或具疣，中肋横切面呈圆形或卵圆形，主细胞 2~6 个，1 层；具背、腹厚壁细胞带，背厚细胞带 1~3 层，腹厚细胞带 1~2 层；背表皮细胞分化，腹表皮细胞不分化，平滑。叶片上部细胞是多角状圆形，长 4.5~18.5 μm，宽 2.6~7.6 μm，每个细胞具有 1~2 个圆疣或分叉疣，壁稍增厚，无壁孔。基部细胞明显增大，呈短矩形或长方形，长 12.5~31.2 μm，宽 5.4~9.8 μm，细胞平滑，稍厚壁，无壁孔。雌雄异株，未见孢子体。

标本鉴定：破城子，MS 30120、30124；海拔：1 960~2 500 m。

70 反叶对齿藓 *Didymodon ferrugineus* (Schimp. ex Besch .) M.O.Hill

植物体稀丛生，棕绿色，高 7~19 mm。茎直立或倾立，单一或分枝，茎中轴不分化。叶干燥时皱缩、旋扭，紧贴于茎，潮湿时强烈背仰，卵状披针形，长 0.85~1.35 mm，宽 0.45~0.75 mm，叶片单层；先端急尖，不易脱落，叶边全缘，有时具疣，叶中上部平展，基部具背卷边。中肋粗壮，终止于叶尖之下或及顶，不成刺，中肋中上部腹面细胞伸长呈长方形，具疣，中肋横切面呈半圆形或椭圆形，主细胞 2~4 个，1 层；无腹厚细胞带，背厚细胞带 0~1 层。叶上部细胞圆形或不规则六角圆形，壁稍加厚，具壁孔，长 6.7~23.5 μm，宽 4.5~9.5 μm，每个细胞具有 2~3 个单圆疣或分叉疣；基部细胞呈方形或长方形，厚壁，无壁孔，长 6.7~19.5 μm，宽 5.4~8.7 μm，平滑。雌雄异株。未见孢子体。

标本鉴定：亚依拉克，MS 29967；海拔：2 500 m。

71 高氏对齿藓 *Didymodon gaochienii* B.C. Tan & Y. Jia

植物体密集丛生，棕色或绿色，高 7~14 mm。叶披针形或椭圆形；叶尖渐尖，易脱落，多次分节成正方形或矩形的裂片；叶边全缘，中到基部轻微背弯；叶片中上部细胞圆形、卵形或六边形；基部细胞长方形。没有芽胞。雌雄异株。

标本鉴定：塔克拉克，MS 24493；海拔：2 267 m。

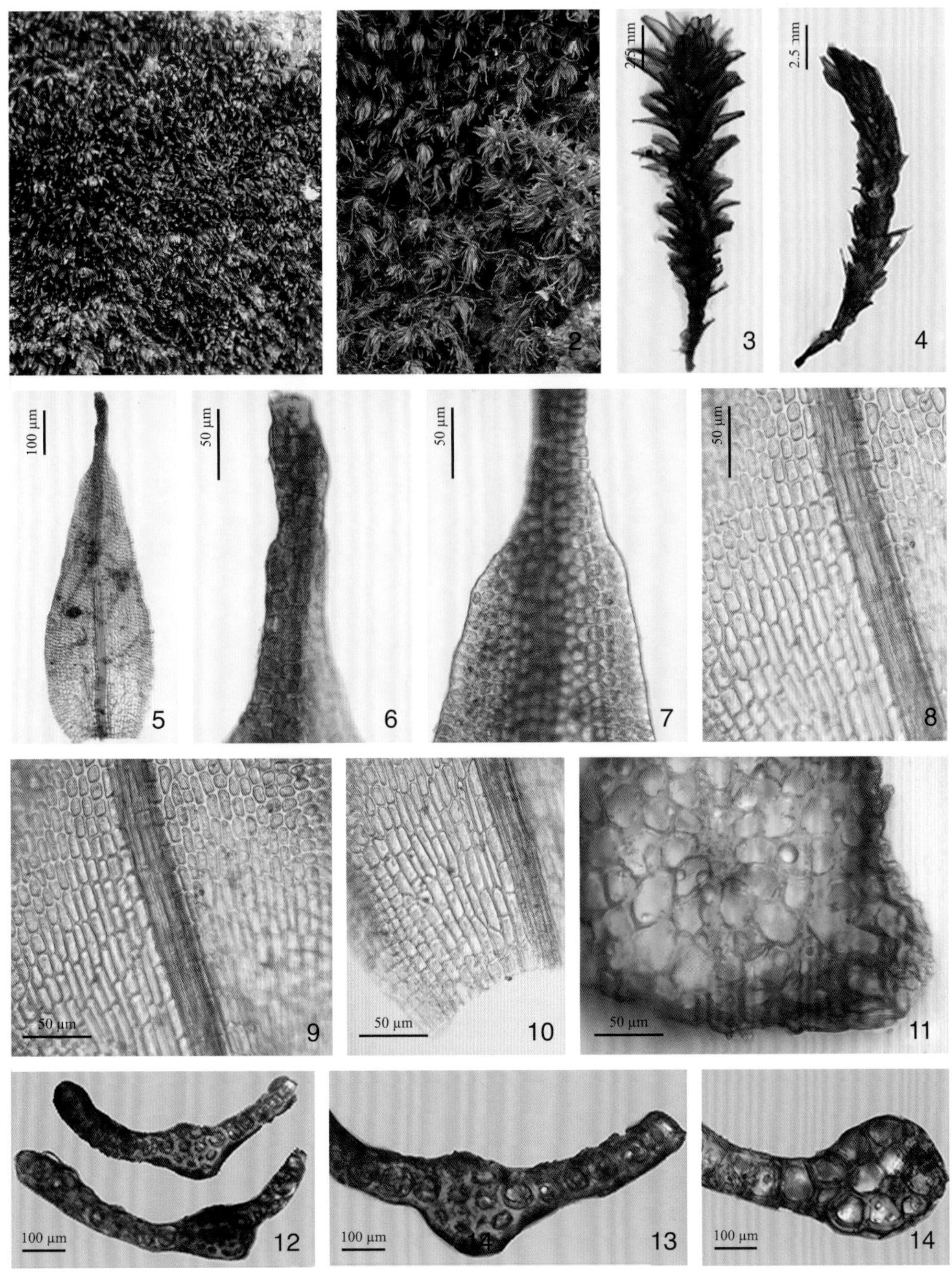

1~2. 植物群落；3. 植物体（湿）；4. 植物体（干）；5. 叶片；6. 叶尖；7. 叶上部细胞；8~9. 叶中部细胞；10. 叶基部细胞；11. 茎横切面；12. 叶上部横切面；13. 叶中部中肋横切面；14. 叶基部中肋横切面
（凭证标本：买买提明·苏来曼 24493，XJU）

72 梭尖对齿藓 *Didymodon johansenii* (R. S. Williams) H. A. Crum

植物体密集丛生，棕绿色或绿色，高 7~14 mm。茎直立，单一或分枝，茎中轴稍分化。叶干燥时紧贴于茎，潮湿时倾立展开，披针形或椭圆披针形，长 0.8~1.5 mm，宽 0.26~0.35 mm；叶片单层，KOH 反应黄色或橙黄色，叶尖易脱落；叶边全缘，叶中上部呈狭背卷边，下部平展。中肋粗壮，长达于叶尖并突出形成长棒状结构，中肋中上部腹面细胞短矩形，中肋横切面呈圆形或椭圆形，主细胞 1 层，2~4 个；无腹厚壁细胞带，背厚壁细胞带 1~2 层；背表皮细胞稍分化或不分化，细胞平滑。叶上部细胞呈圆形或圆方形，壁稍加厚，长 6.5~12 μm，宽 5.4~10 μm，无疣；基部细胞呈方形或长方形，细胞壁增厚，无壁孔，长 10.5~45.5 μm，宽 7.5~10 μm，平滑。雌雄异株。未见孢子体。

标本鉴定：塔克拉克，MS 24500；小库孜巴依林场，MS 30020；大库孜巴依林场，MS 24691；海拔：2 267~2 500 m。

73 蒙古对齿藓 *Didymodon mongolicus* D. P. Zhao & T. R. Zhang

植物体密集丛生，棕绿色或红棕色，高 2.5~10.2 mm。茎直立，通常单一不分枝，茎横切面圆形，中轴分化不明显。无假根。叶同形，干燥时紧贴于茎，潮湿时倾立，阔卵形或阔卵状披针形，不呈龙骨状，长 0.25~0.67 mm，宽 0.20~0.40 mm；叶片细胞单层；叶尖急尖，不易脱落；叶边全缘，平展，单层。中肋及顶或叶尖下方终止，在叶基部宽 45~65 μm；中肋中上部腹面细胞方形，具疣，背面细胞矩形或亚方形，具疣，中肋横切面呈圆形或椭圆形，主细胞 1 层，2~3 个。叶片中上部细胞圆形或圆方形，长 6.5~15.7 μm，宽 4.5~11.6 μm，每个细胞腹面光滑，背面具 1~2 个单圆疣，细胞壁稍增厚，基部细胞不分化，方形或矩形 7.5~18.7 μm，光滑，绿色不透明，细胞壁稍增厚，基部边缘细胞不分化，长方形。无芽胞。雌雄异株。孢子体未知。

标本鉴定：阿克亚孜苏布亭，MS 22849；海拔：2 150 m。

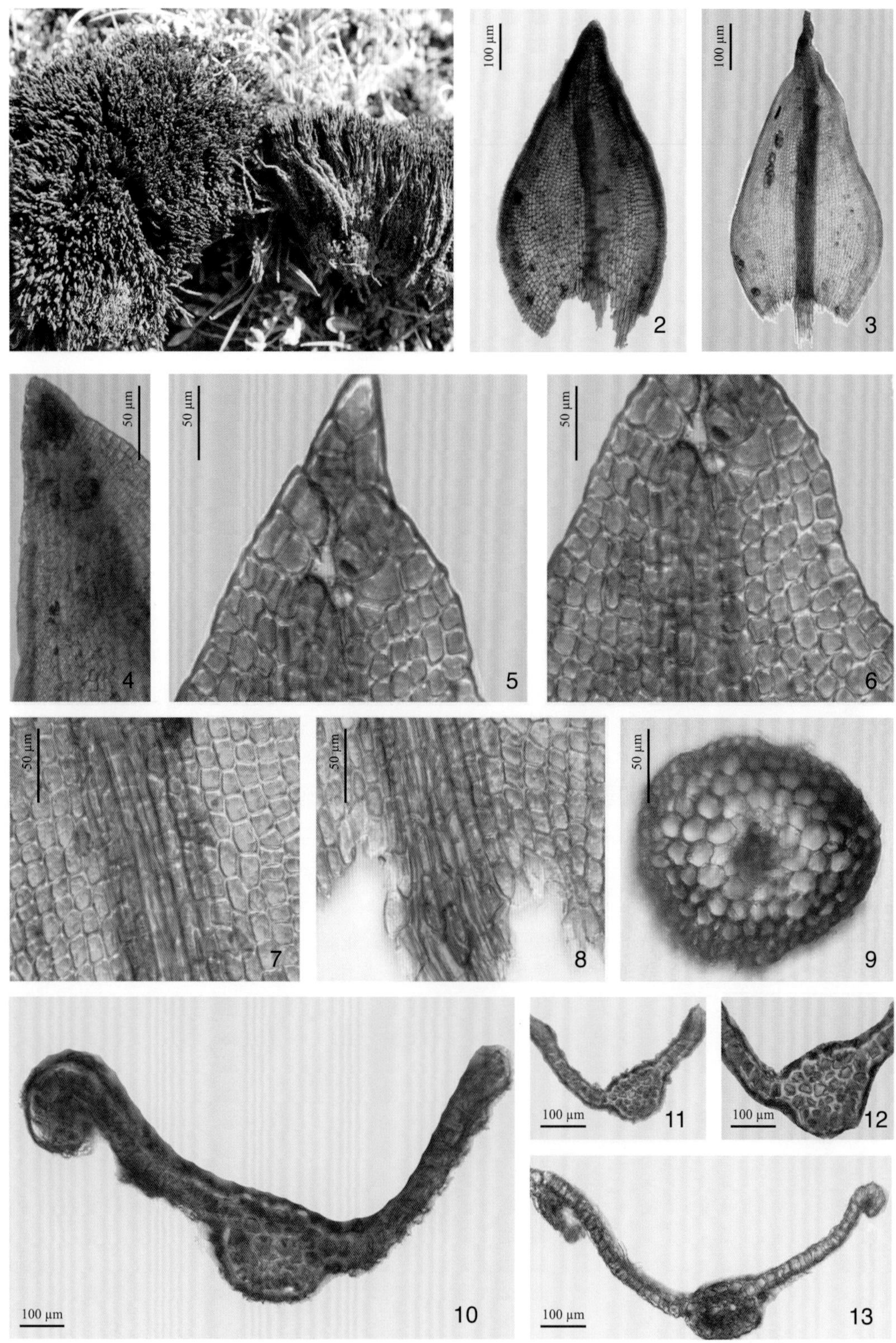

1. 植物群落；2~3. 叶片；4. 叶尖；5~6. 叶上部细胞；7. 叶中部细胞；8. 叶基部细胞；9. 茎横切面；10~12. 叶中部中肋横切面；13. 叶基部中肋横切面

（凭证标本：买买提明·苏来曼 22849，XJU）

74 硬叶对齿藓 *Didymodon rigidulus* Hedw.

植物体密集丛生，棕绿色或暗绿色，高 6~17 mm。茎直立，单一或分枝，茎横切面圆形或椭圆形，无透明细胞表皮，中轴分化明显。无假根。叶同形，干燥时紧贴于茎或稍微卷曲，潮湿时倾立伸展，三角披针形或卵状披针形，不呈龙骨状，长 1.4~1.65 mm，宽 0.45~0.64 mm；叶片细胞单层，叶片上部具不规则的双层；叶尖渐尖，不易脱落；叶边全缘，中到基部背卷，叶上部边缘 2~3 层细胞。中肋及顶或突出叶尖，在叶基部宽 40~80 μm；中肋中上部腹面细胞短矩形或亚方形，光滑或具疣，背面细胞圆形或圆方形，光滑或具疣，中肋横切面呈卵形或长卵形，主细胞 1 层，2~5 个。叶片中上部细胞圆形、圆方形或短矩形，长 4.2~13.5 μm，宽 5.7~7.9 μm，每个细胞 1~2 个低疣，单圆疣，细胞壁稍增厚；基部细胞不分化或轻微分化，矩形或短矩形，长 6.5~22.5 μm，宽 5.3~11.3 μm，不透明，光滑，细胞壁稍增厚；基部边缘细胞不分化，长方形或方形。有芽胞。雌雄异株。孢子体未知。

标本鉴定：塔克拉克，MS 11927；亚依拉克，MS 29964；破城子，MS 30115；小库孜巴依林场，MS 11851；北木扎特河流域，MS 22849；海拔：1 970~2 670 m。

75 短叶对齿藓 *Didymodon tectorus* (Müll. Hal.) Saito

植物体密集垫状丛生，黄绿色或绿色，高 10~25 mm。茎直立，单一或分枝，茎横切面圆形，中轴明显分化，无透明细胞表皮。假根着生于基部。叶同形，干燥时紧贴于茎，潮湿时伸展，三角披针形或阔卵状披针形，长 1.45~1.75 mm，宽 0.5~0.80 mm；叶片细胞单层；叶尖渐尖，不易脱落；叶边全缘，单层。中肋及顶或稍微突出叶尖，在叶基部宽 71~82 m；中肋中上部腹面细胞短矩形或方形，具疣，背面细胞短矩形或方形，光滑，中肋横切面椭圆形或圆形；主细胞 1~2 层，2~4 个。叶片中上部细胞圆方形或方形，长 5.7~11.5 μm，宽 5.7~10.2 μm，细胞壁轻微增厚，具 1~3 个单圆疣；基部细胞不分化或轻微分化，短矩形或圆方形，长 6.5~10.2 μm，宽 4.7~9.5 μm，光滑，细胞薄壁；基部边缘细胞不分化，方形或亚方形。有大量芽胞，着生于叶腋处，球形，有 4~8 个细胞。雌雄异株。孢子体未见。

标本鉴定：塔克拉克，MS 29934；亚依拉克，MS 29963；破城子，MS 30118；海拔：2 010~2 600 m。

76 灰土对齿藓 *Didymodon tophaceus* (Brid.) Lisa

植物体高9~19 mm，密集丛生，绿色或棕绿色，茎直立，单一或分枝，茎横切面圆形，中轴不分化。叶干燥时紧贴于茎，稍卷曲，潮湿时倾立，舌形或披针形，长1.25~1.55 mm，宽0.45~0.75mm，叶片单层；先端钝圆，不易脱落。叶边全缘，具狭背卷边。中肋粗壮，向叶上部延伸止于叶尖之下。中肋中上部腹面细胞伸长呈长方形，中肋横切面呈圆形或半圆形，主细胞2~6个，1层。叶上部细胞圆方形或六角圆形，长4.7~10.5 μm，宽3.5~6.8 μm，细胞壁稍增厚，具不明显的低圆疣，基部细胞明显增大，呈方形或长方形，细胞壁增厚，长8.7~22.5 μm，宽3.2~8.5 μm，平滑。雌雄异株。未见孢子体。

标本鉴定：破城子，MS 30088；小库孜巴依林场，MS 30139；大库孜巴依林场，MS 24693b；海拔：2 010~2 490 m。

77 无疣对齿藓 *Didymodon validus* Limpr.

植物体密集丛生，暗绿带红棕色，或绿色带红棕色，高 1.5~3 cm。茎直立，单一或分枝，无透明细胞层，中轴分化。叶干燥时皱缩，弯曲，潮湿时稍扭转展开并背仰，长卵状披针形，长 1.2~3.2 mm，宽 0.4~0.8 mm；叶片单层；先端急尖，不易脱落，叶边全缘，通常从底部至叶上部 1/4 或 3/4 处背卷。中肋突出叶尖呈长毛尖，中肋中上部腹面细胞呈方形或短矩形，平滑；中肋近基部横切面呈半圆形，主细胞 4~6 个，1 层；腹厚细胞带 1~3 层，背厚细胞带 2~3 层；背、腹表皮细胞分化。叶上部细胞呈圆形或圆方形，长 6.5~17.5 μm，宽 4.5~12.5 μm，平滑，均匀加厚；基部细胞方形至长方形，长 12.5~65.5 μm，宽 5.5~12.5 μm，无壁孔，不透明，平滑，均匀加厚；孢子体未见。

标本鉴定：亚依拉克，MS 29982；破城子，MS 30120；小库孜巴依林场，MS 24559；大库孜巴依林场，MS 24728；阿克亚孜苏布亭，MS 22745；海拔：1 970~2 700 m。

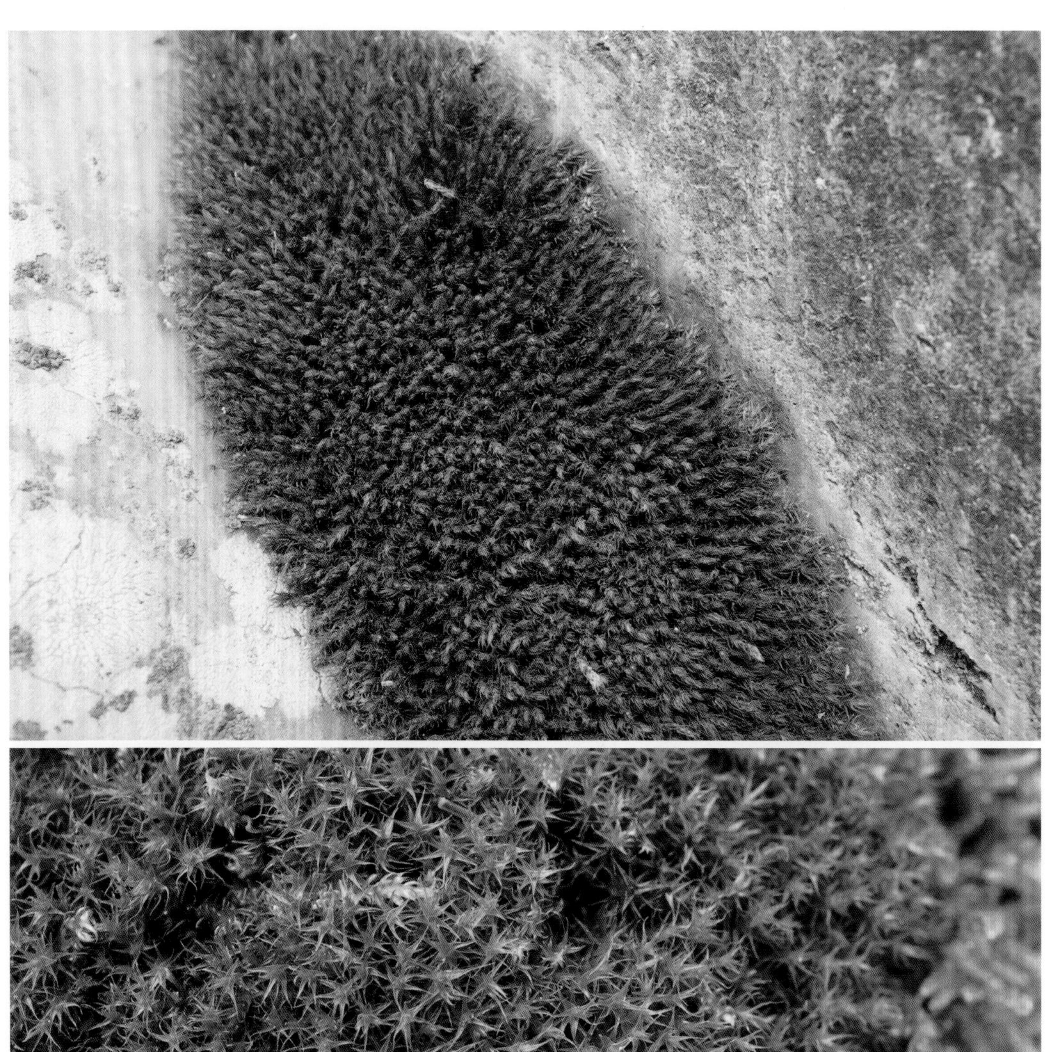

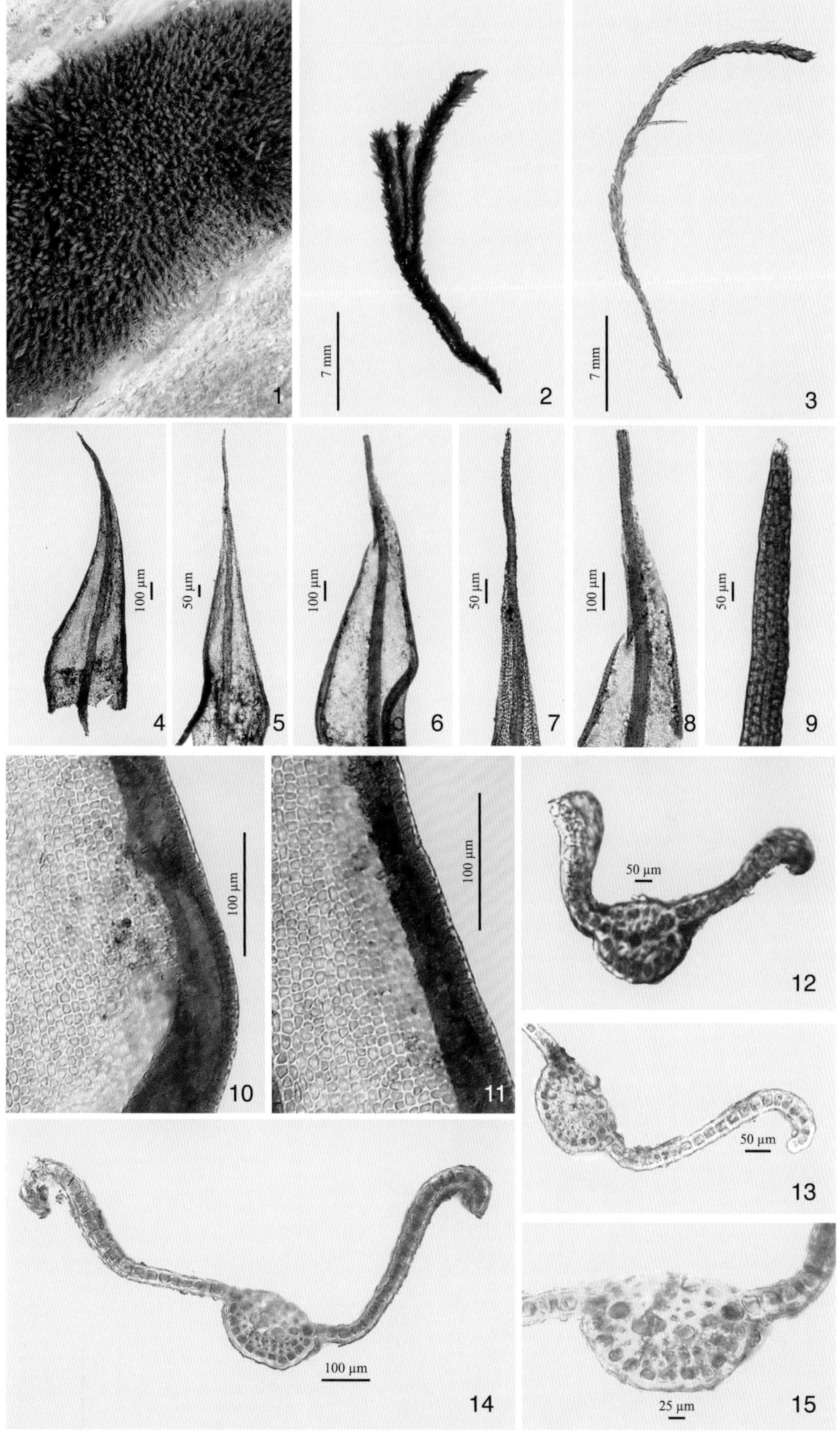

1. 植物群落；2. 植物体（湿）；3. 植物体（干）；4~5. 茎叶；6. 苞叶；7~9. 叶尖；10. 叶基部细胞；11. 叶中部细胞；12. 叶上部横切面；13. 叶中部中肋横切面；14~15. 叶基部中肋横切面

（凭证标本：买买提明·苏来曼 29982，XJU）

78 土生对齿藓 *Didymodon vinealis* (Brid.) R. H. Zander

植物体密集垫状丛生，棕绿色或绿色，高 3~12 mm。茎直立，单一或分枝，茎横切面圆形，无透明细胞表皮，中轴分化。无假根。叶同形，干燥时基部紧贴于茎，潮湿时倾立伸展，三角形、带状披针形或卵状披针形，长 0.85~1.42 mm，宽 0.30~0.42 mm；叶片细胞单层；叶尖急尖，不易脱落；叶边全缘，叶基部到中上部背弯，单层，靠近叶尖处不规则双层；中肋及顶或突出叶尖成短尖，在叶基部宽 45~70 μm；中肋中上部腹面细胞短矩形或方形，具疣，背面细胞短矩形或亚方形，光滑或具疣，中肋横切面呈圆形或椭圆形，主细胞 2~4 个，1~2 层。叶片中上部细胞圆形、圆方形或短矩形，长 5~14.5 μm，宽 4.5~9.7 μm，每个细胞 1~2 个单疣或分叉疣，细胞薄壁或稍加厚；基部细胞轻微分化，矩形，长 12.5~41.2 μm，宽 5.5~9.6 μm，不透明，光滑，细胞薄壁或稍增厚；基部边缘细胞不分化，方形。无芽胞。雌雄异株。孢子体未知。

标本鉴定：破城子，MS 30098；小库孜巴依林场，MS 11741；海拔：1 970~2 500 m。

79 净口藓 *Gymnostomum calcareum* Nees & Hornsch.

植物体细小，呈暗黄绿带黑色。茎直立，高不及 1 cm。叶较短，呈长椭圆状披针形或舌形，先端圆钝，叶边全缘，平展；中肋粗壮，长不及叶尖，在叶尖稍下处消失；叶片上部细胞圆方形，壁稍增厚，具多数细圆疣；基部细胞长方形，薄壁，平滑无疣，无色透明，蒴柄细长；孢蒴卵形。

标本鉴定：塔克拉克，MS 24285；小库孜巴依林场，MS 31998b；海拔：1 930~2 530 m。

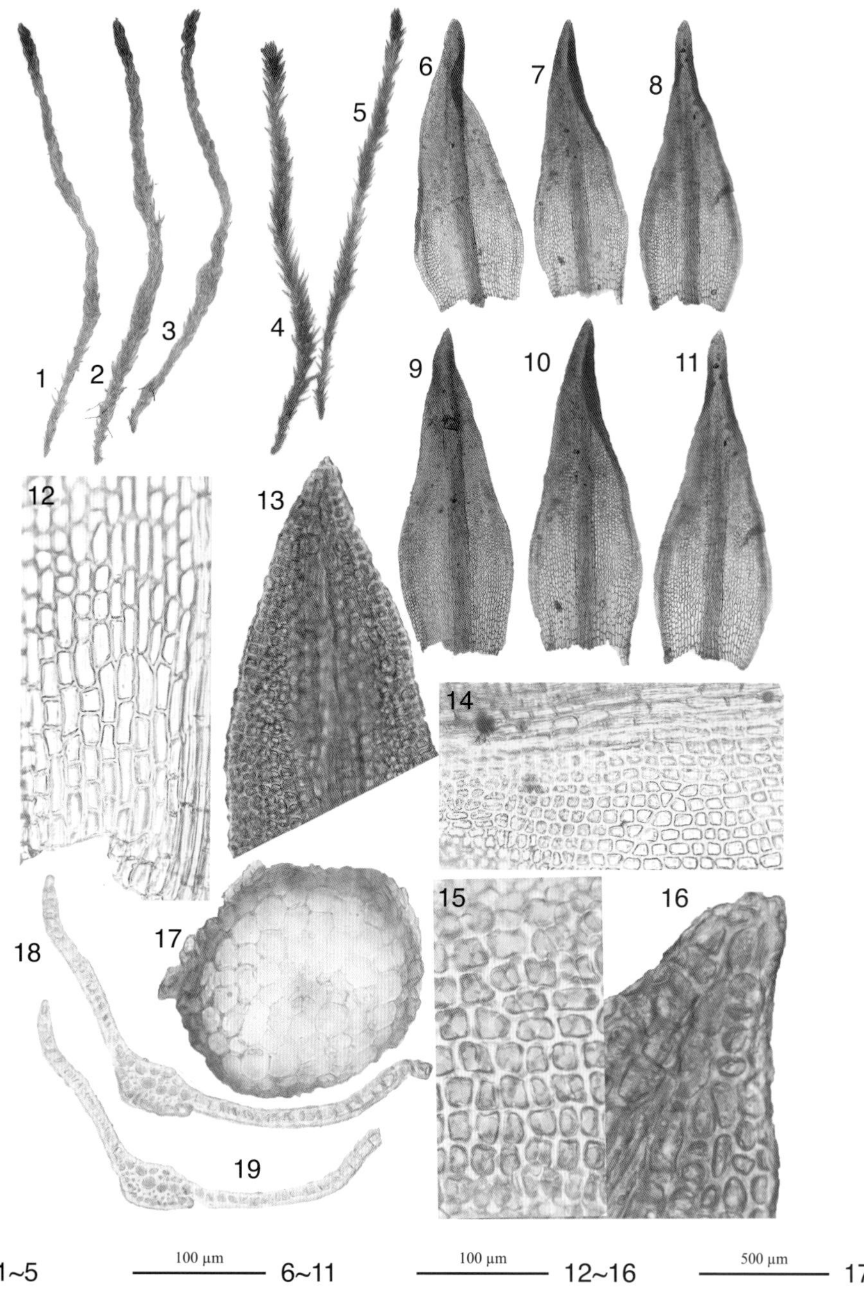

1 cm 1~5　100 μm 6~11　100 μm 12~16　500 μm 17~19

1~3. 植物体（干）；4~5. 植物体（湿）；6~11. 叶片；13、16. 叶上部细胞；12. 叶基部细胞；14、15. 叶中部细胞；17. 叶茎横切面；18~19. 叶横切面

（凭证标本：买买提明·苏来曼 24285，XJU）

80 卵叶藓 *Hilpertia velenovskyi* (Schiffn.) R. H. Zander

植物体密集或疏散丛生，褐绿色或黄绿色。茎直立，常单生或稀分枝，高6~10 mm，具分化中轴。叶紧密覆瓦状排列，干时紧贴抱茎，湿时稍倾立，阔卵形，先端圆钝，具白色平滑细长毛尖，连毛尖长1~1.5 mm，毛尖与叶片近于等长，叶缘强烈多次背卷，卷曲部分常有乳头状突起；中肋细，突出叶尖呈白色毛尖。叶上部细胞方形或六边形，薄壁，平滑，直径12~16 μm，基部细胞长方形，平滑透明。雌雄同株。蒴柄直立，红棕色，长7~12 mm；孢蒴直立，长圆柱形，长1.5~2.5 mm；蒴齿具低基膜，齿片32条，长线形，1~2次左旋，具密疣；蒴盖高圆锥形；环带早落；蒴帽兜形。孢子黄绿色，直径 10~ 12 μm。孢子体成熟于夏末秋初。

标本鉴定：塔克拉克，MS 24288；破城子，MS 30093b；北木扎特河流域，MS 22743；海拔：2 150~2 530 m。

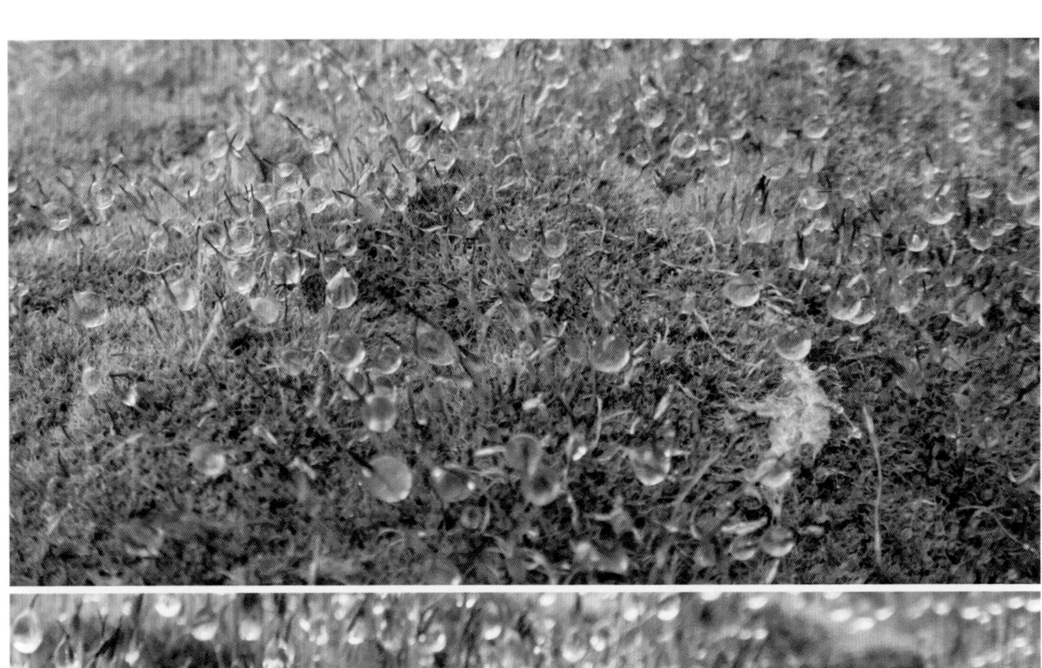

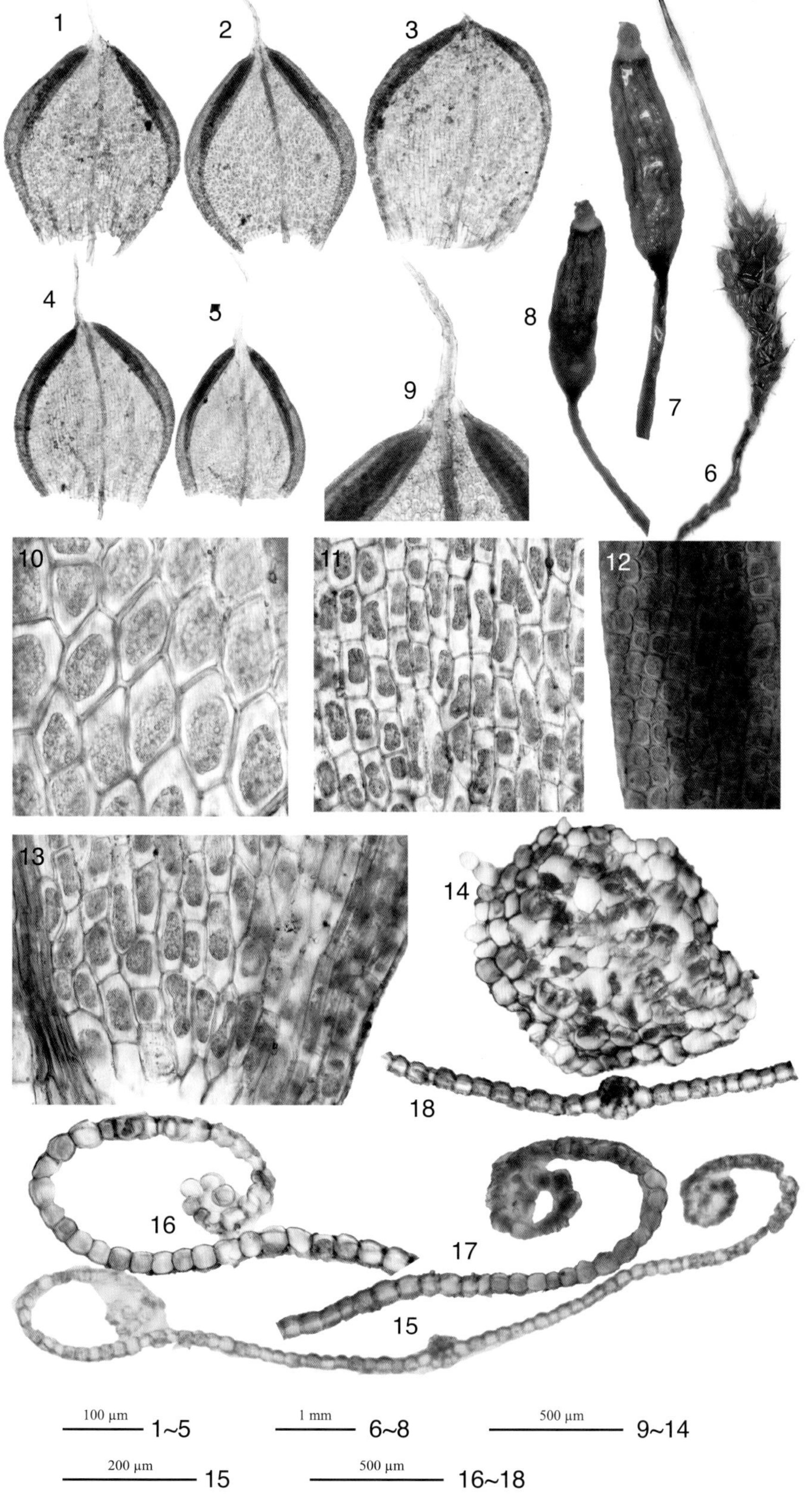

1~5. 叶片；6. 植物体；7~8. 孢子体；9. 叶尖；10、11. 叶上部细胞；12. 叶中部细胞；13. 叶基部细胞；14. 茎横切面；15~18. 叶横切面

（凭证标本：买买提明·苏来曼 31465，XJU）

81 狭叶拟合睫藓 *Pseudosymblepharis angustata* (Mitt.) Hilp.

植株疏松丛生，鲜绿或黄绿色。叶干时强烈卷缩，呈狭长线形，先端渐尖，叶边平展，全缘；中肋细长，先端突出叶尖甚长，呈刺芒状；叶细胞薄壁，呈 4~6 边形，每个细胞上密被多个圆形的单疣；叶基部细胞稍有分化，呈长方形，胞厚壁，多平滑无疣。

标本鉴定：小库孜巴依林场，MS 24569；北木扎特河流域，MS 22636；海拔：2 160~2 660 m。

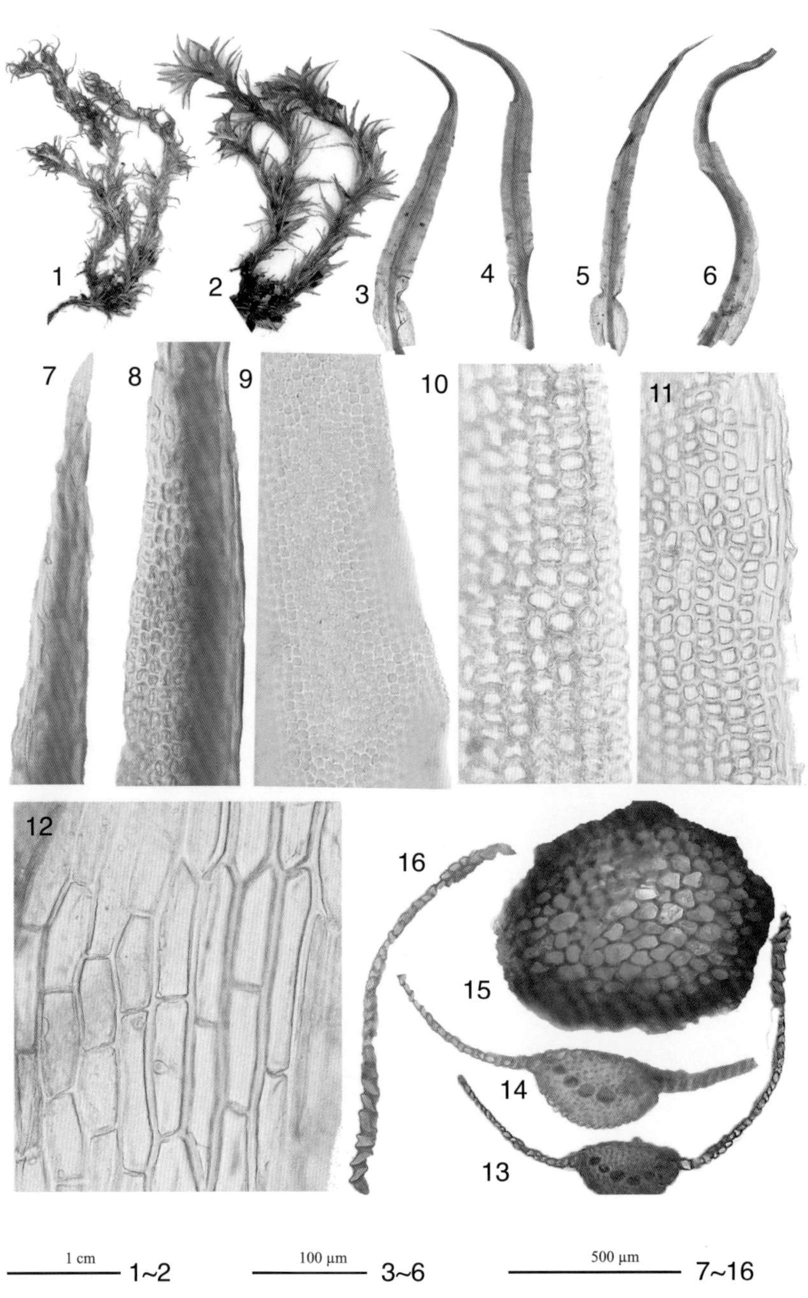

1. 植物体（干）；2. 植物体（湿）；3~6. 叶片；7. 叶尖部；8. 叶上部细胞；9. 叶中上部细胞；10. 叶中部细胞；11. 叶中下部细胞；12. 叶基部细胞；13~14、16. 叶横切面；15. 茎横切面

（凭证标本：买买提明·苏来曼 24569，XJU）

82 树生赤藓 *Syntrichia laevipila* Brid.

植物体小，孢蒴稀见为本种较突出的性状，茎顶端和上部叶叶腋密生叶状芽胞；叶细胞单层，叶中肋较细，向上显平滑的毛尖。

标本鉴定：塔克拉克，MS 31136；小库孜巴依林场，MS 24597；大库孜巴依林场，MS 31276；铁兰河流域，MS 31359；北木扎特河流域，MS 22877；海拔：2 106~2 630 m。

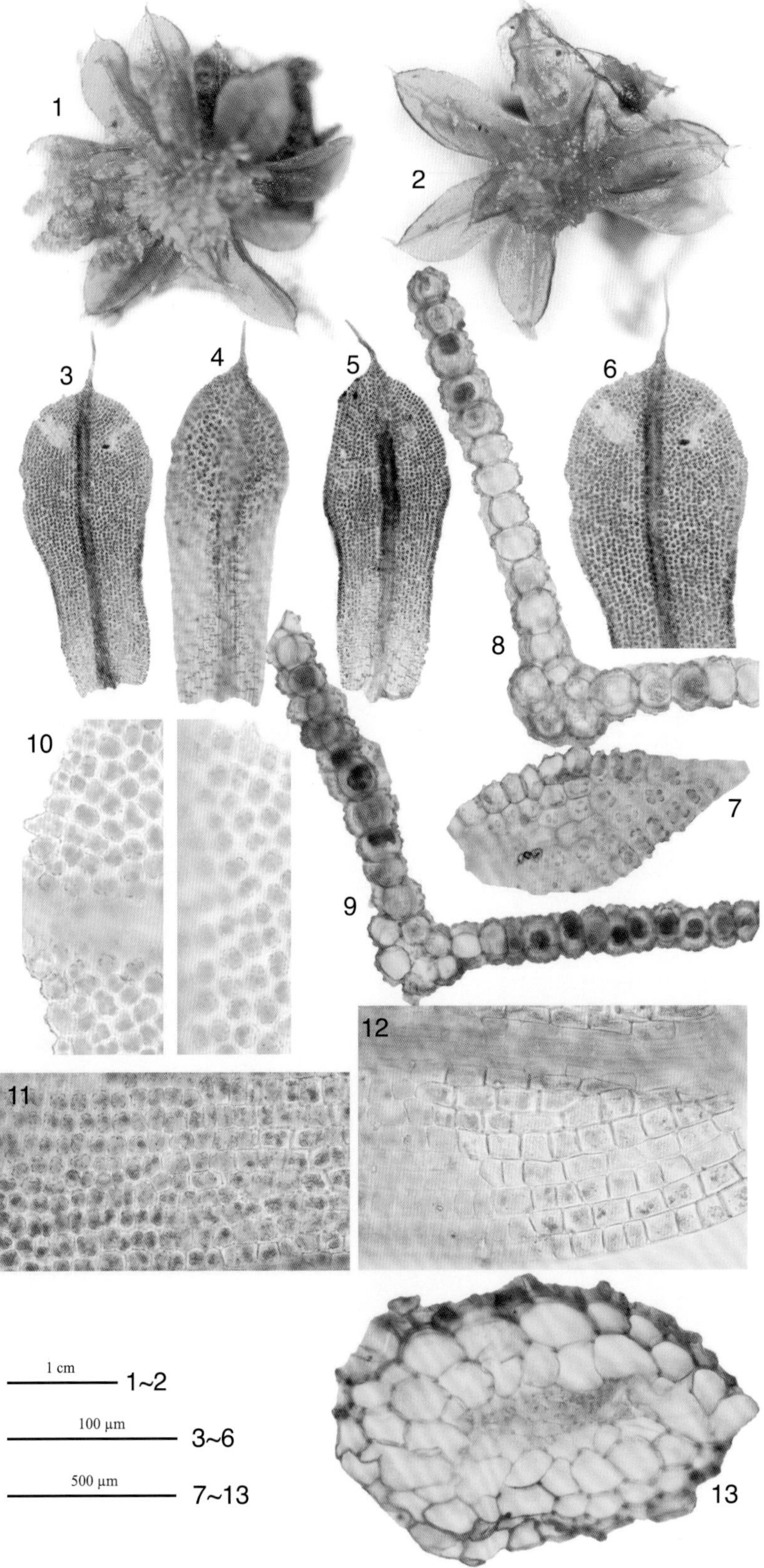

1~2. 植物体；3~6. 叶片；7. 芽胞；8~9. 叶横切面；10. 叶上部细胞；11. 叶中部细胞；12. 叶基部细胞；13. 茎横切面
（凭证标本：买买提明·苏来曼 31136，XJU）

83 大赤藓 *Syntrichia princeps* (De Not.) Mitt.

大赤藓植物体较大。茎中轴分化。叶片圆舌形，中肋背面具不分叉的刺状齿，叶上端细胞具疣，基部细胞平滑透明；未见孢子体。大赤藓与山赤藓十分相似，两者最主要的区别在于：大赤藓叶先端急尖，茎中轴分化；而山赤藓叶先端渐尖，茎无中轴。

标本鉴定：小库孜巴依林场，MS 11870；北木扎特河流域，MS 22746；海拔：2 160~2 660 m。

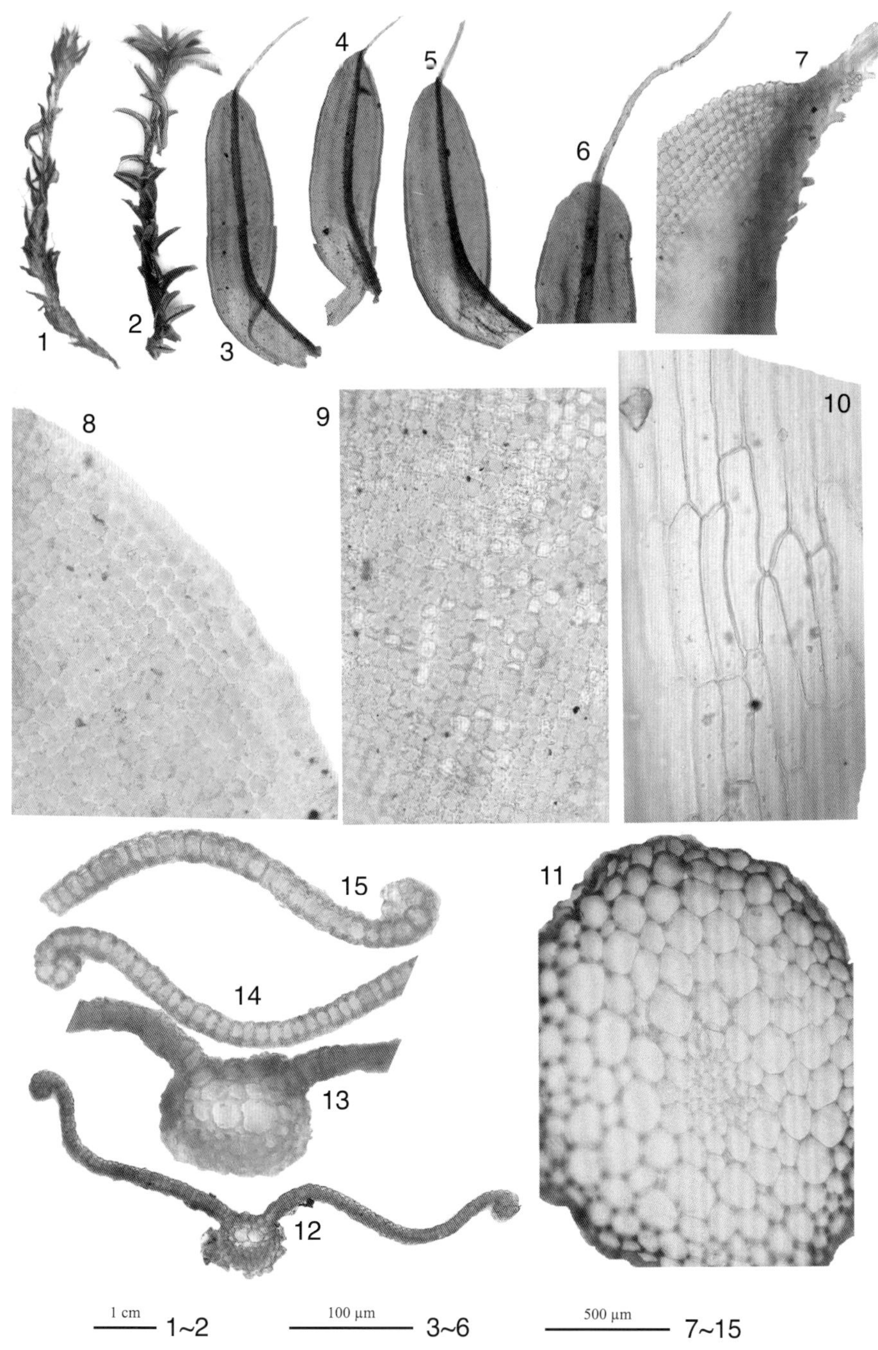

1. 植物体（干）；2. 植物体（湿）；3~5. 叶片；6. 叶尖；7. 中肋背面刺；8. 叶上部细胞；9. 叶中部细胞；10. 叶基部细胞；11. 茎横切面；12~15. 叶横切面

（凭证标本：买买提明·苏来曼 11870，XJU）

84 山赤藓 *Syntrichia ruralis* (Hedw.) F. Weber & D. Mohr

茎无分化中轴，叶呈莲花状顶生，潮湿时强烈背仰，长圆舌形，先端渐狭；叶边背卷至近于顶端；中肋突出叶尖呈白色毛尖，毛尖密被刺状齿，中肋背面具刺状齿。

标本鉴定：塔克拉克，MS11947；亚依拉克，MS 29907；破城子，MS 30121；小库孜巴依林场，MS 24609；大库孜巴依林场，MS 24734；铁兰河流域，MS 31341；北木扎特河流域，MS 22837；海拔：2 020~3 140 m。

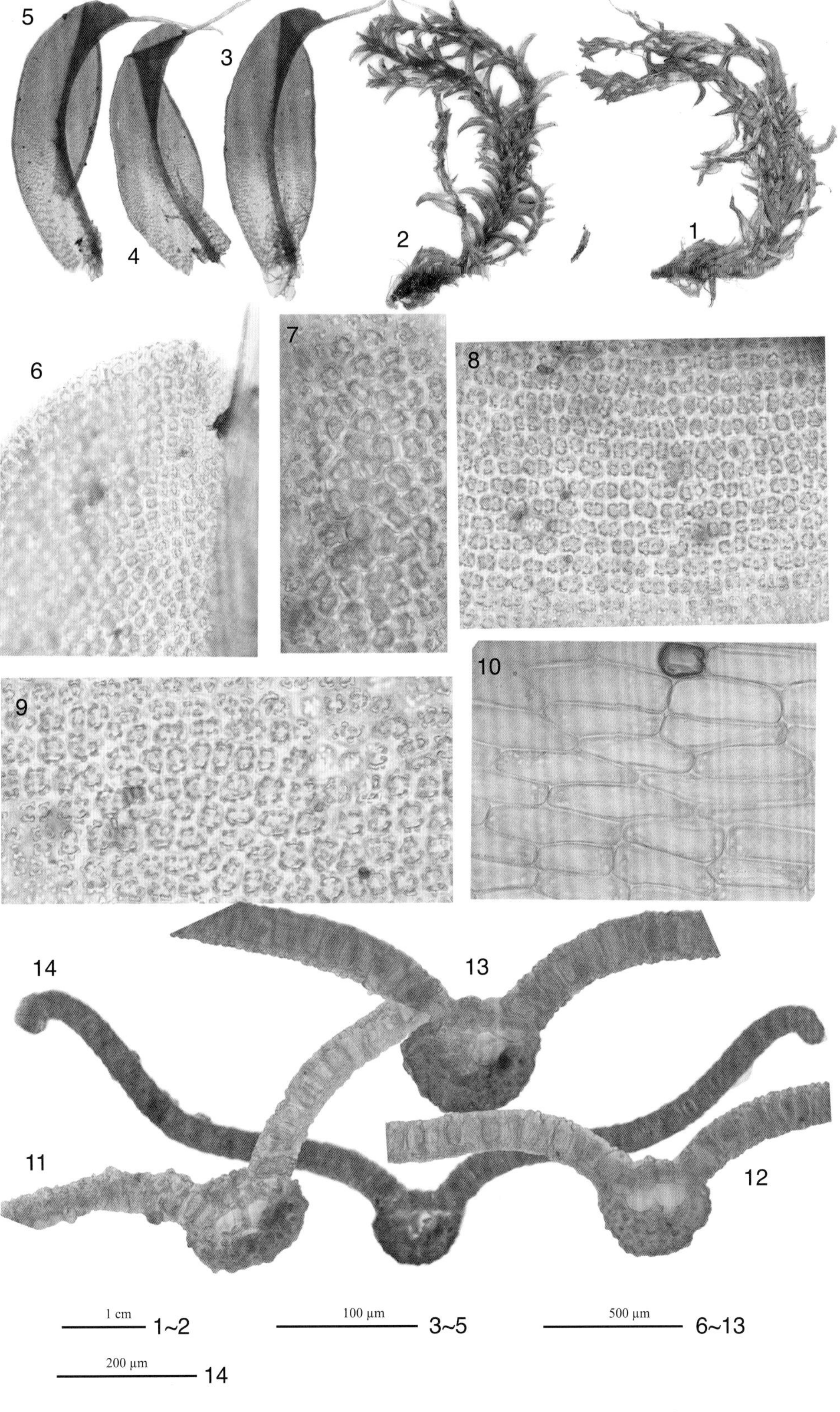

1. 植物体（干）；2. 植物体（湿）；3~5. 叶片；6~7. 叶上部细胞；8~9. 叶中部细胞；
10. 叶基部细胞；11~14. 叶横切面
（凭证标本：买买提明·苏来曼 24484，XJU）

85 高山赤藓 *Syntrichia sinensis* (Müll. Hal.) Ochyra

本种的显著特征为：雌雄同株，蒴柄长 1~1.5 cm，孢蒴直立，圆柱形，蒴齿具高的基膜，齿片呈细长线形，向左旋扭。

标本鉴定：破城子，MS 30121；小库孜巴依林场，MS 11808；铁兰河流域，MS 31317；北木扎特河流域，MS 22812；海拔：2 150~2 660 m。

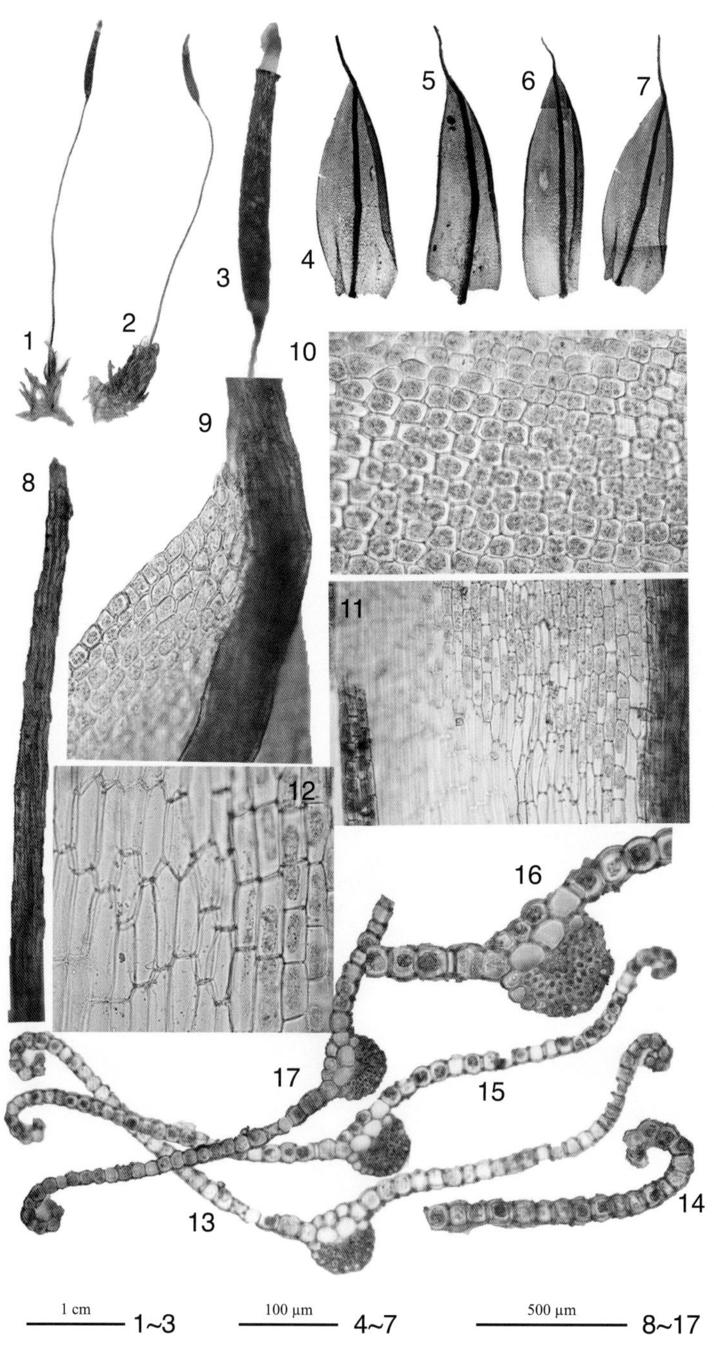

1~2. 植物体；3. 孢蒴；4~7. 叶片；8. 叶尖部；9. 叶上部细胞；10. 叶中部细胞；11~12. 叶基部细胞；13~17. 叶横切面
（凭证标本：买买提明·苏来曼 30121，XJU）

86 节叶纽藓 *Tortella alpicola* Dixon.

植物体密集，小片状丛生，深绿色或绿色，植物体高 0.6~1.0 cm；茎具中轴；叶卵状披针形，边缘由于细胞多疣呈齿状边，长 2~3 mm，宽 0.3~0.4 mm；中肋粗壮，向上伸出具节的长毛尖，常分节断裂。叶上部细胞单层，圆方形或多角圆形，直径 7.8~10.4 μm，密被细圆疣，深绿色，表面观细胞界限不清，叶基部细胞狭长方形，长 46.8~78.0 μm，宽 10.4~20.8 μm，无色透明狭长细胞沿两侧叶缘向上延伸至叶中部，构成分化边缘。未发现孢子体。

节叶纽藓（*T. alpicola*）容易与折叶纽藓（*T. fragilis*）相混淆，但 *T. fragilis* 植物体较大，高 1.5~2.0 cm，叶基部狭长无色透明细胞向上延伸到叶上部，断裂的叶尖无节。*T. alpicola* 植物体较小，高 0.6~1.0 cm，叶基部狭长无色透明细胞向上延伸到叶中部，断裂的叶尖具节。

标本鉴定：塔克拉克，MS 24363；亚依拉克，MS 29969；小库孜巴依林场，MS 11721；大库孜巴依林场，MS 24699；北木扎特河流域，MS 22829；海拔：2 140~2 705 m。

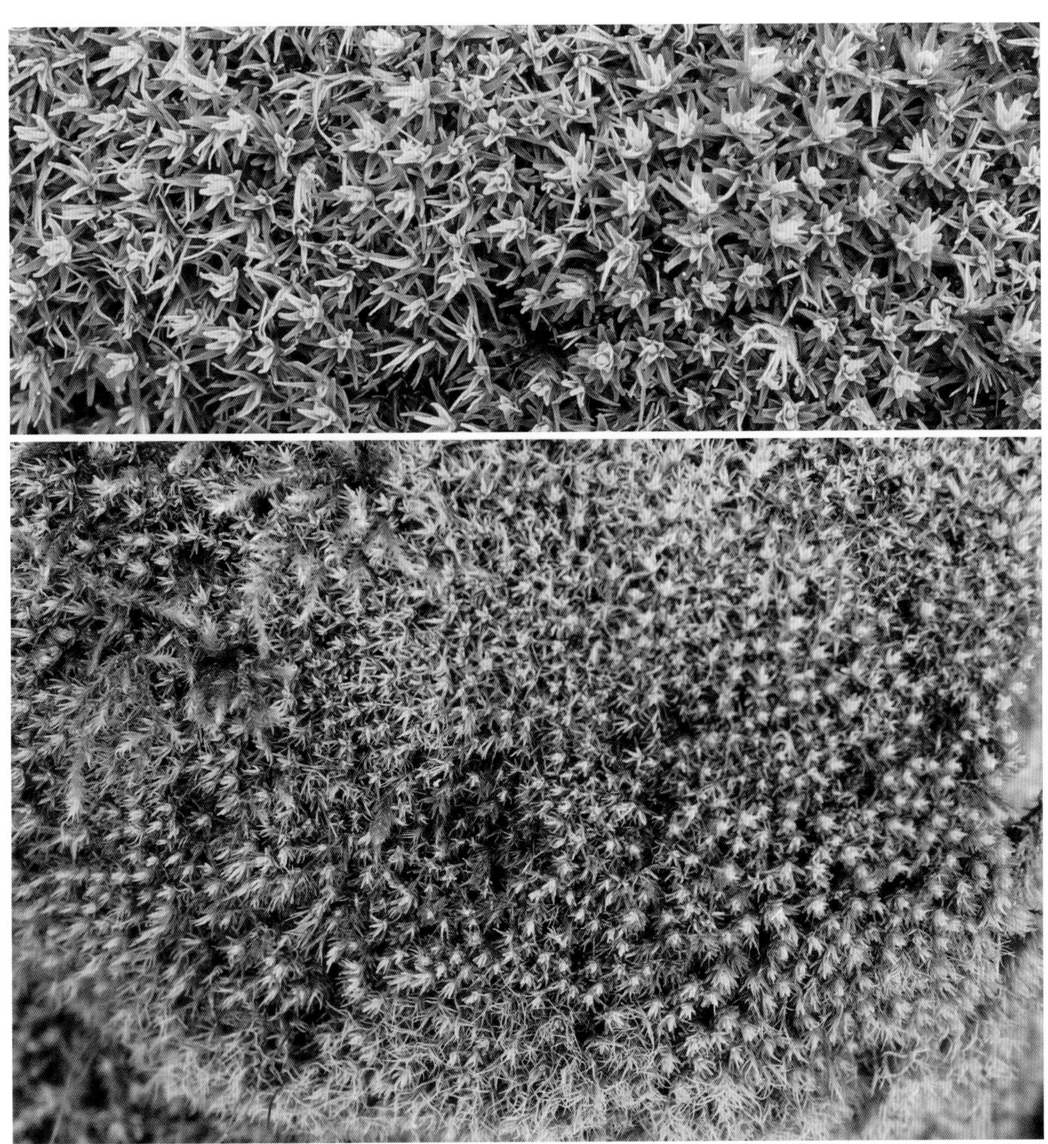

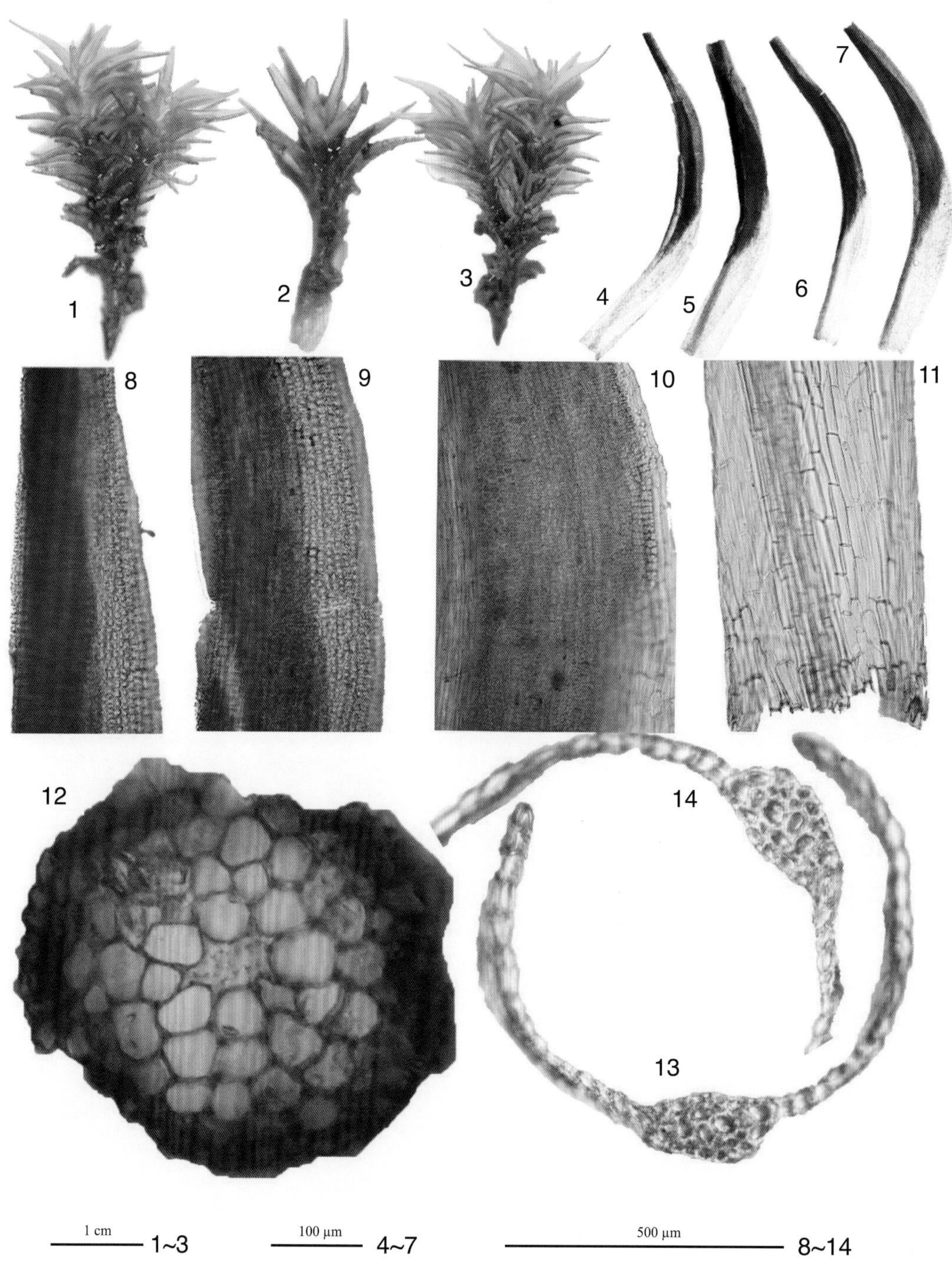

1~3. 植物体；4~7. 叶片；8. 叶中上部细胞；9. 叶中部细胞；10. 叶中下部细胞；11. 叶基部细胞；
12. 茎横切面；13~14. 叶横切面
（凭证标本：买买提明·苏来曼 24487，XJU）

87 折叶纽藓 *Tortella fragilis* (Hook. & Wilson) Limpr.

植株硬挺，黄绿色带棕色，常密集丛生。茎直立，高 2~6 cm，不分枝，常密被黄棕色假根，叶倾立，呈披针形；先端狭，长渐尖，由 2~3 层细胞构成，叶尖硬面易折断；叶边全缘，平滑；中肋粗壮，突出叶尖呈刺芒状，叶上部细胞呈 4~6 角形，薄壁，每细胞具数个疣；基部细胞明显分化，呈狭长方形，平滑，无色透明，分化细胞往往沿叶边上延与上部细胞间形成明显的叶基角部分界线。本种往往借叶尖断折面进行营养繁殖。

标本鉴定：塔克拉克，MS 24487；亚依拉克，MS 29924b；小库孜巴依林场，MS 24533；大库孜巴依林场，MS 24673；北木扎特河流域，MS 22818；海拔：2 100~2 750 m。

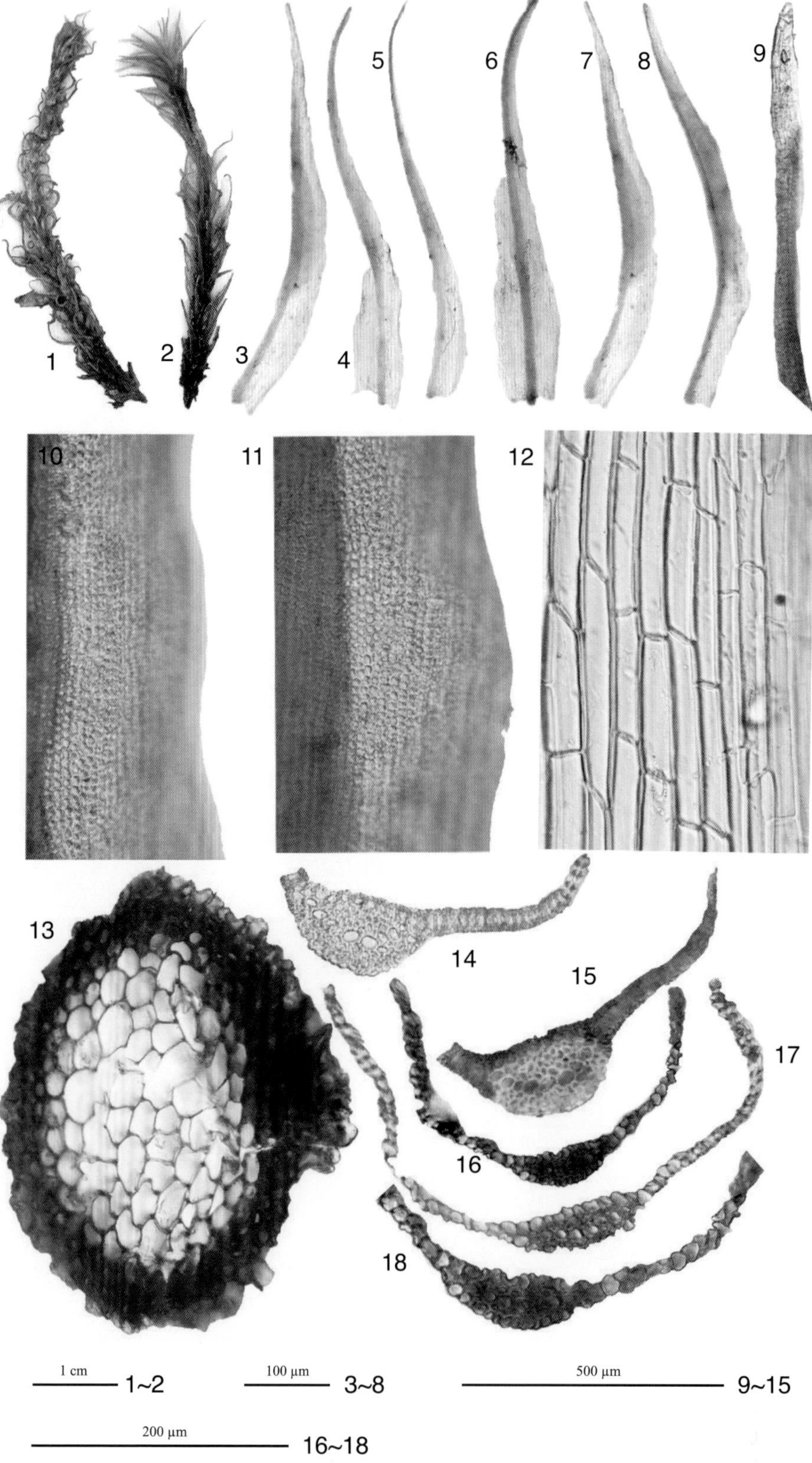

1. 植物体（干）；2. 植物体（湿）；3~8. 叶片；9. 叶尖；10. 叶上部细胞；11. 叶中部细胞；
12. 叶基部细胞；13. 茎横切面；14~18. 叶横切面
（凭证标本：买买提明·苏来曼 24426，XJU）

88 长叶纽藓 *Tortella tortuosa* (Schrad. ex Hedw.) Limpr.

植株高大，密集丛生。茎直立，具分枝。叶细长，呈线状披针形，在茎顶常密集丛生，叶片柔软，细胞单层，干时多卷曲；中肋较细，长达叶尖稍下处消失；叶上部细胞至4~6角形，具数个单疣；基部细胞分化呈长方形，平滑无疣且透明，分化细胞沿叶边向上延伸，具明显的基角部分界线。

标本鉴定：塔克拉克，MS 24315；亚依拉克，MS 29950；小库孜巴依林场，MS 30030a；大库孜巴依林场，MS 31205；大库孜巴依泉水，MS 31567；北木扎特河流域，MS 22823；海拔：2 160~2 640 m。

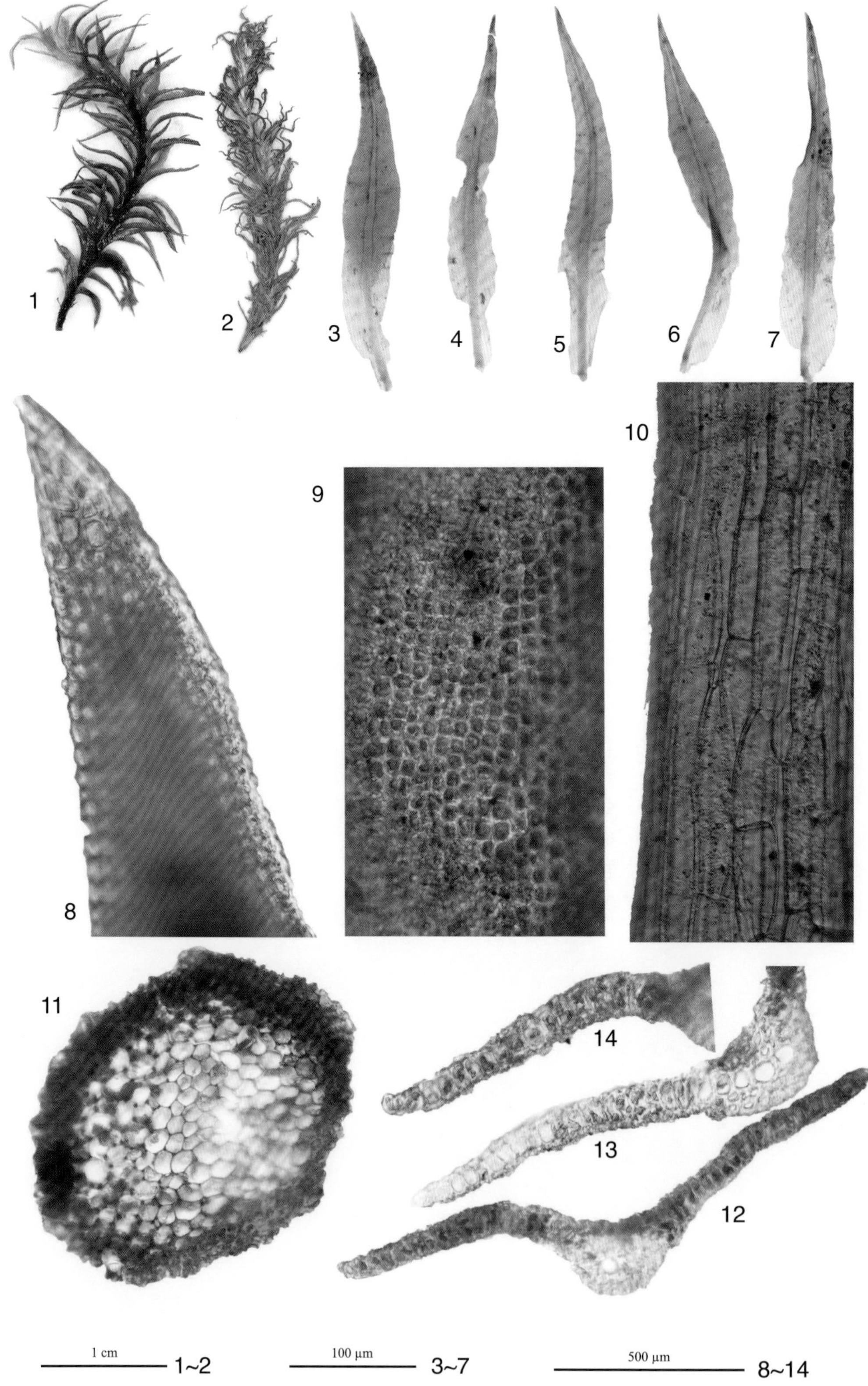

1. 植物体（湿）；2. 植物体（干）；3~7. 叶片；8. 叶上部细胞；9. 叶中部细胞；10. 叶基部细胞；11. 茎横切面；12~14. 叶横切面
（凭证标本：买买提明·苏来曼 24301，XJU）

89 无疣墙藓 *Tortula mucronifolia* Schwägr.

植物体疏散丛生，常混生于其他苔藓丛中，绿色或黄绿色。茎直立，单一或在基部分枝，高 4~10 mm，具明显分化中轴。叶干燥时皱缩，潮湿时伸展，长圆形或长圆卵形，先端急尖或渐尖，具黄色平滑毛尖，长 2.5~3.5 mm，叶缘平展或在下部稍背卷；中肋细，突出叶尖呈黄色毛尖。叶上部细胞圆方形或六边状圆形，壁在角部加厚，平滑，直径 10~21 μm，边缘由几列黄色厚壁细胞构成分化边，基部细胞增大，长方形，平滑。雌雄同株。蒴柄直立，红棕色，长 15~17 mm；孢蒴稍弯曲，狭长圆柱形，长 3.5~4 mm；蒴齿基膜高筒形，与齿片近于等长，齿片长线形，红棕色，向左旋扭；环带 2 列大细胞，宿存；蒴盖具长喙。孢子球形，黄绿色，平滑或具微疣，直径 13.3~15.9 μm。

标本鉴定：塔克拉克，MS 24429；亚依拉克，MS 29946a；小库孜巴依林场，MS 24616；大库孜巴依林场，MS 24714；铁兰河流域，MS 31362；阿克亚孜苏布亭，MS 22870；阿克亚孜木子李克萨伊，MS 22770；北木扎特河流域，MS 30326b；海拔：1 950~2 700 m。

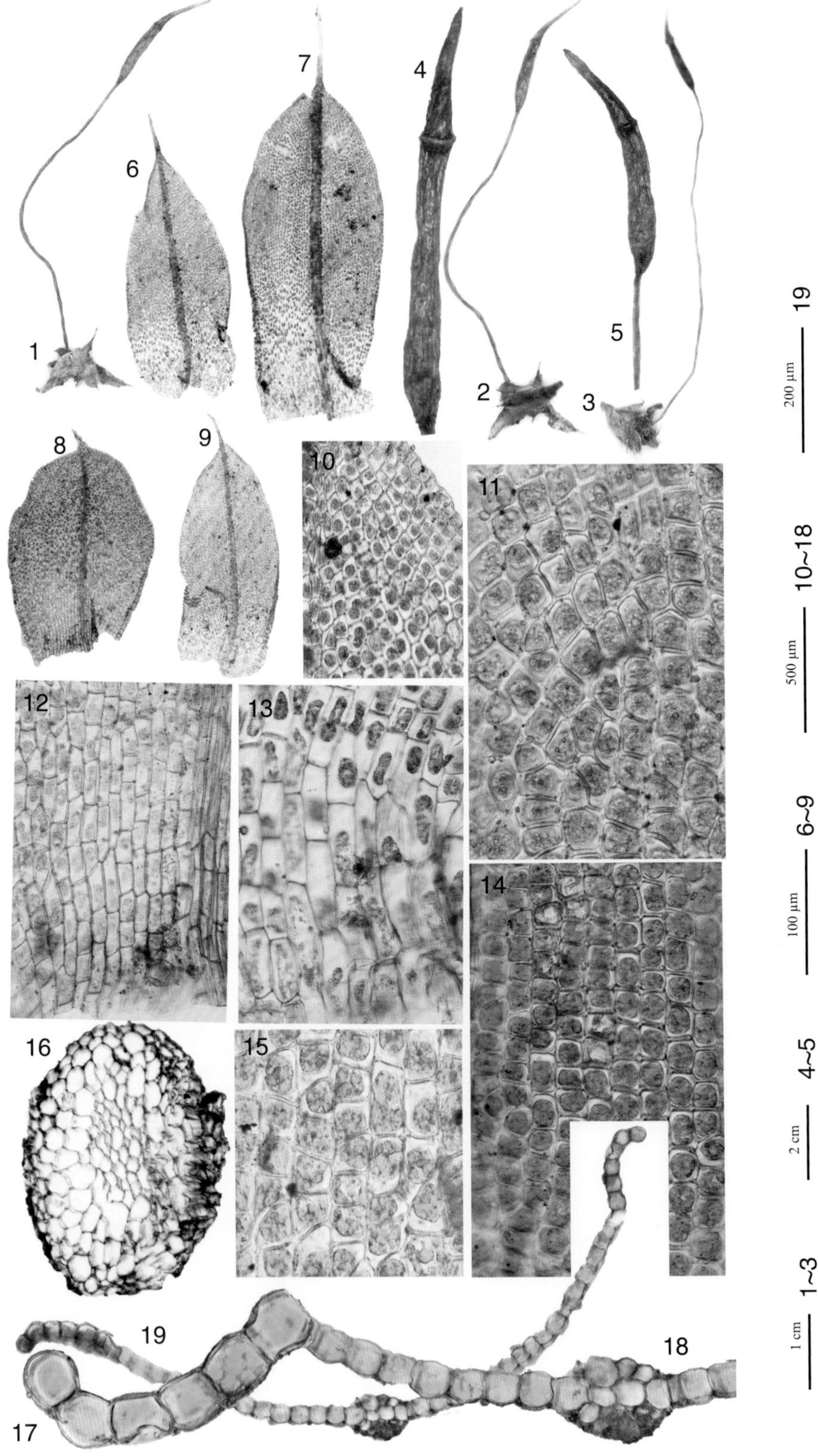

1、3. 植物体（干）；2. 植物体（湿）；4~5. 孢蒴；6~9. 叶片；10~11. 叶上部细胞；
12~13. 叶基部细胞；14~15. 叶中部细胞；16. 茎横切面；17~19. 叶横切面
（凭证标本：买买提明·苏来曼 24340，XJU）

90 泛生墙藓 *Tortula muralis* Hedw.

植株矮小而粗壮，幼时鲜绿色，老时呈红棕色。茎单一，稀叉状分枝。基部多具红棕色假根。叶干时旋扭，略皱缩，湿时伸展，呈卵形、倒卵形或舌形，先端圆钝，具小尖头或渐尖，基部有时呈鞘状；叶边全缘，常背卷；中肋粗壮，红棕色，多突出叶尖呈短刺状或白色长毛尖，先端及背面有时具刺状齿；稀不及叶尖即消失；叶上部细胞呈多角至圆形，密被数新月形、马蹄形或圆环状疣，稀平滑无疣；基部细胞呈长方形，无色，透明，平滑无疣；叶缘有时具狭长、黄色或棕色细胞构成的分化边。雌雄同株。

标本鉴定：塔克拉克，MS 24340；小库孜巴依林场，MS 24539；海拔：2 452~2 600 m。

91 合柱墙藓 *Tortula systylia* (Schimp.) Lindb.

植物体疏丛生，黄绿色。茎直立，单生，高 4~6 mm。叶干燥时皱缩，潮湿时伸展，呈阔卵形，内凹先端急尖，具细长毛尖，叶缘仅顶端具钝齿，平展或稍背卷；中肋细，突出叶尖呈毛尖状。叶上部细胞圆方形、长圆形或六边状圆形，薄壁或稍加厚，基部细胞长圆形或长方形，均平滑无疣。雌雄同株。蒴柄直立或稍弯曲，棕黄色，长 6~9 mm；孢蒴直立或稍倾立，圆柱形，长 1.5~2 mm；蒴齿具矮基膜，齿片短，直立，线状披针形，密被细疣。孢子棕黄色，直径 24~27 um，被细疣。

标本鉴定：北木扎特河流域，MS 22831；海拔：2 452 m。

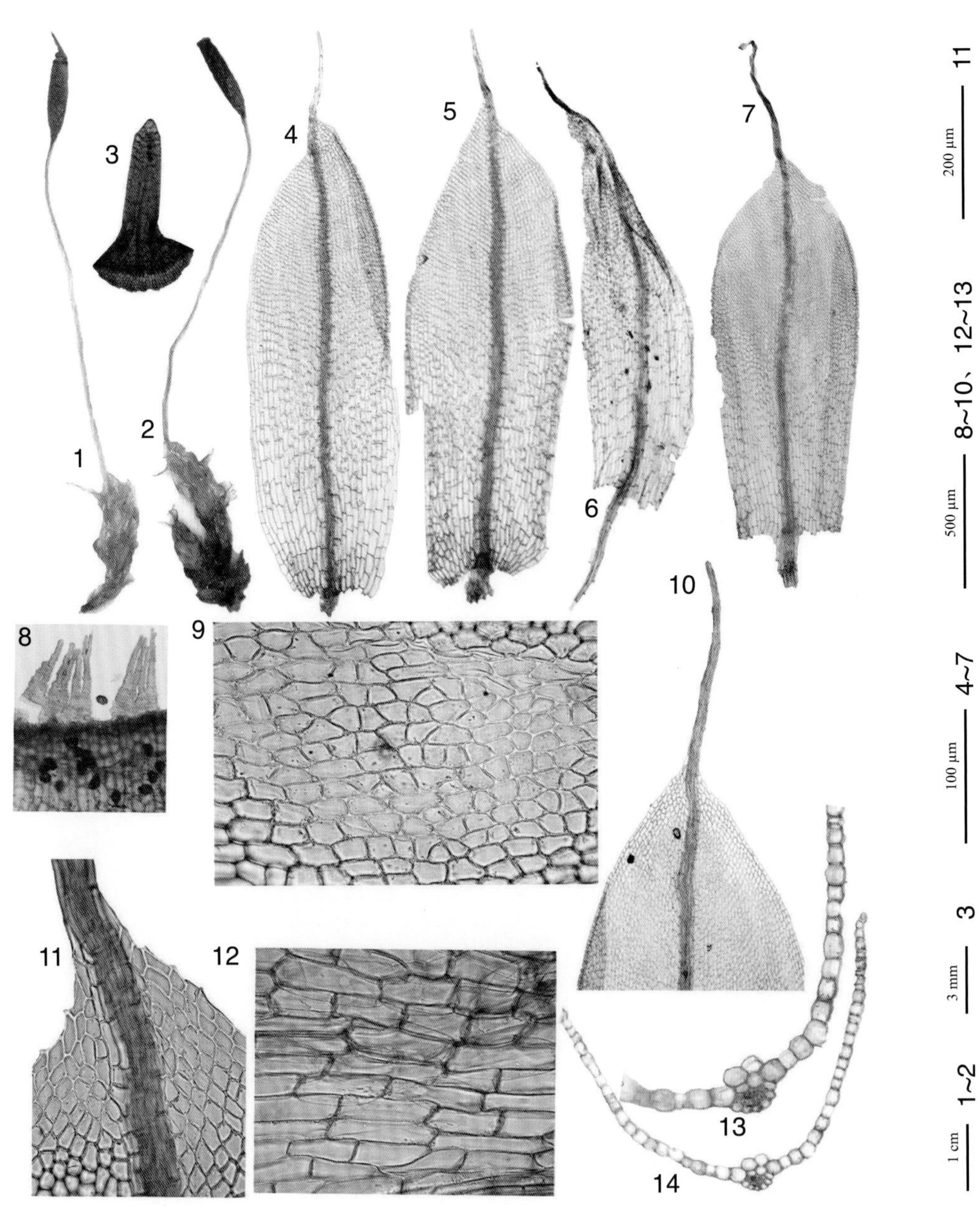

1. 植物体（干）；2. 植物体（湿）；3. 蒴盖；4~7. 叶片；8. 蒴齿；9. 叶中部细胞；10~11. 叶上部细胞；12. 叶基部细胞；13~14. 叶横切面

（凭证标本：买买提明·苏来曼 22831，XJU）

92 墙藓 *Tortula subulata* Hedw.

植物体粗壮，丛生，高 1~3 cm。茎直立，单一，稀分枝，密被叶。下部叶片呈长披针形，先端叶呈莲座状密集，呈倒卵圆形，或呈狭长匙形，先端渐尖，基部有时弯曲。叶缘由 1~4 列狭长的、壁强烈增厚的细胞形成黄色的分化边，稀具齿；中肋粗壮，长达叶尖且突出成小尖头；叶上部细胞呈 4~6 边形，背、腹两面均密被马蹄形疣；叶基细胞长方形，无色透明。蒴柄长 1~2.5 cm，呈紫色。孢蒴直立，呈长圆柱形，长约 8 mm；环带自行卷落；蒴齿呈线状，向左旋扭。

标本鉴定：塔克拉克，MS 24355；小库孜巴依林场，MS 11768；大库孜巴依林场，MS 31216；北木扎特河流域，MS 25146；海拔：2 260~2 400 m。

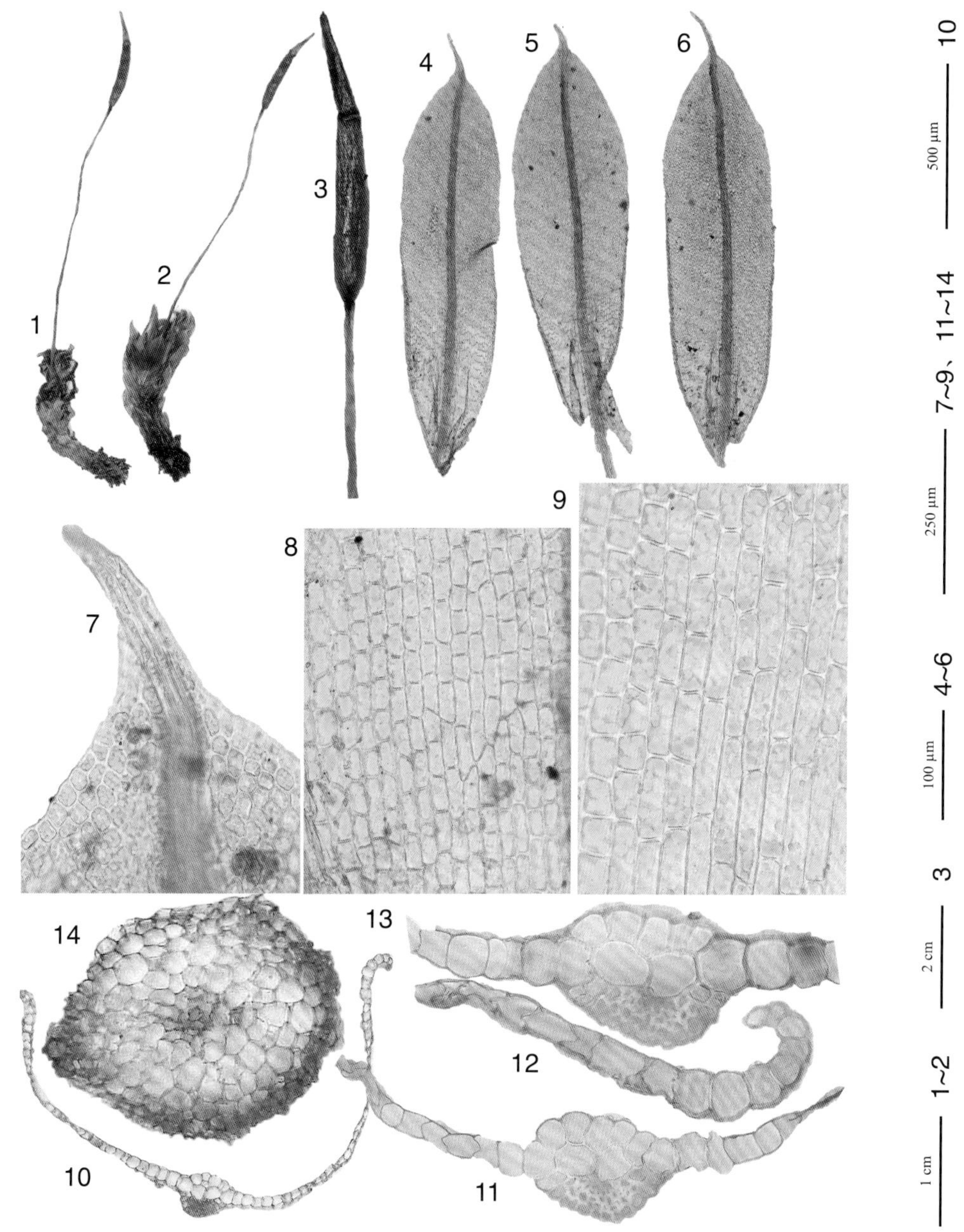

1. 植物体（干）；2. 植物体（湿）；3. 孢蒴；4~6. 叶片；7. 叶上部细胞；8. 叶中部细胞；9. 叶基部细胞；10~13. 叶横切面；14. 茎横切面

（凭证标本：买买提明·苏来曼 24355，XJU）

二十七、紫萼藓科 Grimmiaceae Arn.

植物体深绿色或黄绿色，多生于裸露岩石或砂土上，属多年生旱生藓类。茎直立或倾立，两叉分枝或具多数分枝，基部具假根。叶多列密生，呈覆瓦状排列，干燥时有时扭曲，披针形，窄长披针形，稀卵圆形，先端常具白色透明毛尖，或圆钝；叶缘平直或背卷，稀内凹；中肋单一，达叶尖或在叶先端前消失；叶中上部细胞小，圆方形或不规则方形，厚壁。常不透明。平滑或具疣。壁有时呈波状加厚；叶基部细胞短长方形或狭长方形。薄壁或不规则波状加厚；角细胞多数不分化。雌雄同株或异株。雌苞叶与茎叶同形，略大。蒴柄长短不一，直立或弯曲，孢蒴内隐或伸出苞叶，直立或倾立，圆球形至长筒形；环带有时分化；蒴盖多具长或短喙突；蒴壁上部平滑，基部具气孔。蒴齿单层，齿片 16 条，披针形或线形，多不规则 2~4 裂，有时具穿孔，表面多具密疣。蒴帽钟形或兜形。孢子小，圆球形，多数表面具疣。

紫萼藓属 *Grimmia* Hedw.

93 无齿紫萼藓 *Grimmia anodon* Bruch & Schimp.

植物体密集成垫状，深绿色至棕色或黑色，有时候苍白色。茎直立，具中轴。茎叶长卵圆形至长圆披针形，内凹，具龙骨状突起，叶干燥时紧贴，瓦状覆盖，湿润时直立至向上伸展，叶边基部或中部一侧背卷或两侧背卷，上部扁平；上部叶先端尖，具带齿的白色透明毛尖，无或略下延，下部叶先端钝，无或短的白色毛尖；中肋单一，粗壮，延伸，在叶端前消失，腹部具 2 个腹细胞；基部中肋两侧细胞正方形至长方形，薄壁；基部近边缘细胞正方形至长方形，薄壁，横壁明显厚于纵壁；叶中部和上部细胞圆方形至短方形，厚壁，深波状，单层或部分两层。芽胞未知。雌雄异株。孢子体常见；雌苞叶与茎叶同形；蒴柄短而弯曲，“S”形；孢蒴内隐，近球形，膨大，不对称，平滑，淡黄色；环带 elongata 型；气孔明显大；无蒴齿；蒴盖乳头状突起；蒴帽钟形；孢子 6~11 μm，表面具细疣或近平滑。

标本鉴定：塔克拉克，MS 31125；亚依拉克，MS 29916；破城子，MS 30108；小库孜巴依林场，MS 11788；大库孜巴依林场，MS 32621；大库孜巴依泉水，MS 31542；铁兰河流域，MS 31329；海拔：2 020~3 080 m。

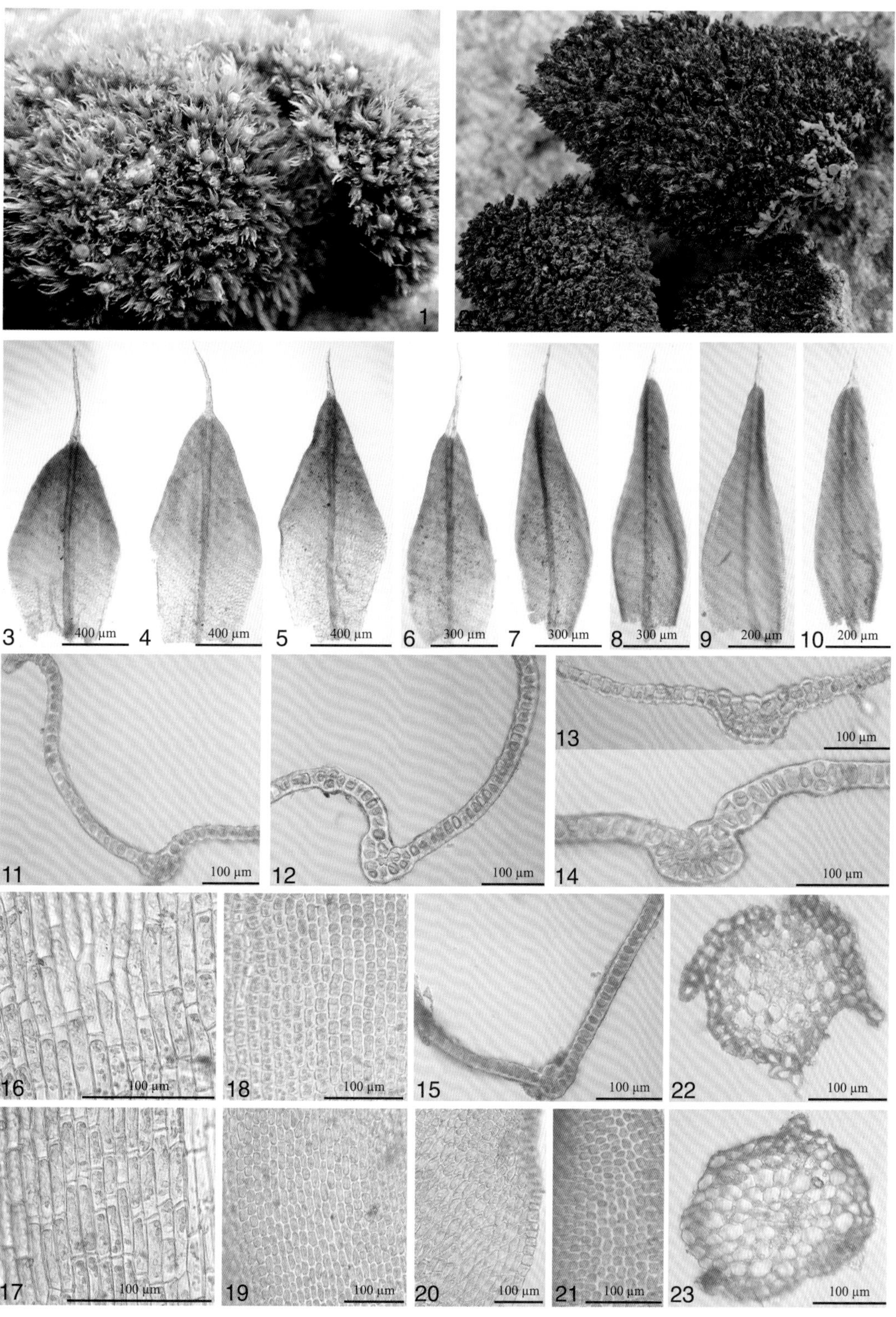

1~2. 植物群落；3~10. 叶片；11~15. 叶横切面；16~17. 叶基部细胞；18~19. 叶中部细胞；
20~21. 叶上部细胞；22~23. 茎横切面
（凭证标本：买买提明·苏来曼 31125，XJU）

94 曹氏紫萼藓 *Grimmia caotongiana* D. P. Zhao, S. Mamtimin & S. He sp. nov.

植物体密集成垫状，有时候苍白色。茎直立，不规则分枝，高 0.7~1 cm，叶宽卵形、披针形，内凹，叶干燥时紧贴，瓦状覆盖，湿润时直立至向上伸展，叶边中部边缘背卷，上部扁平；中肋单一，粗壮，延伸，在叶端前消失；近中肋细胞通常无色透明，且细胞壁比边缘细胞明显加厚；基部中肋两侧细胞正方形至长方形，薄壁；基部近边缘细胞正方形至长方形，薄壁，横壁明显厚于纵壁；叶中部和上部细胞圆方形至短方形，厚壁，深波状，单层或部分两层。雌雄异株。孢子体常见；雌苞叶与茎叶同形；蒴柄短而弯曲，“S”形；孢蒴内隐，近球形，膨大，不对称，平滑，淡黄色；气孔明显大。

标本鉴定：大库孜巴依林场，MS 24670；海拔：2 446 m。

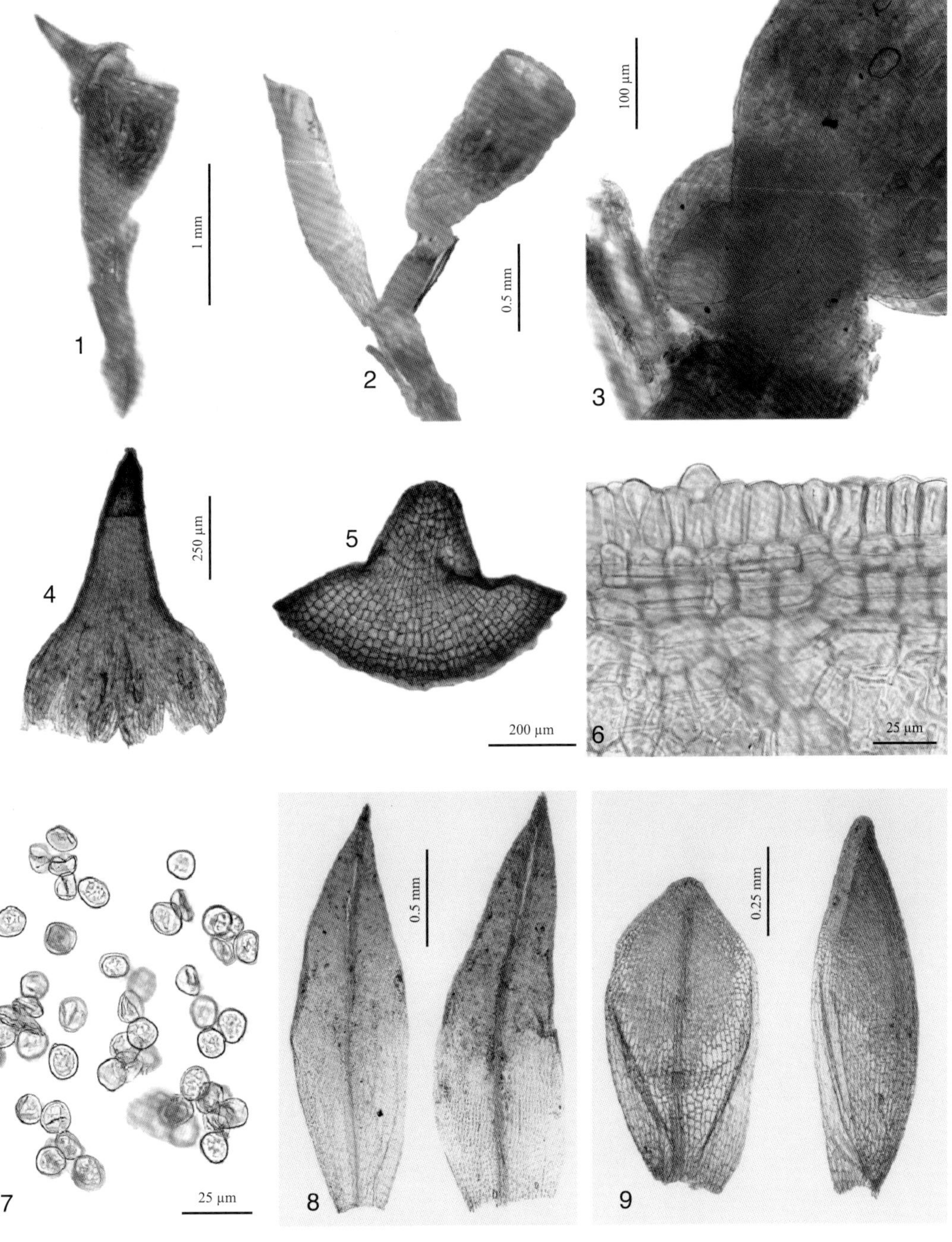

1~2. 孢蒴；3. 气孔；4. 蒴帽；5. 蒴盖；6. 环带细胞；7. 孢子；8. 雌苞叶；9. 雄苞叶
（凭证标本：买买提明·苏来曼 24670 Holotype, XJU）

1. 植物体（干）；2. 植物体（湿）；
3. 植株；4. 叶片；5. 叶尖；
6. 叶中部细胞；7. 叶基部细胞
（凭证标本：买买提明·苏来曼 24670 Holotype, XJU）

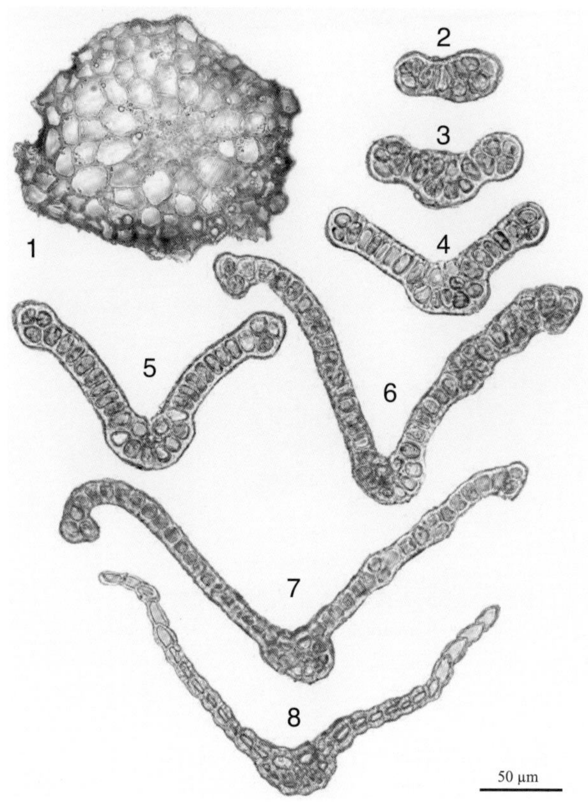

1. 茎横切面；2~8. 叶基部和中部横切面
（凭证标本：买买提明·苏来曼 24670 Holotype, XJU）

95 直叶紫萼藓 *Grimmia elatior* Bruch ex Bals. & De Not.

植物体粗壮，疏松，深绿色至黑绿色。茎直立或上倾，无中轴。叶干燥时直立或略扭曲，松散紧贴至略扭曲，湿润时半倾立，披针形至卵状披针形，叶缘一侧背卷；叶尖细尖至渐尖形，具龙骨状突起；毛尖短至长，具弱细齿；中肋单一，基部弱，上部具小沟；基部中肋两侧细胞为伸长的长方形，具深波状结节的厚壁；基部近边缘细胞方形至长方形，透明，薄至厚壁，横厚壁于纵壁；叶中部和上部细胞方形至短长方形，厚壁，不透明，深波状。无芽胞。雌雄异株。蒴柄弓形，长；孢蒴伸出，棕色，下弯至横着，卵形；孢蒴基部具气孔；环带 affinis 型；蒴齿红色，穿孔并分裂，基部平滑，上部具疣；蒴盖圆锥形，长直喙状；蒴帽尖帽形；孢子 10~15 μm，颗粒状。

标本鉴定：木扎特河流域，MS 24965；海拔：2 000~2 660 m。

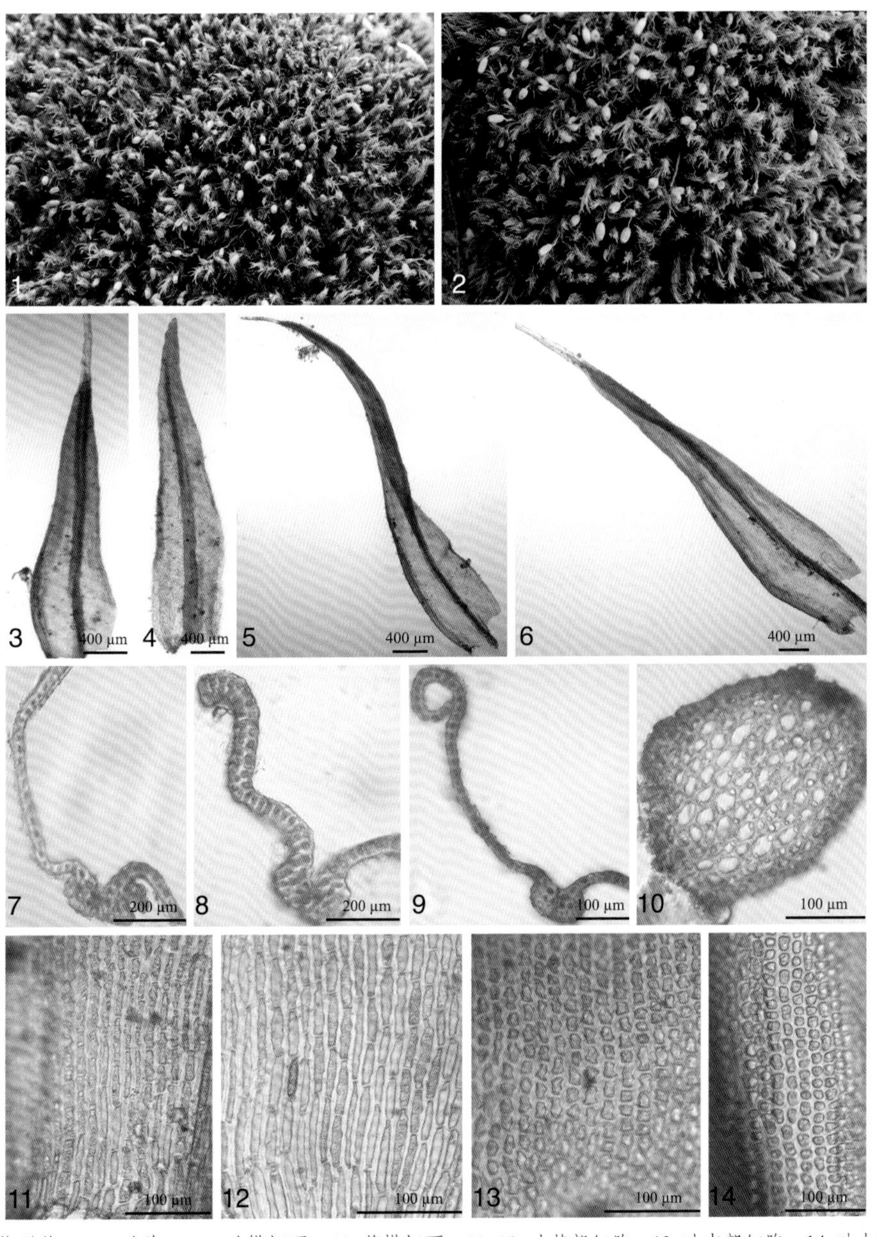

1~2. 植物群落；3~6. 叶片；7~9. 叶横切面；10. 茎横切面；11~12. 叶基部细胞；13. 叶中部细胞；14. 叶上部细胞
（凭证标本：买买提明·苏来曼 22709，XJU）

96 近缘紫萼藓 *Grimmia longirostris* Hook.

植物体黄绿色或深绿色至黑色，密集丛生成垫状。茎直立，具中轴。叶披针形至卵状披针形，干燥时直立和紧贴，偶尔扭曲，湿润时直立至倾立，具沟，无折叠；叶缘一侧或两侧背曲；叶尖钝至渐尖形；毛尖短至长，略曲折，平滑至具细齿，未下延至略下延；中肋单一，及顶至贯顶；基部中肋两侧细胞长方形至线形，具深波状厚壁；基部近边缘细胞短长方形，厚横壁和薄纵壁，透明；叶中部和上部细胞方形，厚壁，略深波状。无芽胞。雌雄同株。蒴柄直立；孢蒴卵形至圆柱形，平滑，淡黄至褐色，对称；气孔少；环带 affinis 型，由 2~4 行长方形、厚壁细胞组成；蒴齿穿孔，表面具密疣；蒴盖圆锥形，短至长钝喙状；蒴帽兜状；孢子 7~15 μm，表面具细疣。

标本鉴定：北木扎特河流域，MS 22645；海拔：2 160~2 660 m。

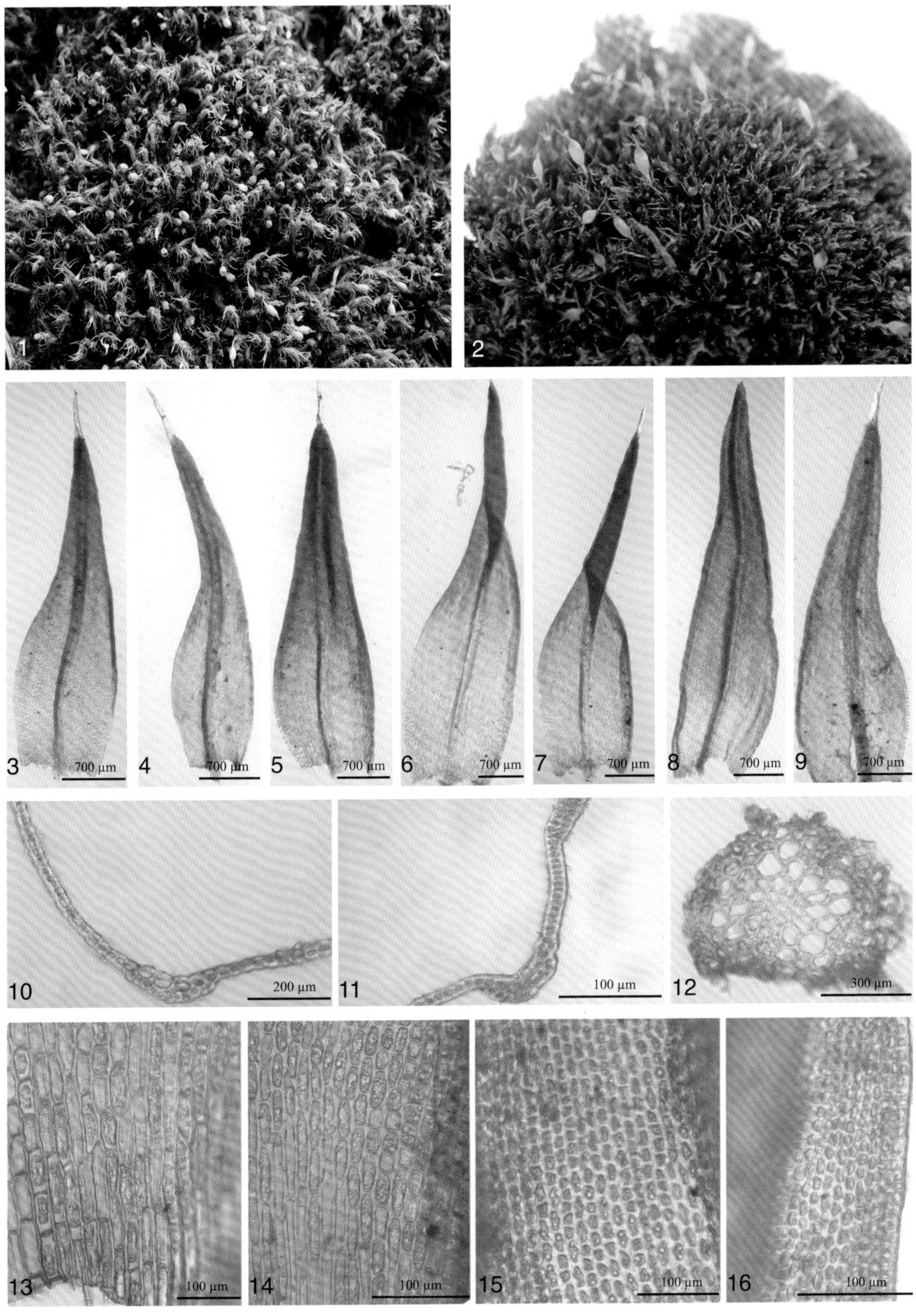

1~2. 植物群落；3~9. 叶片；10~11. 叶横切面；12. 茎横切面；13. 叶基部细胞；
14. 叶中部细胞；15~16. 叶上部细胞
（凭证标本：买买提明·苏来曼 22872，XJU）

97 紫萼藓 *Grimmia orbicularis* Bruch ex Wilson

植物体黄绿色至深绿色，密集丛生成垫状。茎直立，具中轴。叶干燥时紧贴和扭曲，湿润时直立，披针形，具龙骨状突起；叶缘两侧背曲；叶尖渐尖至钝尖，毛尖长，具略细齿或平滑；中肋单一，弱，分化；基部中肋两侧细胞长方形，深波状，具小节疣，厚壁；基部近边缘细胞短方形至长方形，厚横壁，薄纵壁；叶中部细胞近方形，厚壁，深波状；叶上部细胞圆形至方形，厚壁，单层；无芽胞。雌雄同株。蒴柄弓形；孢蒴伸出，水平或下垂，卵形，平滑，黄棕色至栗褐色；环带 affinis 型；蒴齿筛状，上部无规则裂口，表面具密疣；蒴盖凸，圆锥形，具短喙；蒴帽兜状；孢子 10~14 μm，平滑。

标本鉴定：博孜墩乡塔勒克，MS 31582；博孜墩乡库尔干，MS 32798；海拔：2 460~2 485 m。

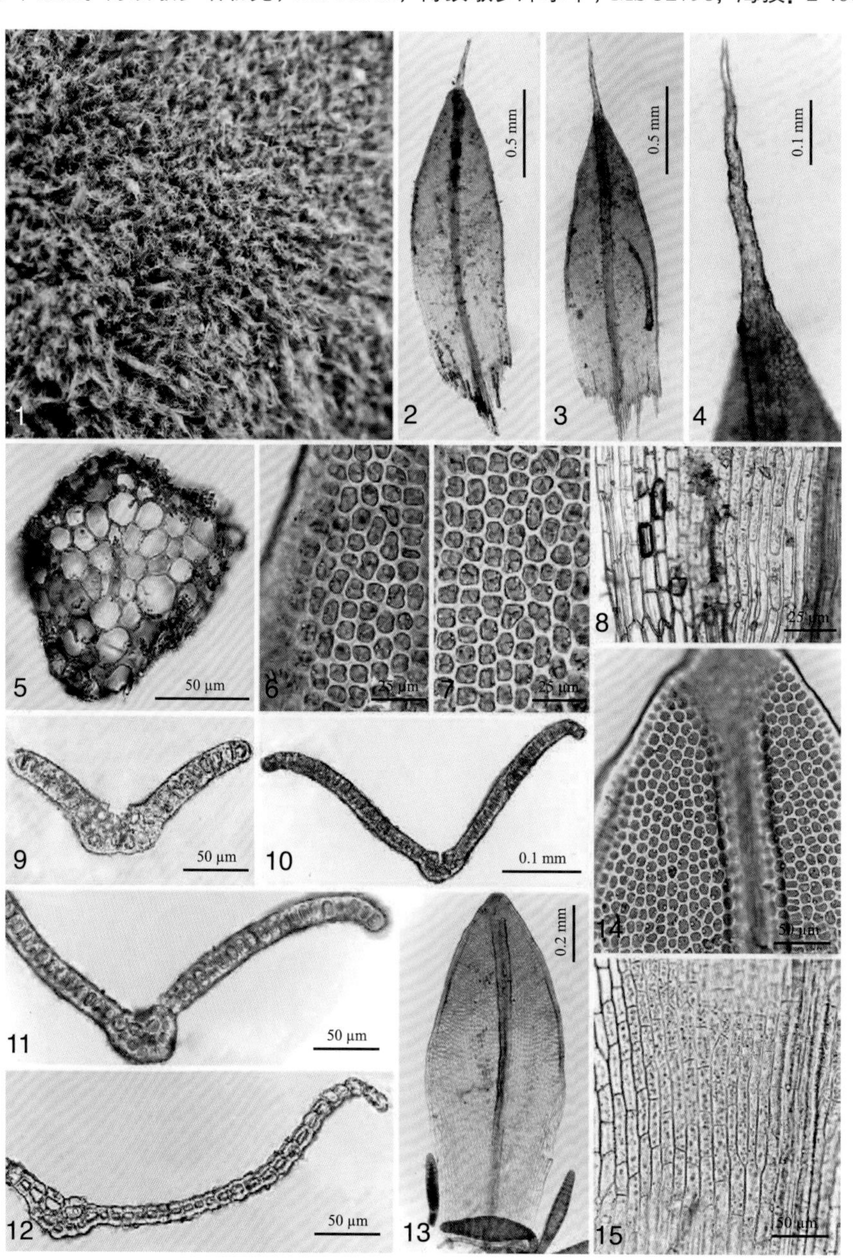

1. 植物体；2~3. 叶片；4. 叶毛尖；5. 茎横切面；6. 叶上部边缘细胞；7. 叶中部细胞；8. 叶基部细胞；9. 叶尖部横切面；10~11. 叶中部横切面；12. 叶基部横切面；13. 苞叶和芽胞；14. 苞叶上部细胞；15. 苞叶基部细胞

（凭证标本：买买提明·苏来曼 31582，XJU）

98 卵叶紫萼藓 *Grimmia ovalis* (Hedw.) Lindb.

植物体深绿色至棕黑色，疏松丛生。茎直立至上倾，具中轴。叶卵形至披针形，干燥时直立至曲折，覆瓦状，湿润时半倾立，内凹；叶缘扁平，略内折，上部两层，下部单层；叶急尖；毛尖圆柱状，略具细齿，没下延；中肋单一，叶上部弱分化，贯顶；基部中肋两侧细胞长矩形，平滑至具小节疣，厚壁；基部近边缘细胞长方形，具厚横壁和薄纵壁，无分化；叶中部细胞圆形至方形，厚壁；叶上部细胞方形，厚壁，两层，平滑；雌雄异株。蒴柄直；孢蒴伸出，卵形，平滑，黄褐色；具气孔；环带，由2~3行长方形、厚壁细胞组成，affinis型；蒴齿上部具裂口，表面具密疣；蒴盖具斜喙；蒴帽兜状；孢子8~11 μm，平滑。

药用全草。具有利尿的功能，用于治疗水肿。

标本鉴定：小库孜巴依林场，MS 24633；北木扎特河流域，MS 22601；海拔：2 150~2 660 m。

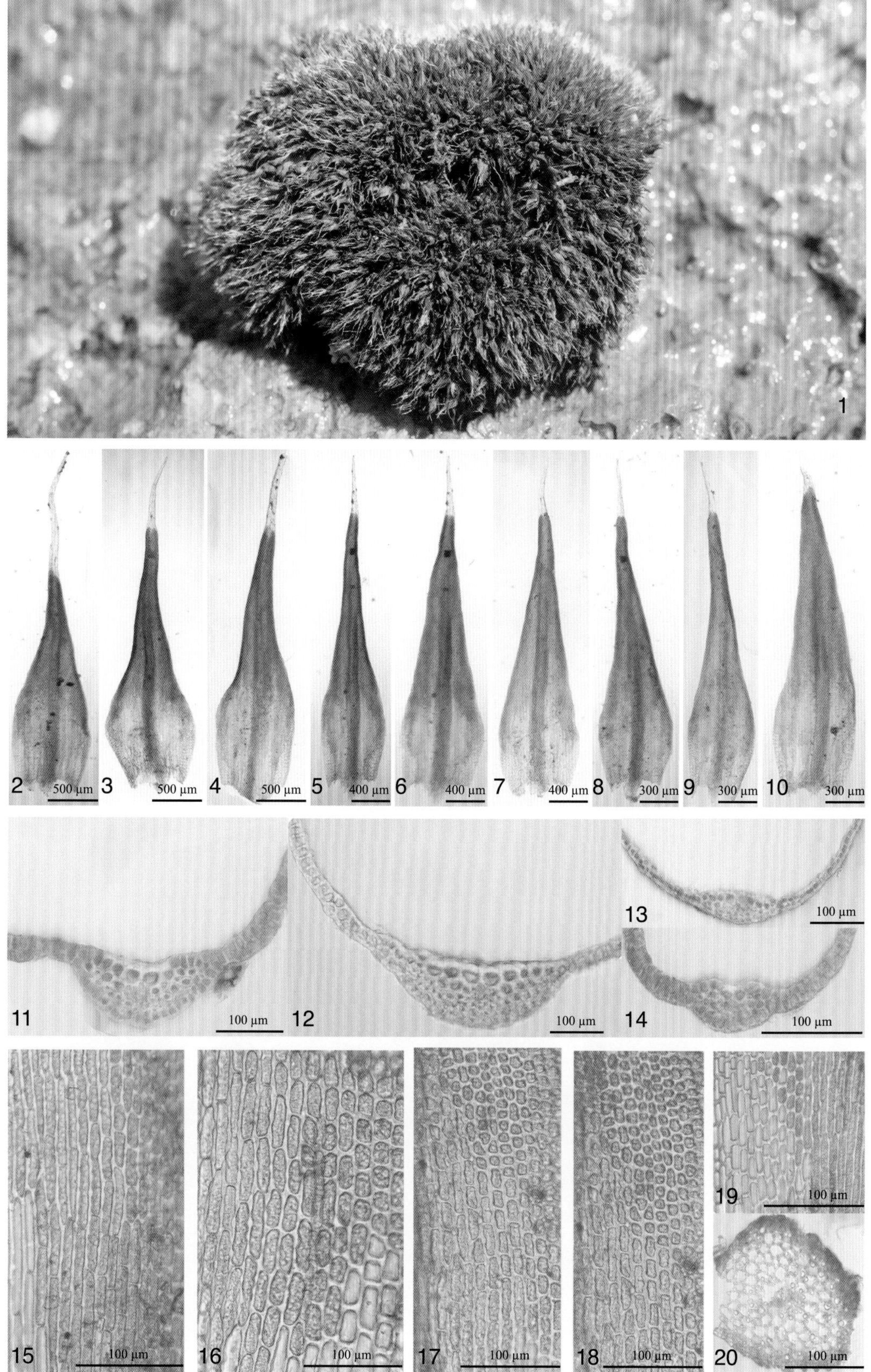

1. 植物群落；2~10. 叶片；11~14. 叶横切面；15~16. 叶基部细胞；17~18. 叶中部细胞；19. 叶上部细胞；20. 茎横切面

（凭证标本：买买提明·苏来曼 24633，XJU）

99 毛尖紫萼藓 *Grimmia pilifera* P. Beauv.

植物体粗壮，深绿色至棕色，疏松丛生。茎直立至上倾，无中轴。叶干燥时直立至紧贴，湿润时半倾立，披针形，具龙骨状突起；上部叶缘扁平，下部一侧或两侧背卷；叶尖钝至急尖；毛尖圆柱状，长，直立至扭曲，具细齿；中肋单一，贯顶，分化；基部中肋两侧细胞短矩形至线形，深波状，具薄横壁和厚纵壁；基部近边缘细胞方形至长方形，直至深波状，具厚横壁和薄纵壁，透明；叶中部细胞方形至短矩形，深波状，厚壁；叶上部细胞方形至短矩形，略深波状，厚壁，两层，叶缘多层；无芽胞。雌雄异株。蒴柄直立，短；孢蒴内隐，卵形，平滑，对称，淡黄色；具气孔；环带 affinis 型，由 2~3 层长方形厚壁细胞组成；蒴齿上部无规则裂口，具横脊，面具密疣；蒴盖具长喙；蒴帽尖帽形；孢子 10~17 μm，近平滑，微小的颗粒状。

药用全草，有一定的抑菌作用。

标本鉴定：小库孜巴依林场，MS 11865；北木扎特河流域，MS 22767；海拔：2 160~2 640 m。

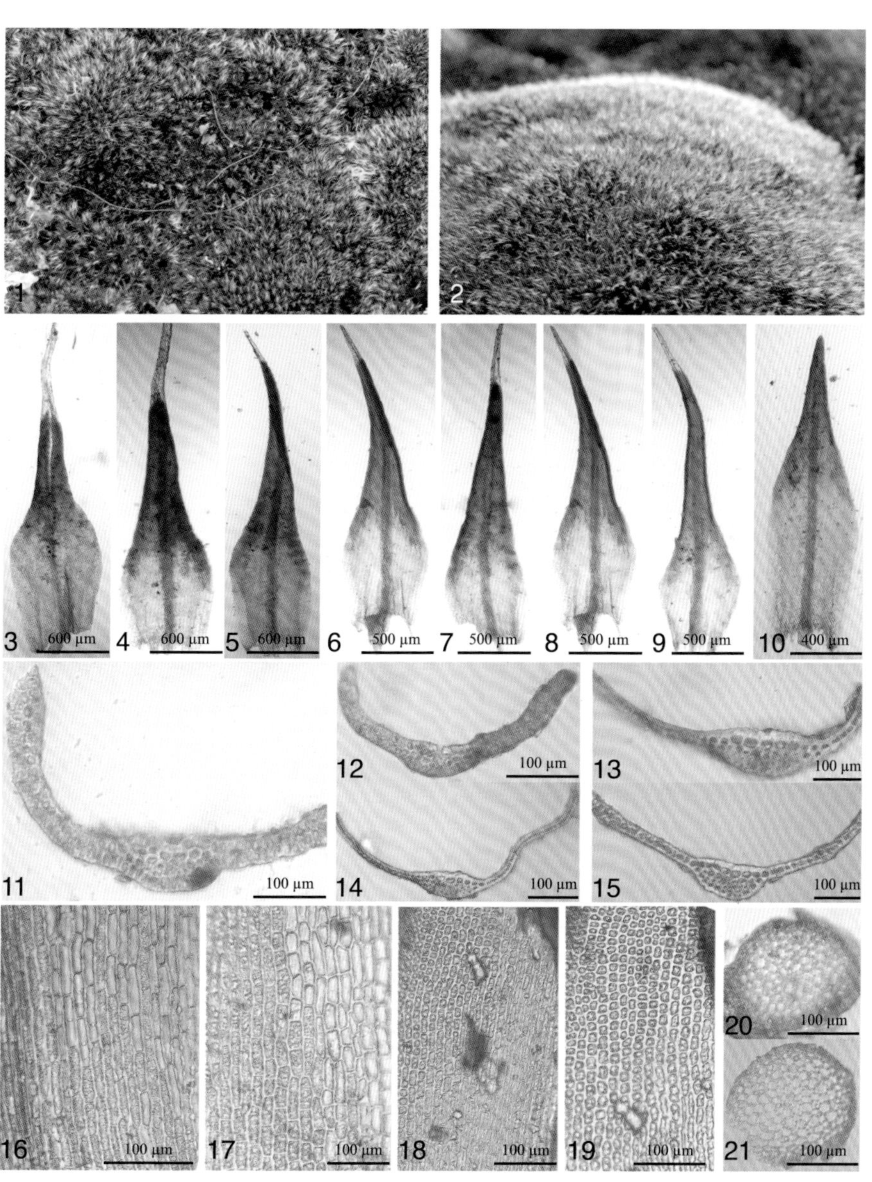

1~2. 植物群落；3~10. 叶片；11~15. 叶横切面；16~17. 叶基部细胞；18. 叶中部细胞；19. 叶上部细胞；20~21. 茎横切面（凭证标本：买买提明·苏来曼 MS 11865，XJU）

100 南欧紫萼藓 *Grimmia tergestina* Tomm. ex Bruch & Schimp.

植物体密集丛生成垫状，深绿色或黑色。茎直立，具中轴。叶直立，紧贴，干燥时、湿润时倾立，卵状至披针形，内凹；叶缘扁平，上部内卷；叶尖钝至急尖；叶片两层；毛尖长，平滑至具细齿，下延；中肋单一，贯顶；基部中肋两侧细胞长方形，厚壁；基部近边缘细胞长方形，厚壁，透明，具薄纵壁和厚横壁；叶中上部细胞圆形至方形，略深波状，两层，厚壁；无芽胞。雌雄异株。蒴柄直立；孢蒴内隐，对称，卵形，平滑；具气孔；环带 affinis 型，由 3 行细胞组成；蒴齿三角状，穿孔，表面具密疣；蒴盖圆锥形，具喙；蒴帽尖帽形，平滑；孢子 8~16 μm，微颗粒状。

标本鉴定：塔克拉克，MS 24260；小库孜巴依林场，MS 11858；大库孜巴依林场，MS 24718；铁兰河流域，MS 31371；北木扎特河流域，MS 30234；海拔：2 150~2 800 m。

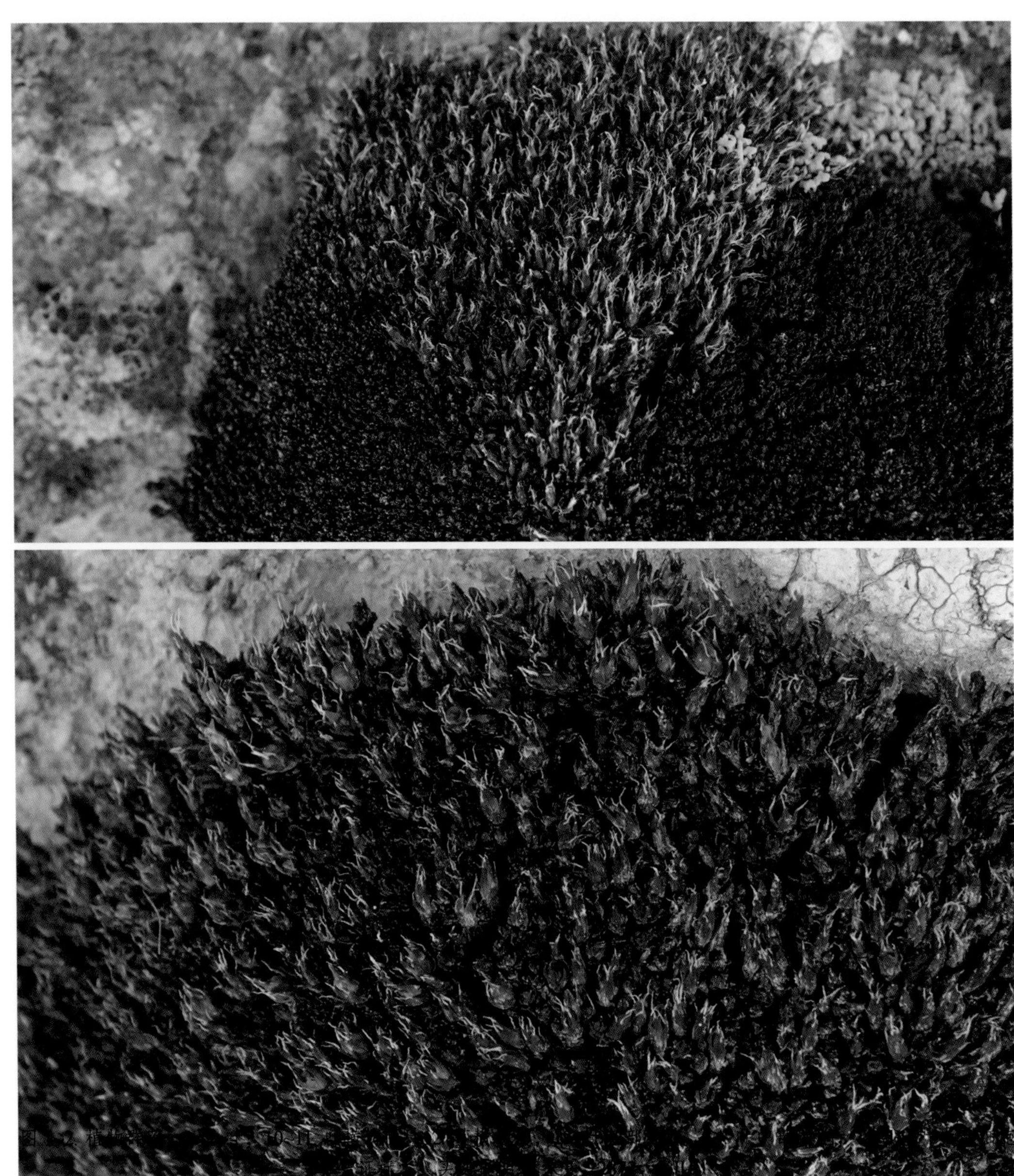

101 厚边紫萼藓 *Grimmia unicolor* Hook.

植物体密集丛生成垫状，淡绿色至红棕色。茎直立至上倾；叶长圆状披针形至舌状，干燥时紧贴，湿润时呈“S”形，内凹，上部兜状；叶缘两侧内卷；叶尖钝；无毛尖；中肋单一，在叶端前消失，略分化；基部中肋两侧细胞短矩形，具直，加厚壁；基部近边缘细胞短矩形，具薄纵壁和厚横壁，透明；叶中部细胞圆形至方形，平直，厚壁；叶上部细胞圆形，厚壁，两层或多层；无芽胞。雌雄异株。蒴柄直立至略“S”形；孢蒴伸出，卵形，平滑，棕色；具气孔；环带affinis 型，由2~3行长方形厚壁细胞组成；蒴齿红棕色，全缘，上部穿孔，表面具密疣；蒴盖具圆锥形，长喙；蒴帽尖帽形；孢子8~13 μm，表面近平滑至具细疣。生境：生于裸露的岩石或岩面薄土上。

标本鉴定：铁兰河流域，MS 31373；海拔：2 420~2 570 m。

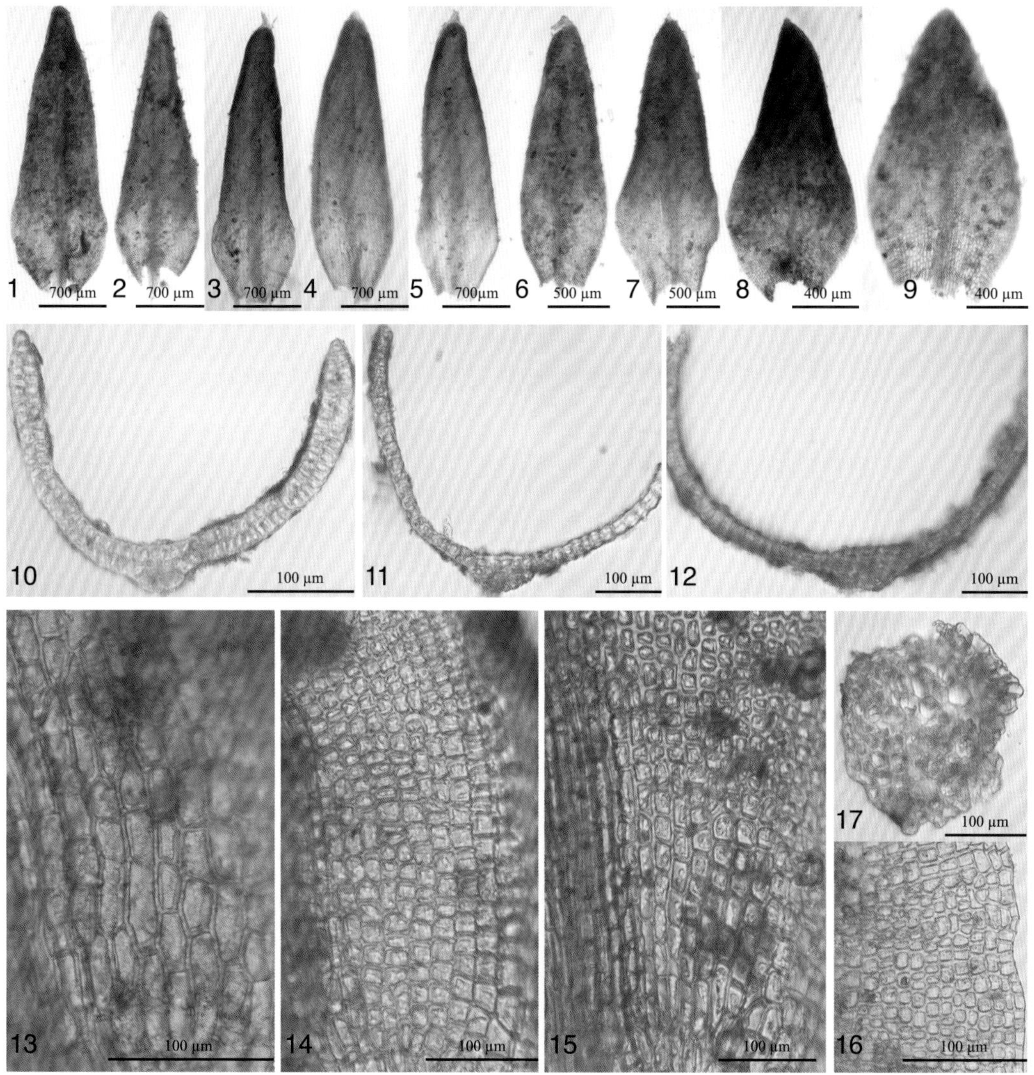

1~9. 叶片；10~12. 叶横切面；13. 叶基部细胞；14~15. 叶中部细胞；16. 叶上部细胞；17. 茎横切面

（凭证标本：买买提明·苏来曼 31373，XJU）

102 旱藓 *Indusiella thianschanica* Broth. & Müll. Hal.

植物体小，密集丛生，深棕色至黑色；茎中轴强壮。叶椭圆形至舌状；叶尖钝尖至宽急尖；中肋单一，强壮；基部细胞异质，扁球形，方形至短长方形，具厚横壁；叶中上部细胞方形或长方形，厚壁。雌雄同株。蒴柄直立，短；孢蒴外出，直立，对称，近球形；环带分化；蒴齿直立，上部无规则穿孔，具细刺；孢子球形，9~12 μm。

标本鉴定：塔克拉克，MS 24260；破城子，MS 30136；大库孜巴依林场，MS 32544；海拔：2 020~2 750 m。

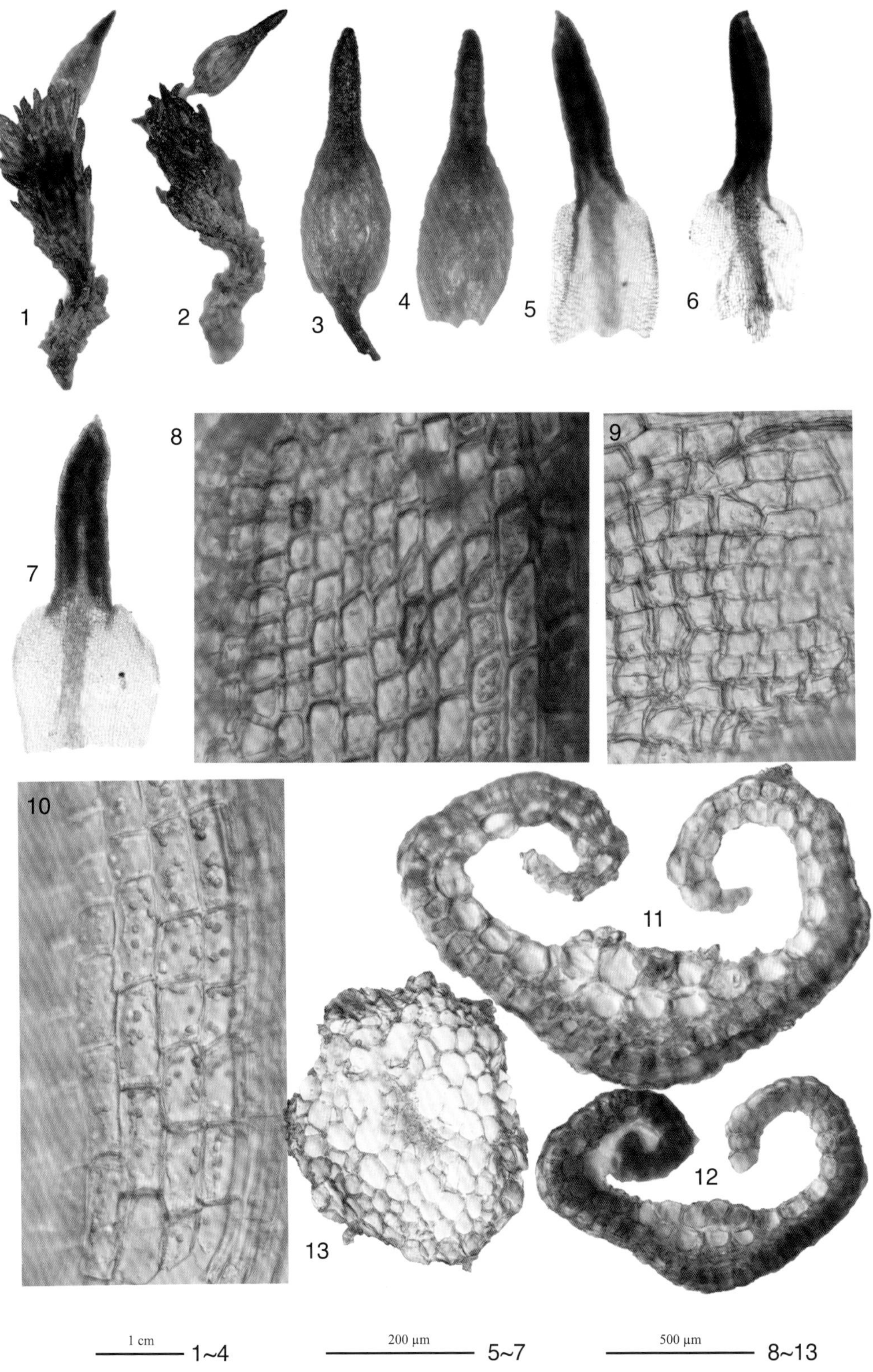

1. 植物体（湿）；2. 植物体（干）；3~4. 孢蒴；5~7. 叶片；8~9. 叶中部细胞；10. 叶基部细胞；11~12. 叶横切面；13. 茎横切面

（凭证标本：买买提明·苏来曼 30136，XJU）

103 缨齿藓 *Jaffueliobryum wrightii* (Sull.) Thér.

植物体小，密集丛生，黄绿色或褐色，苍白；茎直立，长穗状，分枝，中轴分化。叶干燥时瓦状覆盖，湿润时直立、伸展，宽椭圆形至阔卵形，内凹；叶边缘扁平；叶尖钝尖；毛尖长，透明；中肋单一，强壮，及顶；基部细胞方形至短长方形，透明，薄壁；叶中部细椭圆形至无规则胞菱形，厚壁；叶上部细胞圆形或椭圆形或方形至菱形，厚壁。雌雄同株。蒴柄直立，短；孢蒴内隐，卵形，直立，棕色；蒴齿披针形，穿孔，表面具密疣；环带分化，由 2~3 行厚壁细胞组成；蒴盖圆锥形，具短、钝喙；蒴帽尖帽形，基部具不规则缺刻；孢子 7~9 μm。

标本鉴定：破城子库尔干，MS 31608；海拔：2 480 m。

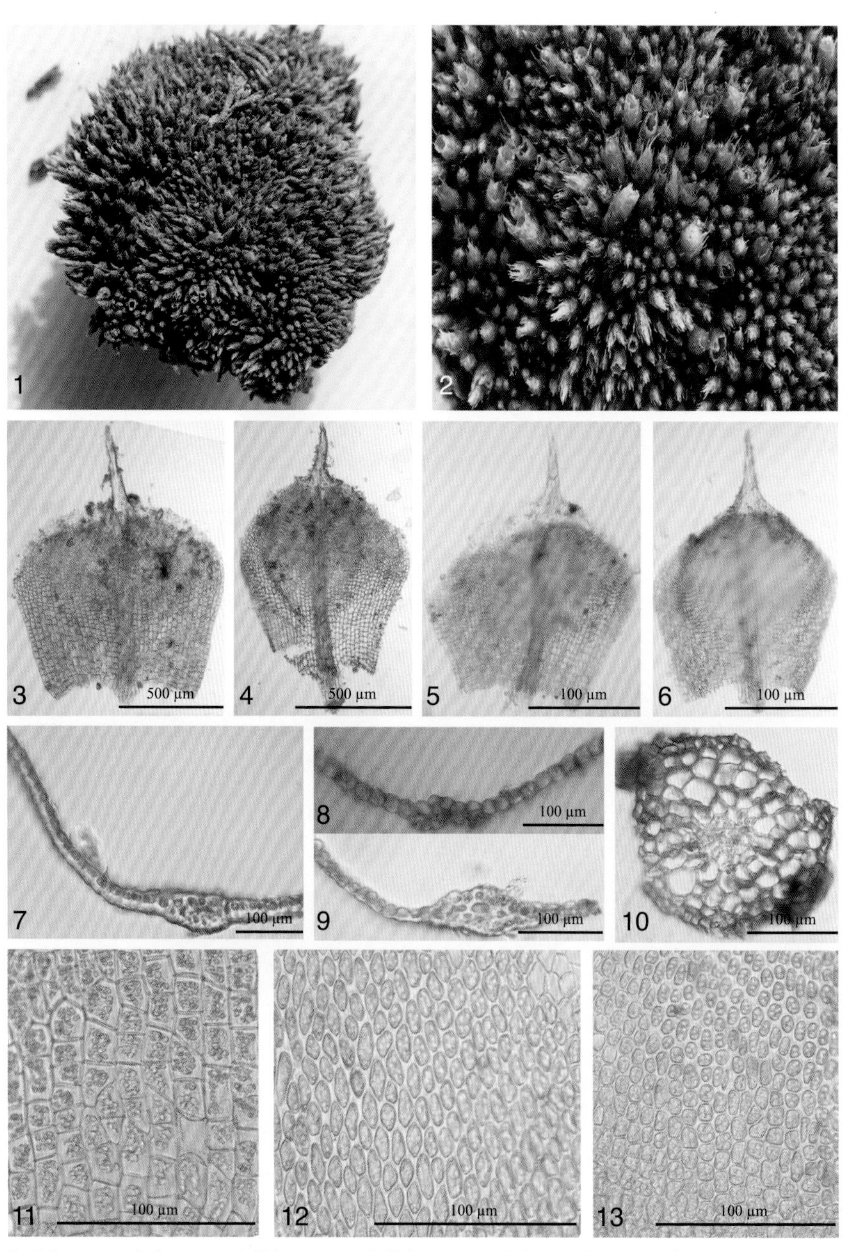

1~2. 植物群落；3~6. 叶片；7~9. 叶横切面；10. 茎横切面；11. 叶基部细胞；12. 叶中部细胞；13. 叶上部细胞
（凭证标本：买买提明·苏来曼 31608，XJU）

104 圆蒴连轴藓 *Schistidium apocarpum* (Hedw.) Bruch & Schimp.

植物体长，密集成垫状。茎直立，具中轴。叶干燥时直立至半倾立，瓦状覆盖，湿润时伸展，具龙骨状突起，卵形至披针形，叶边缘背卷，上部具齿，一层或两层；叶尖急尖或钝尖；毛尖无下延，无或具无规则、半倾立至粗糙细齿；中肋单一，粗壮，及顶或贯顶，平滑或具略细齿；基部中肋两侧细胞长方形，厚壁；基部近边缘细胞方形至长方形，薄壁，略深波状；叶中部和上部细胞圆形至方形，深波状，单层或部分两层。雌雄同株。孢子体常见；蒴柄短；孢蒴内隐，短圆柱形，直立；具气孔；无环带；蒴齿倾立至直立，上部具密疣；蒴盖圆锥形，具短、钝喙；蒴帽兜状；孢子 9~19 μm，颗粒状，多具疣。

标本鉴定：北木扎特河流域，MS 22721；海拔：2 660 m。

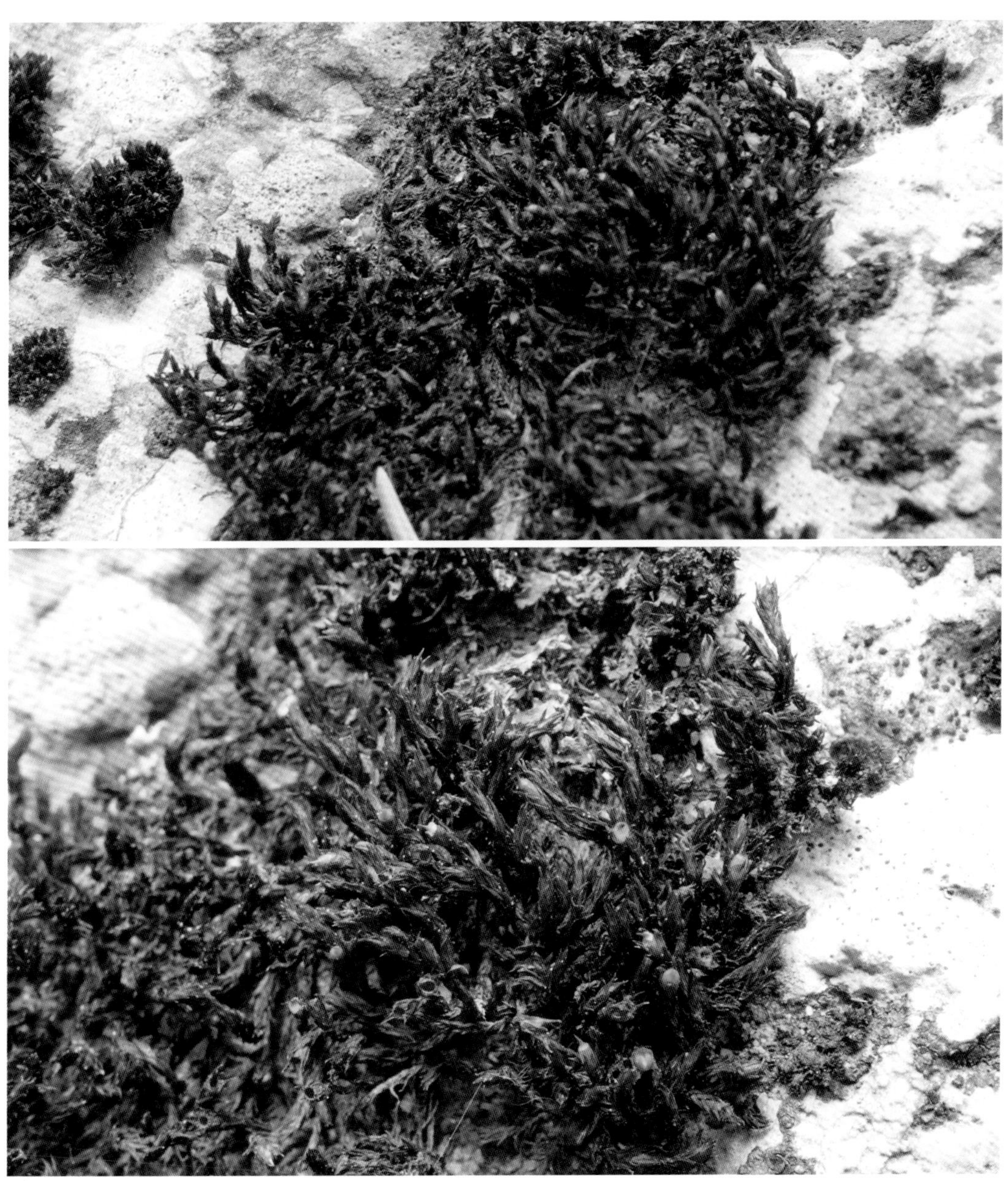

105 美丽连轴藓（新拟）*Schistidium pulchrum* H. H. Blom

植物橄榄色，有时呈棕色，高 1.5~5 cm；叶片直立，卵状长披针形，叶片远端锐利呈龙骨状；孢蒴橙棕色，圆柱形，长 0.8~1.3 mm，在晚春至初夏形成。形态上，美丽连轴藓与 *S. apocarpum* 相似，但其植株较小，叶片较短，且直立不弯曲，上部叶缘基本全缘。

标本鉴定：大库孜巴依，MS 7252；海拔：2 400 m。

1. 植物群落；2~4. 植物体；5. 孢蒴；6~8. 叶片；9. 苞叶；10. 叶横切面
（凭证标本：买买提明·苏来曼 7252，XJU）

106 溪岸连轴藓 *Schictidium rivulare* (Brid.) Podp.

植物体中等大小至粗壮，高达 6 cm，上部绿色或黄绿色，下部深褐色或黑褐色，常呈大型松散藓丛。茎分枝多，具分化的中轴细胞。叶干燥时贴茎覆瓦状排列，湿润时伸展，长 1.6~2.8 mm，卵圆形或卵状披针形，常向侧偏斜，不对称，先端无白色毛尖，略内凹；叶边两侧背卷，全缘或上部有不规则细齿突；中肋在先端前消失，背面凸起；叶上部细胞单层或部分两层。圆方形或近圆形，宽 7~9 μm。厚壁；基部近边缘细胞方形或近方形，宽 7~12 μm；基部中肋两侧细胞长形，长 12~15 um，宽 7~9 μm。雌苞叶明显大于茎叶。雌雄同株。蒴柄短于孢蒴，直立，长约 0.5 mm；孢蒴内隐，深褐色，半球形。直立，对称，长约 1.0 mm，口部宽阔；蒴齿披针形，红褐色，上部具穿孔和密疣，下部有稀疣。环带不分化。蒴帽兜状。蒴盖具斜喙。孢子较大，15~19 μm。

标本鉴定：小库孜巴依林场，MS 24623；北木扎特河流域，MS 22682；海拔：2 200 m。

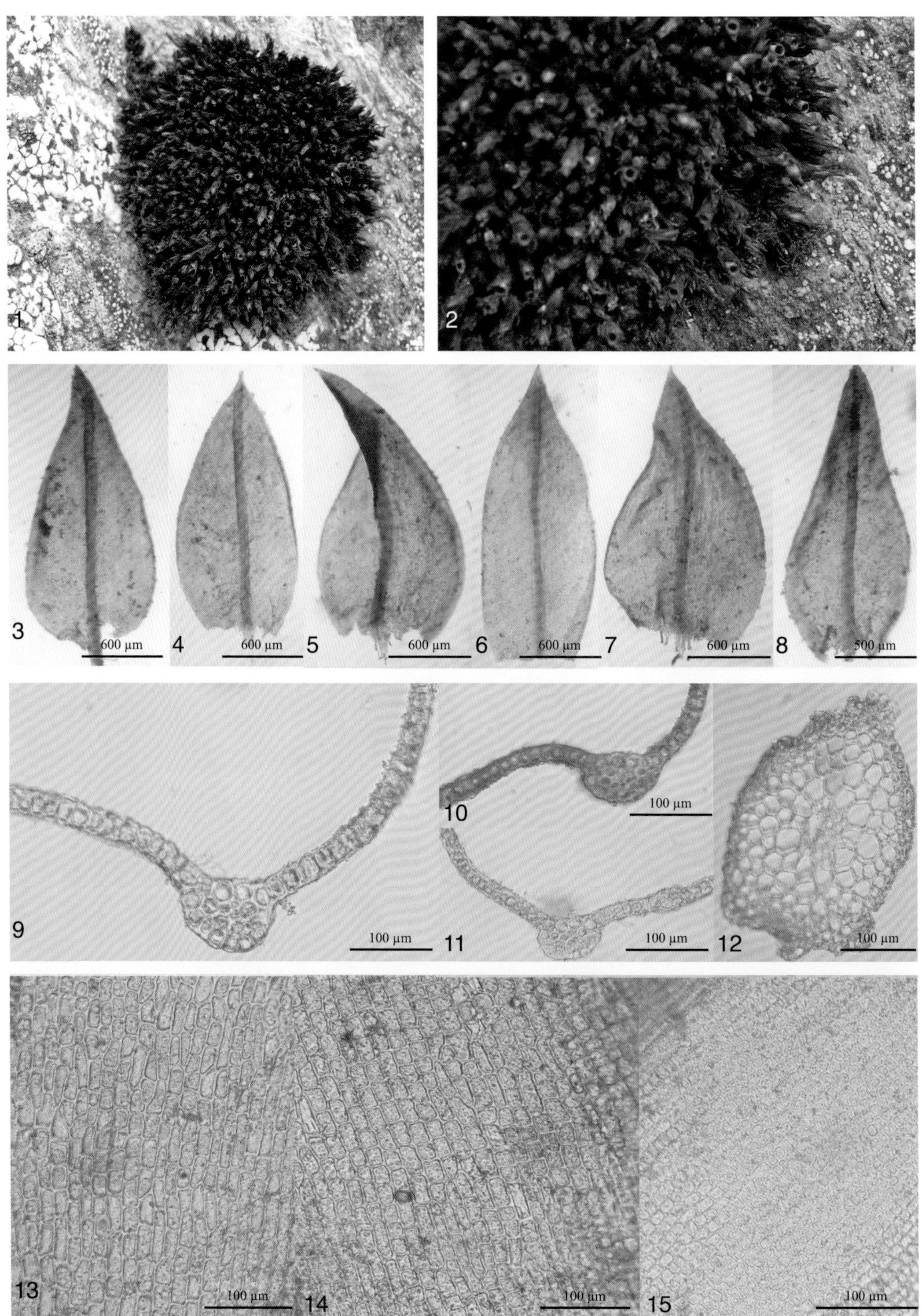

1~2. 植物群落；3~8. 叶片；9~11. 叶横切面；12. 茎横切面；13. 叶基部细胞；14. 叶中部细胞；15. 叶上部细胞
（凭证标本：买买提明·苏来曼 24623，XJU）

二十八、葫芦藓科 Funariaceae Schwägr.

1~2 年生，植物体矮小，土生藓类，往往在土表稀疏丛生。茎短，直立，单生，稀分枝，多具分化中轴，其外具疏松排列的薄壁细胞形成的基本组织，外表皮由较狭的厚壁细胞组成。茎基部丛生假根。叶直立或倾立着生于茎顶端，且顶叶较大，呈莲座丛状；叶片呈卵形、倒卵形或长椭圆状披针形，叶质柔薄，先端急尖或渐尖，具小尖头或细尖头；叶缘多不分化，平滑或锯齿状；中肋细薄，往往在叶尖稍下部消失，稀长达顶部或突出叶尖；细胞排列疏松，呈不规则的多角形，叶片上部细胞稀呈菱形，基部细胞多呈狭长方形，有时近边缘细胞呈长形排列，较紧密，细胞薄壁，平滑无疣。多数雌雄同株，孢蒴长梨形，孢蒴下陷或伸出苞叶，对称或不对称，多呈葫芦形，倾立或悬垂，稀直立，多数具明显台部且具多数气孔，孔呈单细胞型，空隙裂痕状，蒴壁表面平滑或具纵沟槽；生殖苞顶生，雄器孢盘状，生于主枝顶，除具多数精子器外，往往具棒槌形配丝。苞叶与茎叶同形。具胚带。蒴齿双层、单层或缺如，在双齿层中，外层的齿片与内层的齿条相对排列，内齿层无基膜和齿毛，内齿层与外齿层等长，或略短于外齿层，黄色，有基膜，或不发达；齿片 16 枚，多向右旋转，腹面及两侧均具有粗横隔。蒴盖多呈半圆状平凸，稀呈喙状或不分化。蒴帽兜形，膨大具喙，稀冠形。孢子中等大小，红褐色，平滑或具疣。

葫芦藓属 *Funaria* Hedw.

107 直蒴葫芦藓 *Funaria discelioides* Müll. Hal.

植物体细小，疏丛生。茎单生，直立，长3~5 mm。叶片干时卷曲，湿时伸展，叶尖往往向背面弯曲，叶片长1.5~2.6 mm，宽0.4~1.6 mm，呈狭长披针形或卵状披针形，先端渐尖或细长呈刚毛状，叶边全缘；中肋单一，长达叶尖，且突出成芒状尖头；叶细胞薄壁，呈长方形或不规则菱形，长41.6~104 μm，宽20.8~31.2 μm，向基部细胞延长为狭长方形，长140~150μm，宽26~30 μm。雌雄同株。蒴柄细短，呈黄红色，长5~7mm。孢蒴直立，不对称，呈歪梨形或肾形，上部粗，下部渐细，长2~3 mm，直径1~1.2 mm，无明显的台部；蒴口部较大，直径约0.7 mm。蒴齿内外齿层对生，外齿片具斜纹条，内齿层具疣，无基膜和齿毛。孢子棕黄色，直径约23 μm，具密疣。

标本鉴定：北木扎特河流域，MS 25119；海拔：2 310 m。

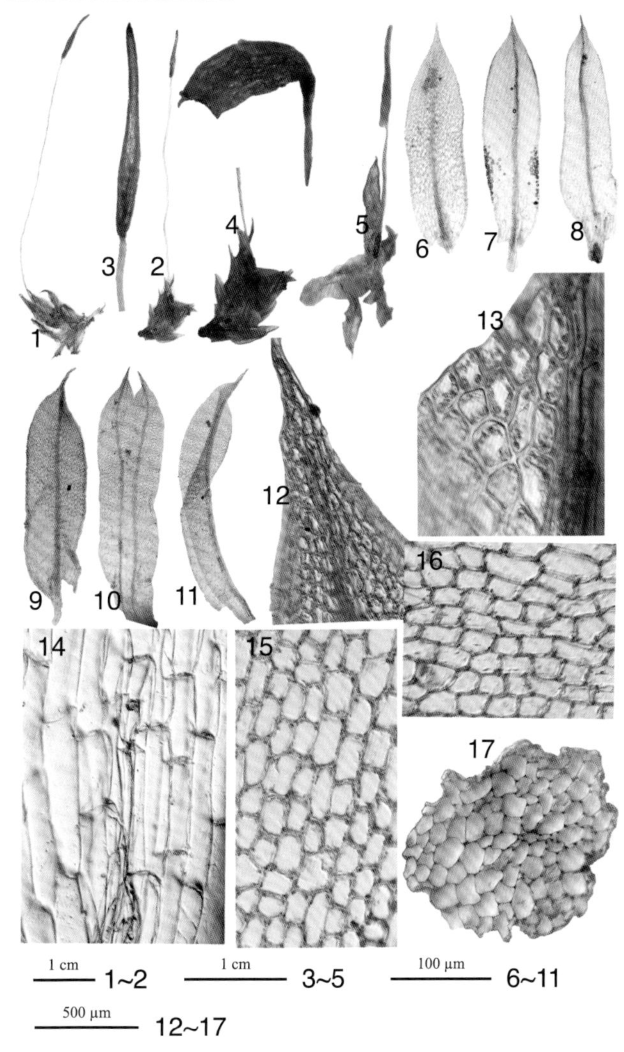

1~2、4~5. 植物体；3. 孢蒴；6~11. 叶片；12~13. 叶上部细胞；14. 叶基部细胞；15~16. 叶中部细胞；17. 茎横切面（凭证标本：买买提明·苏来曼 25119，XJU）

108 葫芦藓 *Funaria hygrometrica* Hedw.

植物体丛集或呈大面积散生，呈黄绿带红色。茎长 1~3 cm，单一或自基部分枝。叶往往在茎先端簇生，干时皱缩，湿时倾立，呈阔卵圆形、卵状披针形或倒卵圆形，先端急尖，叶边全缘，两侧边缘往往内卷，叶长 4~5 mm，宽 1.2~1.8 mm；中肋至顶或突出；叶细胞薄壁，呈不规则长方形或多边形，长 40~70 μm，宽 35~42 μm，向基部细胞增大且延伸成狭长方形，长 90~145 μm，宽 40~45 μm。雌雄同株异苞，发育初期雄苞顶生，呈花蕾状，雌苞则生于雄苞下的短侧枝上，当雄枝萎缩后即转成主枝。蒴柄细长，淡黄褐色，长 2~5 cm。下部直立，先端弯曲；孢蒴梨形，不对称，多垂倾，长 3~4.5 mm，直径 1.5~2 mm，具明显的台部，蒴壁干时有纵沟；蒴齿两层，外齿片与内层齿条对生，均呈狭长披针形。蒴盖圆盘状，顶端微凸；环带宽；蒴帽兜形，先端具细长喙状尖头，形似葫芦瓢状。孢子圆球形，黄色透明，直径 12~16 μm，具密疣。

标本鉴定：亚依拉克，MS 29918；小库孜巴依林场，MS 30011；大库孜巴依林场，MS 24716；北木扎特河流域，MS 25090；海拔：1 930~2 550 m。

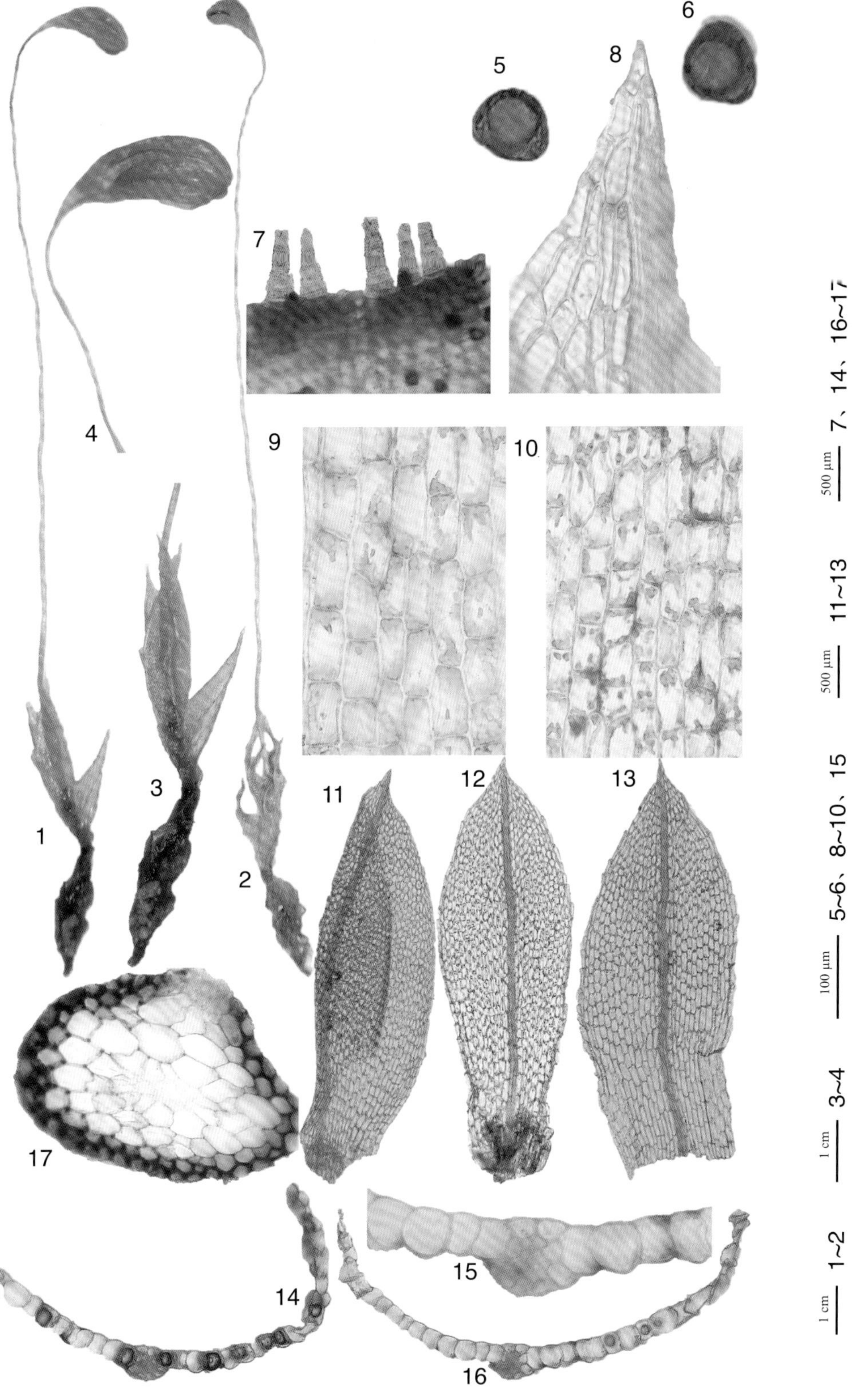

1、3. 植物体（干）；2. 植物体（湿）；4. 孢蒴；5~6. 孢子；7. 蒴齿；8. 叶上部细胞；9. 叶中部细胞；10. 叶基部细胞；11~13. 叶片；14~16. 叶横切面；17. 茎横切面

（凭证标本：买买提明·苏来曼 29918，XJU）

109 小口葫芦藓 *Funaria microstoma* Bruch ex Schimp.

植物体小，疏丛生，褐绿带棕红色，高 2~2.5 cm。茎单生，长 5~8 mm。叶干时皱缩，湿时倾立，呈卵圆状披针形或倒卵圆形，长 2~3.5 mm，宽 0.7~1 mm，先端渐尖，顶部具单细胞的细尖头，叶边全缘；中肋单一，长达叶尖；叶细胞薄壁，呈长方形或椭圆状矩形，长 75~90 μm，宽 20~32 μm，叶基部细胞伸长，呈狭长方形，长 130~150 μm，宽 26~35 μm。雌雄同株异苞，蒴柄细长，呈棕黄色，往往扭曲，先端向下弯曲，长 15~20 mm。孢蒴倾立，呈倒梨形，不对称，长 2~3 mm，直径 1~1.2 mm，台部较短且不明显，蒴壁具明显的纵沟，蒴口小，直径 3~4 mm；蒴齿双层，外齿片无横节，内齿片短小，其长度仅为外齿片的 1/2。环带发育。蒴盖圆盘状，先端微凸。蒴帽兜形，先端具细长喙状尖头。

标本鉴定：大库孜巴依林场，MS 24730；海拔：2 446 m。

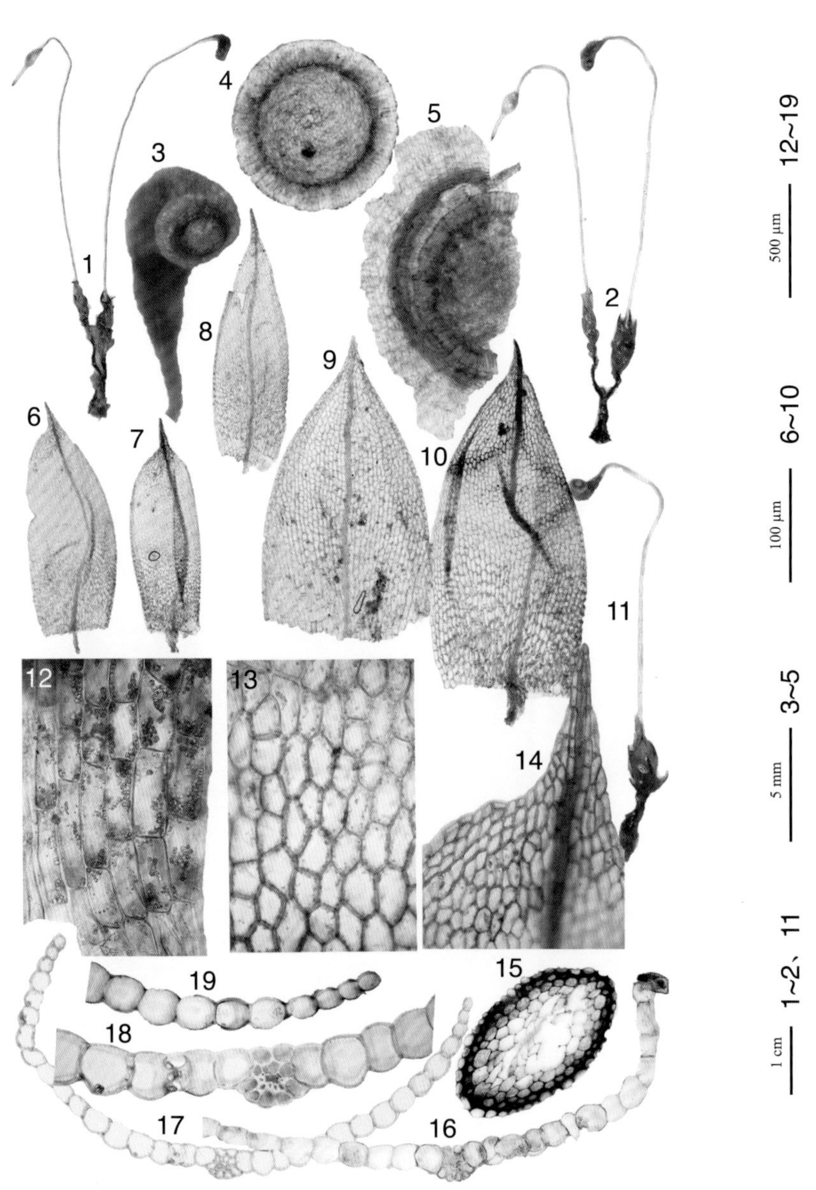

1. 植物体（干）；2、11. 植物体（湿）；3. 孢蒴；4~5. 环带；6~10. 叶片；12. 叶基部细胞；13. 叶中部细胞；14. 叶上部细胞；15. 茎横切面；16~19. 叶横切面

（凭证标本：买买提明·苏来曼 24730，XJU）

二十九、真藓科 Bryaceae Schwägr.

真藓科植物常为多年生，体型较小，丛生。茎直立，单一或分枝，基部多密生假根，高5~20 mm，也有少数种类体型较大，可达30~40 mm。下部叶较小而稀疏，上部叶大而密集，卵圆形、倒卵圆形、长圆形至披针形。中肋粗壮，长达叶中部以上至叶尖下部消失，或贯顶突出。叶细胞单层，基部细胞多长方形或近方形，中上部细胞菱形、六边形、长六角形、狭长菱形或蠕虫形。部分种常形成无性芽胞，呈椭圆形或球形。孢蒴多垂倾或直立，棒状或梨形；台部明显分化；蒴齿多双层；蒴盖圆锥形，顶部具短尖。孢子小，绿色或黄绿色，平滑或具疣。

银藓属 *Anomobryum* Schimp.

110 芽胞银藓 *Anomobryum gemmigerum* Broth.

植物体中等大小，高 0.8~3.0 cm，黄绿色，柔荑花序状。不育枝叶腋常具众多红褐色无性芽胞，数十个至成百个群居或丛集着生。孢蒴短梨形。在没有芽胞和孢蒴的情况下芽胞银藓和银藓很难区别。

标本鉴定：大库孜巴依林场，MS 24710；海拔：2 382 m。

111 狭网真藓 *Bryum algovicum* Sendtn. ex Müll. Hal.

丛生，黄绿色，基部褐色，高约 10 mm。叶片卵圆形或长卵圆形，急尖，叶尖或具细齿。中肋突出呈长芒状，尖部偶有小齿，基部红。叶中上部细胞长六角形至长椭圆形，基部细胞长方形。叶边缘背卷，分化不明显。孢蒴下垂，长梨形，蒴口明显变小，蒴盖尖端喙状，蒴齿合生。

标本鉴定：塔克拉克，MS 24489；大库孜巴依林场，MS 24719；铁兰河流域，MS 31390；北木扎特河流域，MS 25054；海拔：2 030~2 640 m。

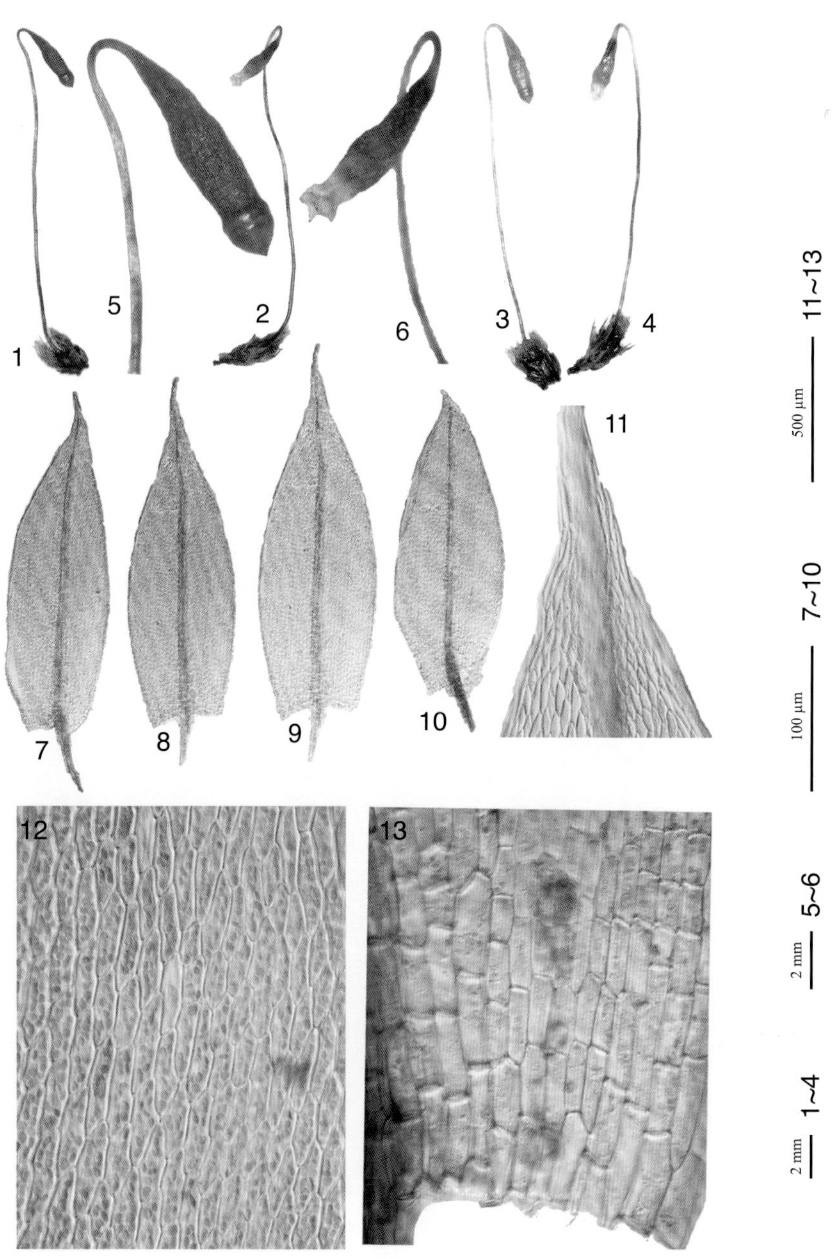

1~2. 植物体（干）；3~4. 植物体（湿）；5~6. 孢子体；7~10. 叶片；11. 叶上部细胞；
12. 叶中部细胞；13. 叶基部细胞
（凭证标本：买买提明·苏来曼 24489，XJU）

112 银叶真藓 *Bryum argenteum* Hedw.

簇生，具银白色光泽，体型小，高约 3 mm。叶片覆瓦状排列，宽卵形或近圆形，上部 1/3~1/2 处透明。中肋叶尖下消失或到顶。叶中上部细胞六角形、长圆状六角形或菱形，基部细胞长方形或近方形，绿色。叶边缘全缘，不明显分化。孢子体未见。

药用全草。味涩、性凉，有清热解毒的功能，用于治疗细菌性痢疾。此外，与葫芦藓合用治鼻窦炎有特效。

标本鉴定：塔克拉克，MS 24289；亚依拉克，MS 29933；小库孜巴依林场，MS 24544；铁兰河流域，MS 31311；北木扎特河流域，MS 25061；海拔：1 870~2 660 m。

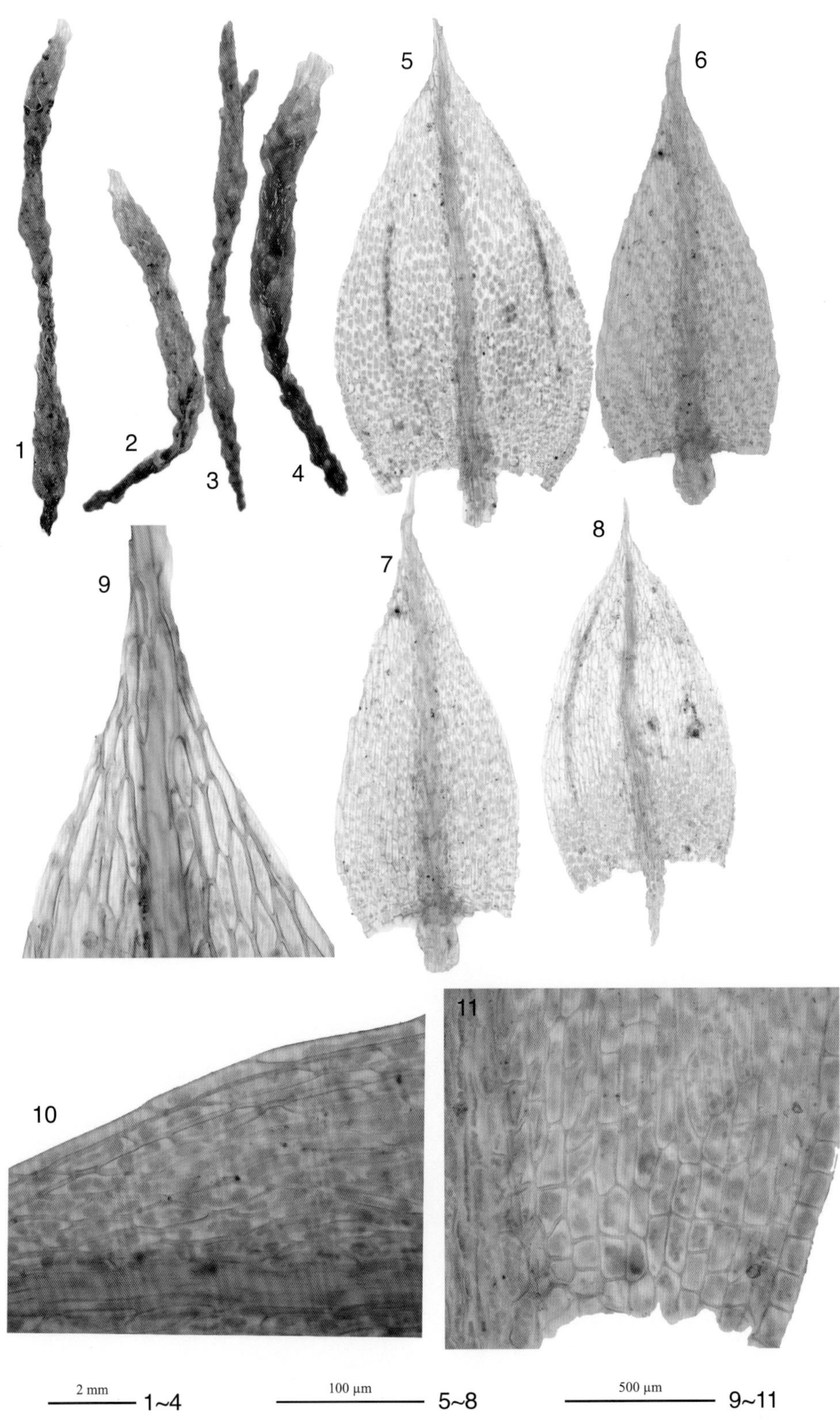

1~4. 植物体；5~8. 叶片；9. 叶上部细胞；10. 叶中部细胞；11. 叶基部细胞
（凭证标本：买买提明·苏来曼 24289，XJU）

113 极地真藓 *Bryum arcticum* (R. Br.) Bruch & Schimp.

丛生，黄绿色，体型小，高约 5 mm。叶片卵圆形或卵圆状披针形，叶尖部多全缘或具小齿。中肋贯顶突出长尖，基部红。叶中上部细胞六角形，近边缘细胞变狭，基部细胞长方形。叶边缘背卷，分化不明显，1~3 列线形细胞。孢蒴平列或下垂，梨形或长梨形。

标本鉴定：铁兰河流域，MS 31408；北木扎特河流域，MS 24860；海拔：2 310~2 610 m。

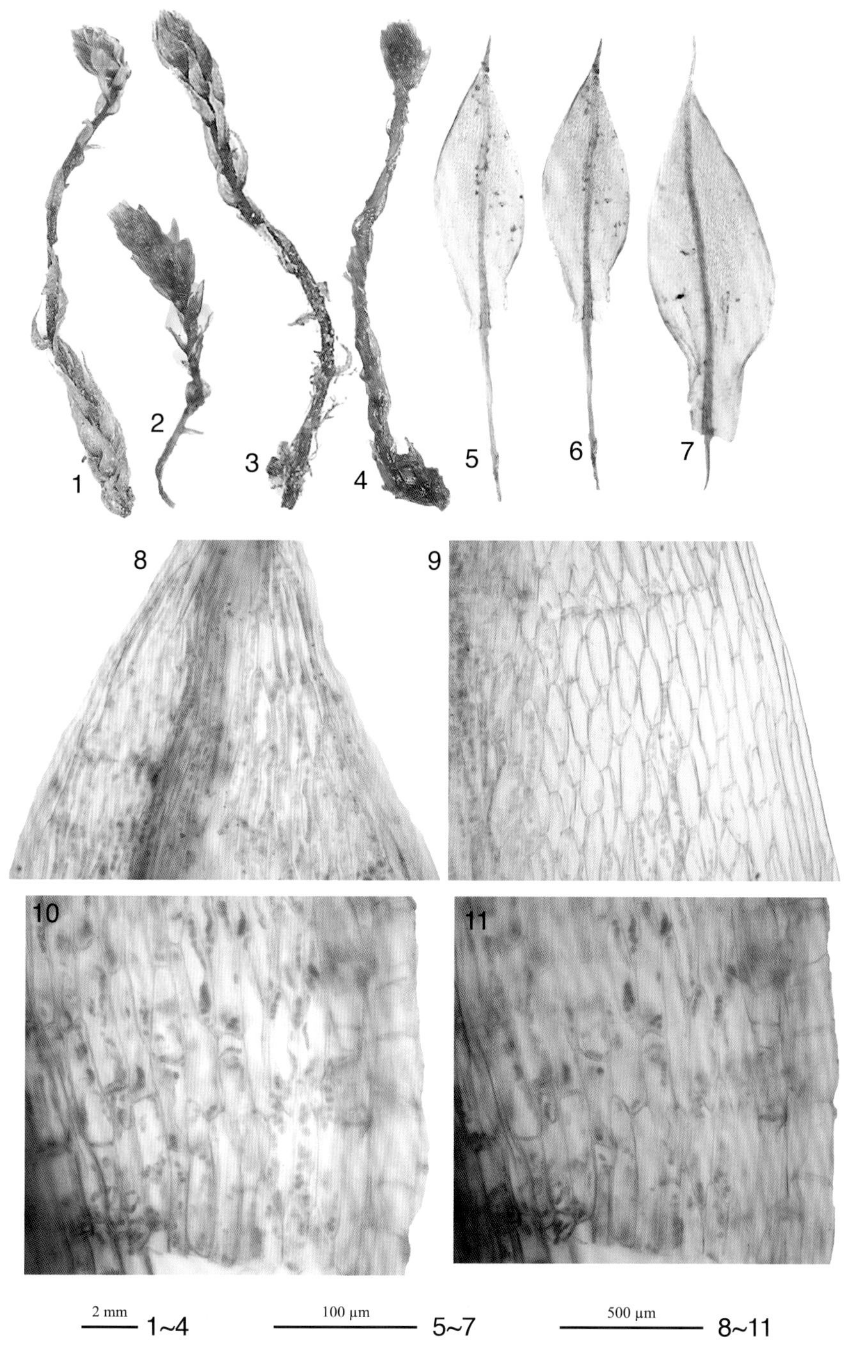

1、3. 植物体（干）；2、4. 植物体（湿）；5~7. 叶片；8. 叶上部细胞；9. 叶中部细胞；10~11. 叶基部细胞

（凭证标本：买买提明·苏来曼 31408，XJU）

114 瘤根真藓 *Bryum bornholmense* Wink. & R. Ruthe

叶常在茎上均匀排列，在茎顶稍密集，卵状披针形，分化边由 2~3 列长细胞组成，中肋贯顶或突出成短尖，叶中上部细胞长菱形至长六边形。假根上生有红褐色、多细胞组成的球形芽胞，芽胞直径为 180~390 µm，偶见最小直径为 150 µm，表面细胞突起，细胞壁较厚。

细叶真藓的根生芽胞偶见，较大的芽胞易与瘤根真藓的混淆，但前者倒卵状披针形的叶干时皱缩扭曲，中肋突出成长芒状。红蒴真藓较大的芽胞也与瘤根真藓的相似，但前者的叶分化边不及后者明显、芽胞表面细胞平滑。真藓属其他种的根生芽胞明显较瘤根真藓的小。

标本鉴定：小库孜巴依林场，MS 30003a；海拔：2 400 m。

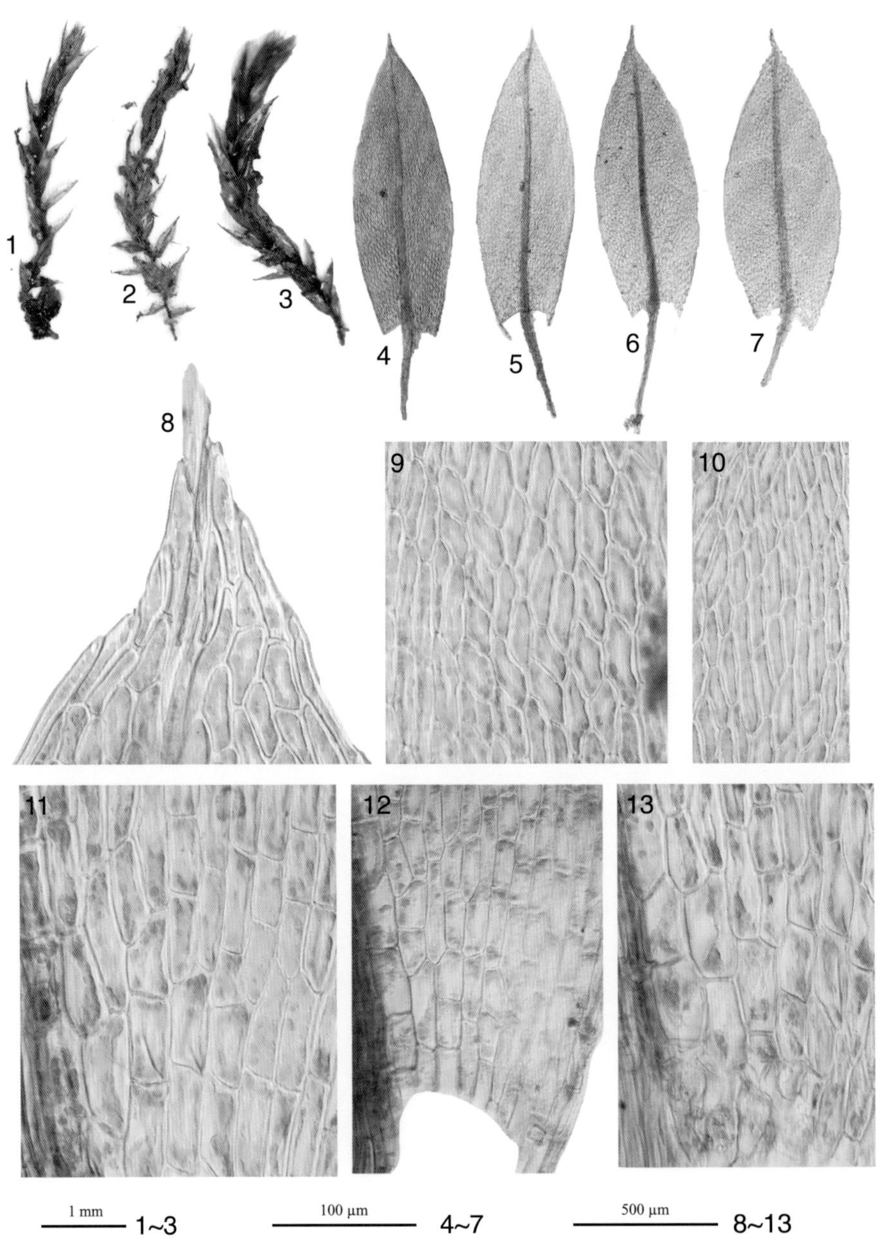

1、3. 植物体（湿）；2. 植物体（干）；4~7. 叶片；8. 叶上部细胞；9~10. 叶中部细胞；11~13. 叶基部细胞
（凭证标本：买买提明·苏来曼 24695，XJU）

115 丛生真藓 *Bryum caespiticium* Hedw.

丛生，绿色，体型小，高约 10 mm。叶片长卵形或椭圆形，顶端密集。中肋贯顶突出长芒尖，基部红。叶中上部细胞六角形或长六角形，基部细胞长方形。叶边缘全缘，背卷，明显分化为 3~5 列线形细胞。孢蒴俯垂或下垂，长圆状或长梨形，台部粗，蒴盖顶端具细尖。

标本鉴定：塔克拉克，MS 24434；小库孜巴依林场，MS 24544；大库孜巴依林场，MS 31209a；北木扎特河流域，MS 25095；海拔：2 010~2 452 m。

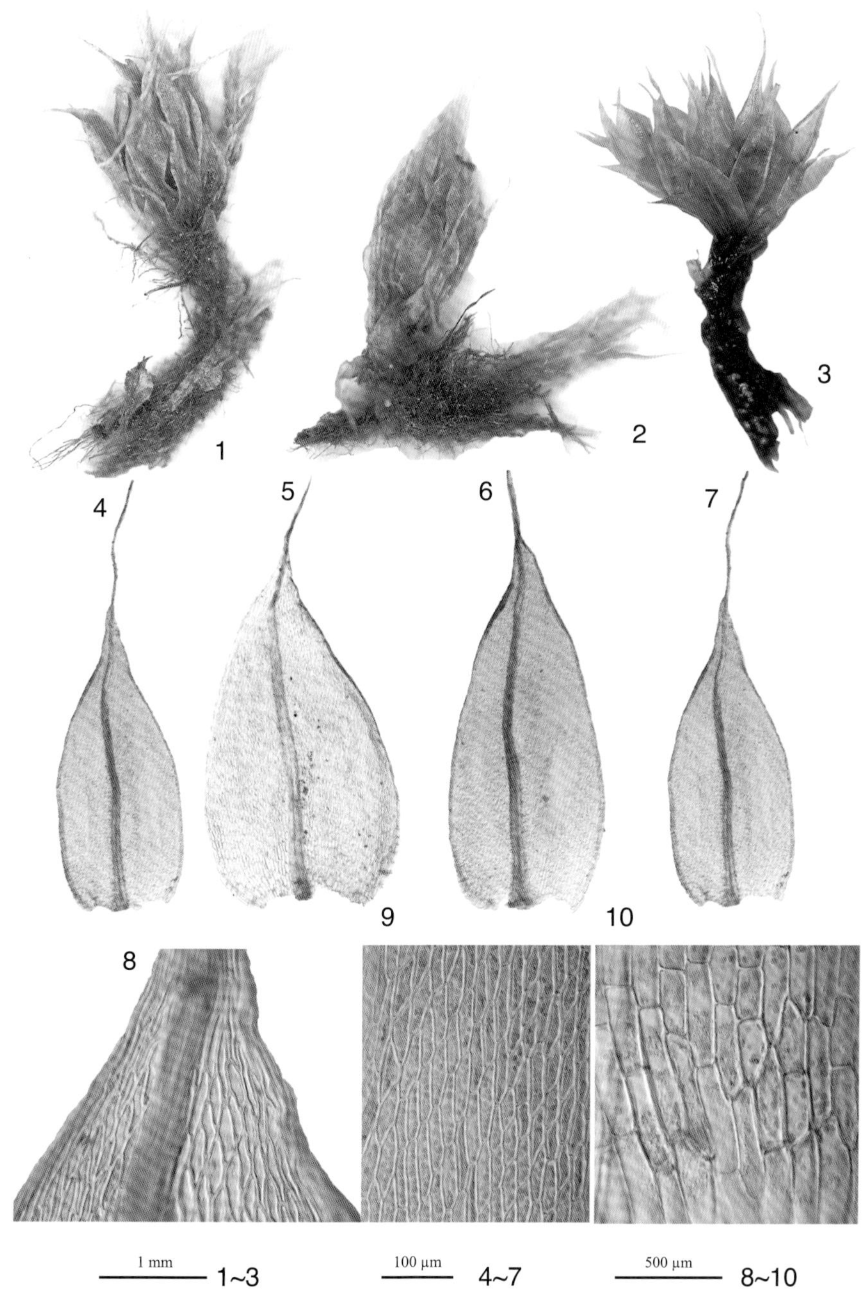

1~2. 植物体（干）；3. 植物体（湿）；4~7. 叶片；8. 叶上部细胞；9. 叶中部细胞；10. 叶基部细胞
（凭证标本：买买提明·苏来曼 31477，XJU）

116 细叶真藓 *Bryum capillare* Hedw.

丛生，绿色或深绿色，小至中型，高约 6 mm。叶片均匀分布在茎上，顶端密集。上部叶长椭圆形至倒卵圆形，渐尖，边缘全缘或背卷，叶尖偶有细齿，中肋贯顶短出或长芒尖；下部叶卵圆形，急尖或渐尖，中肋贯顶短出。叶中上部细胞菱形或长圆状六角形，基部细胞长方形、近方形或六角形。叶边缘分化不明显，具 1~2 列狭长的线形细胞。孢蒴俯垂或平列，棒状至长圆状，台部短于壶部，蒴盖顶端脐状突起。

标本鉴定：塔克拉克，MS 31092；亚依拉克，MS 29933；小库孜巴依林场，MS 30011；大库孜巴依林场，MS 24730；北木扎特河流域，MS 25085；海拔：2 100~2 886 m。

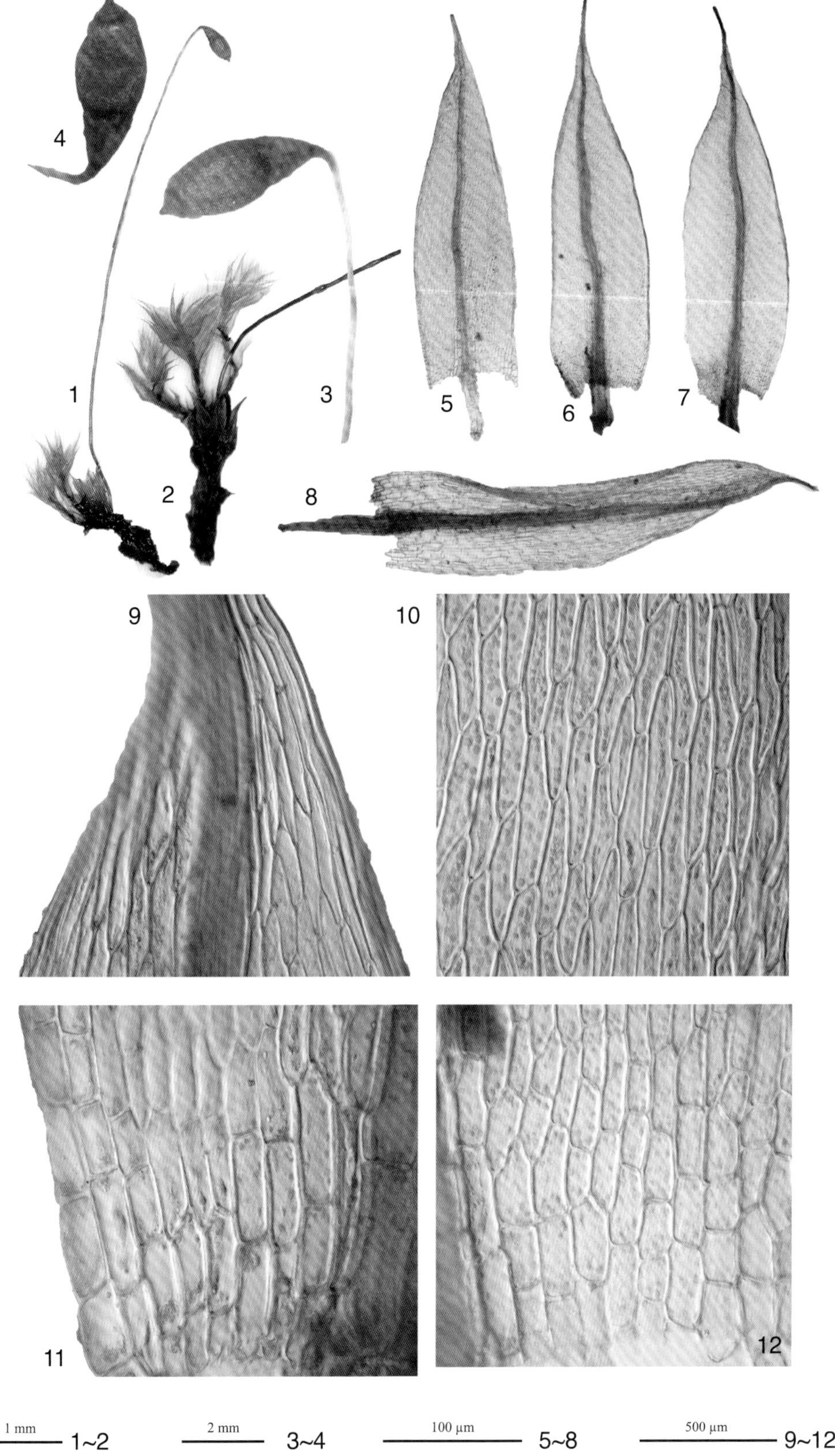

1~2. 植物体（湿）；3~4. 孢子体；5~8. 叶片；9. 叶上部细胞；10. 叶中部细胞；11~12. 叶基部细胞

（凭证标本：买买提明·苏来曼 31092，XJU）

117 柔叶真藓 *Bryum celluare* Hook.

丛生，黄绿色，体型小，高约 10 mm。茎顶端有分枝，中部具假根，基部密生假根。叶片均匀分布于茎上，顶部稍密集，卵圆形或宽卵圆形，叶尖圆钝或具小尖头。叶柔软、质薄，内凹。中肋叶尖下部消失。叶中上部细胞菱形、菱状六边形或长六角形，基部细胞长方形或近方形。叶边缘平，全缘，分化不明显，具 1~3 列狭长细胞。孢蒴俯垂或平列，梨形，蒴口大，蒴盖圆锥形，顶端或具小尖头。

标本鉴定：小库孜巴依林场，MS 30019；大库孜巴依林场，MS 24681；北木扎特河流域，MS 30229；海拔：2 440~2 660 m。

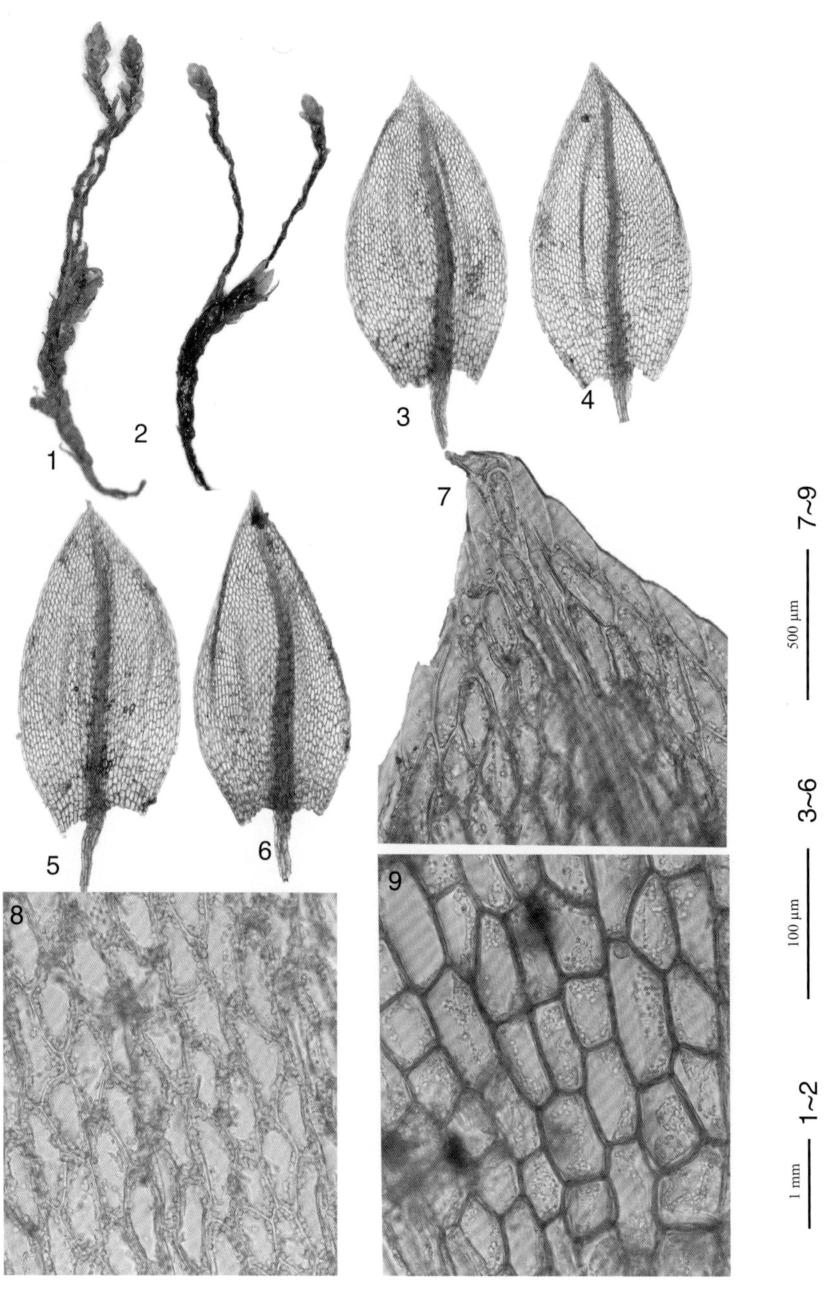

1. 植物体（干）；2. 植物体（湿）；3~6. 叶片；7. 叶上部细胞；8. 叶中部细胞；9. 叶基部细胞
（凭证标本：买买提明·苏来曼 30019，XJU）

118 圆叶真藓 *Bryum cyclophyllum* (Schwägr.) Bruch & Schimp.

稀疏丛生，黄绿色，中等体型，高约 15 mm，甚至更高。茎红色，基部有分枝。叶片宽卵圆形至椭圆形，顶部圆形。中肋叶尖下消失。叶中上部细胞长圆状菱形或长圆状六角形，基部细胞长方形或长六角形。叶边缘平，全缘，分化不明显，具 1~2 列狭长细胞。孢子体未见。

标本鉴定：大库孜巴依林场，MS 24672；海拔：2 446 m。

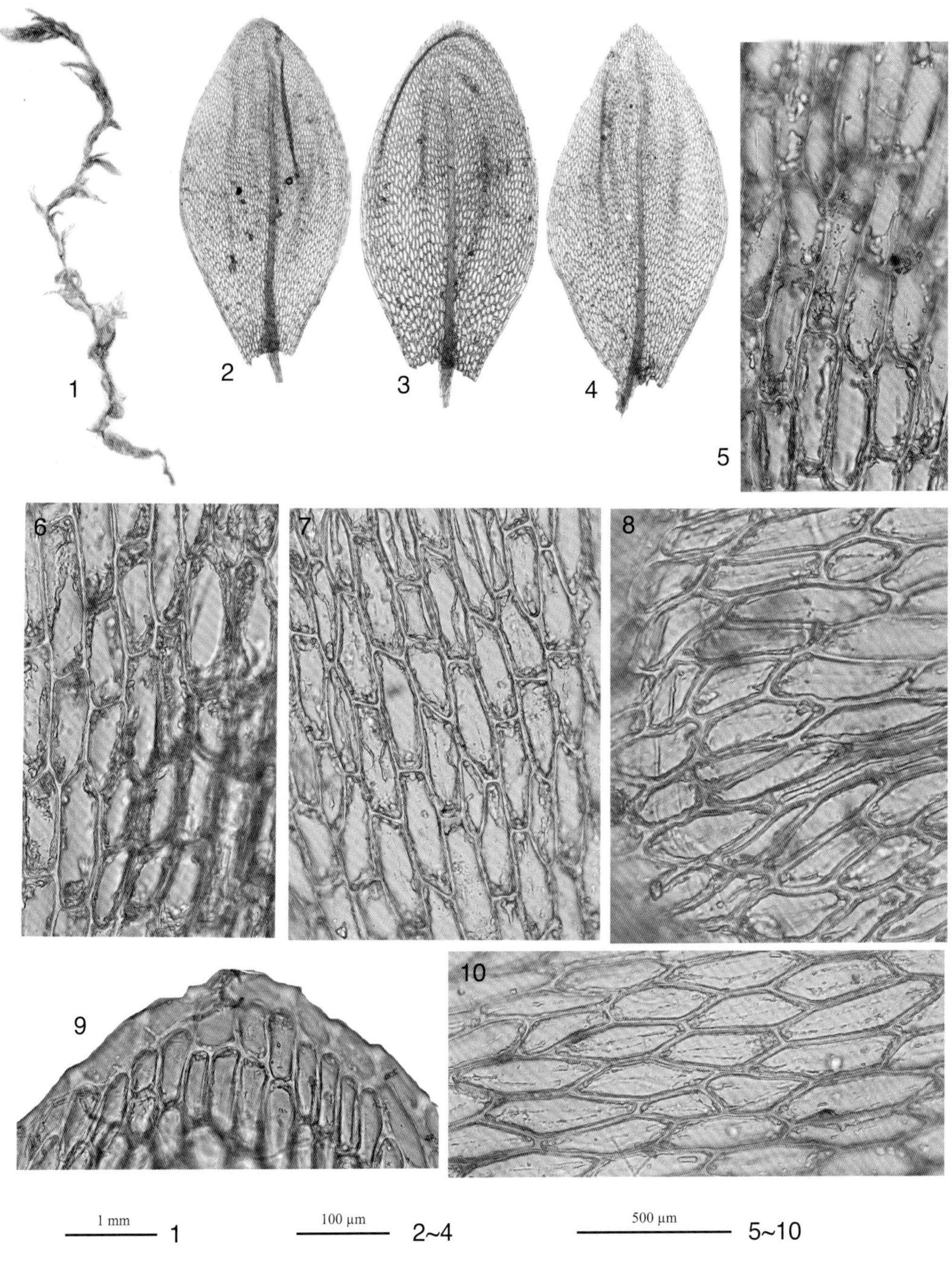

1. 植物体（干）；2~4. 叶片；5~6. 叶基部细胞；7~8、10. 叶中部细胞；9. 叶上部细胞
（凭证标本：买买提明·苏来曼 24672，XJU）

119 双色真藓 *Bryum dichotomum* Hedw.

深绿色，高约 5 mm。叶片覆瓦状排列，卵圆状披针形，渐尖，叶尖或具齿。中肋粗壮，贯顶突出长尖。叶中上部细胞长菱形或菱状六角形，基部细胞长方形或近方形。叶边缘稍外弯，分化不明显。孢子体未见。

标本鉴定：大库孜巴依泉水，MS 31548；北木扎特河流域，MS 22778；海拔：2 400~2 640 m。

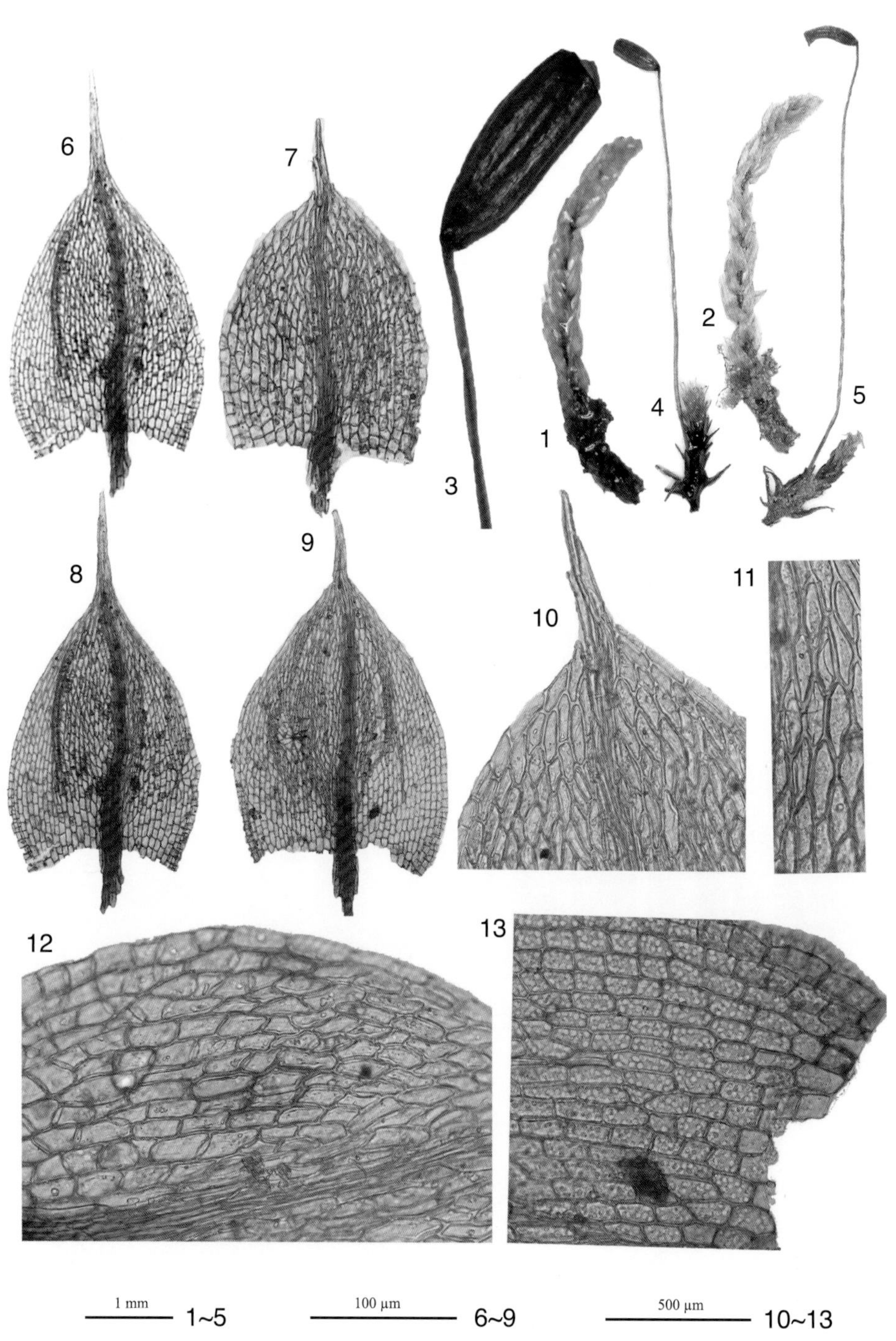

1 mm 1~5　100 μm 6~9　500 μm 10~13

1~2、4~5. 植物体；3. 孢蒴；6~9. 叶片；10. 叶上部细胞；11. 叶中部细胞；12~13. 叶基部细胞
（凭证标本：买买提明·苏来曼 31548，XJU）

120 宽叶真藓 *Bryum funkii* Schwägr.

丛生或簇生，黄绿色，高约 10 mm。茎红褐色，有分枝。叶片卵圆形或卵状披针形，急尖或具小尖头。中肋贯顶或叶尖下消失，基部红色。叶中上部细胞长菱形或六边形，基部细胞近方形。叶边缘平，略外弯，全缘，分化不明显，细胞较中部细胞狭。孢蒴下垂，梨形或短梨形，蒴盖顶端圆钝。

标本鉴定：北木扎特河流域，MS 22881；海拔：2 280~2 640 m。

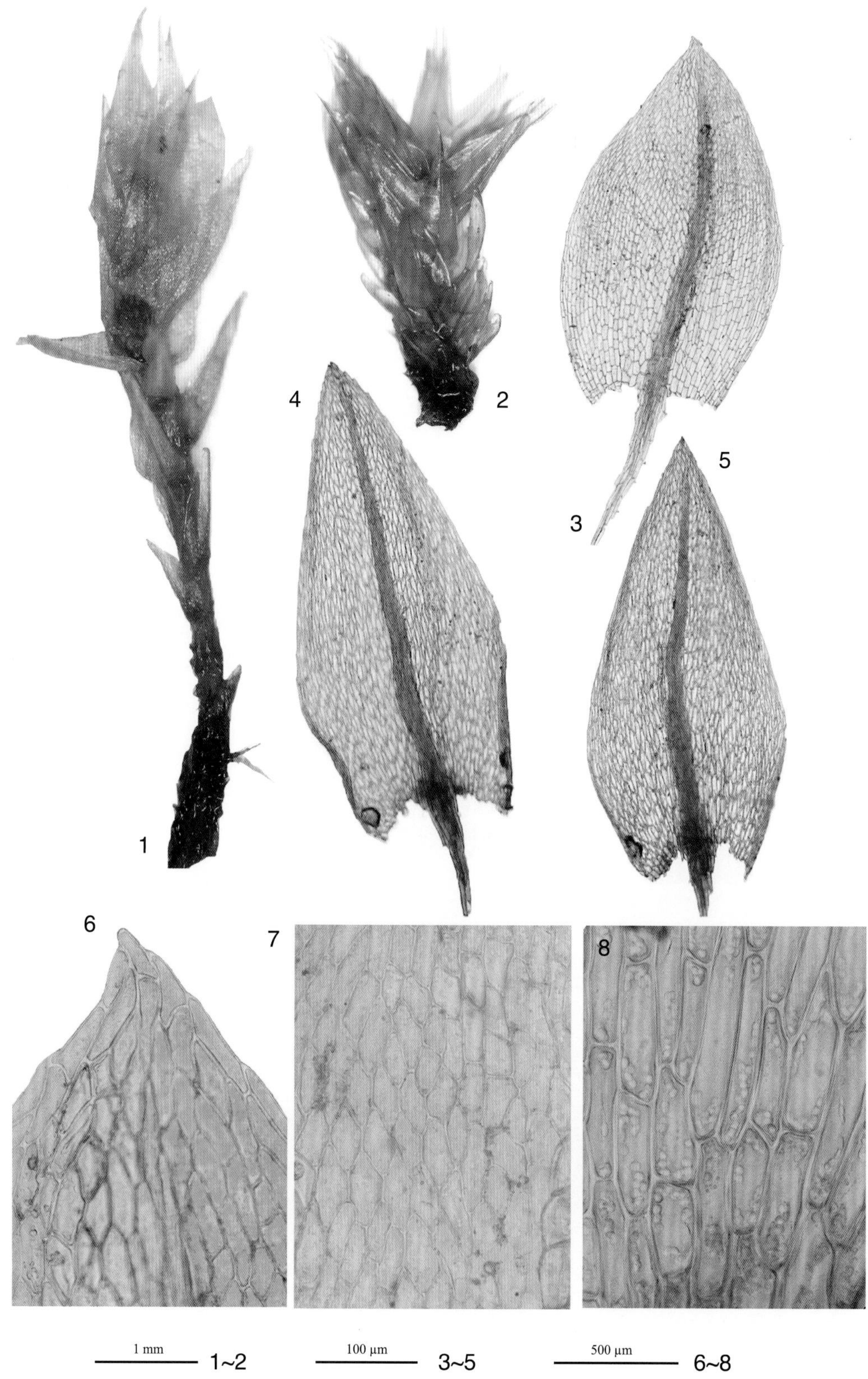

1~2. 植物体（湿）；3~5. 叶片；6. 叶上部细胞；7. 叶中部细胞；8. 叶基部细胞

（凭证标本：买买提明·苏来曼 22881，XJU）

121 喀什真藓 *Bryum kashmirense* Broth.

植物体密集簇生，小型，高约 4 mm。上部黄绿色，下部红褐色。新生枝由基部产生，细弱，茎微红色，顶部叶密集。叶近覆瓦状排列，长圆状卵圆形，兜状，渐尖，长 0.8~1.5 mm，边缘平或具狭的外弯，全缘；中肋下部略带红色，上部淡黄褐色，粗壮，贯顶呈短的突出。叶细胞长菱形，(38~75) μm × (7~15) μm，渐向边缘变狭，但不形成明显的分化边缘，叶细胞壁适中或显厚壁，雌苞叶无明显区别。蒴柄近直立，长 0.8~1.5 cm，红褐色。孢蒴红褐色，水平或下垂，梨形或卵圆形，具短的台部，长 2~2.4 mm，宽 0.8~0.9 mm。蒴盖圆锥状，蒴口大，蒴齿健全，齿条具狭的穿孔，齿毛 2 条；孢子圆球形，直径 9~14 μm。

标本鉴定：阿克亚孜苏布亭，MS 22808；海拔：2 280 m。

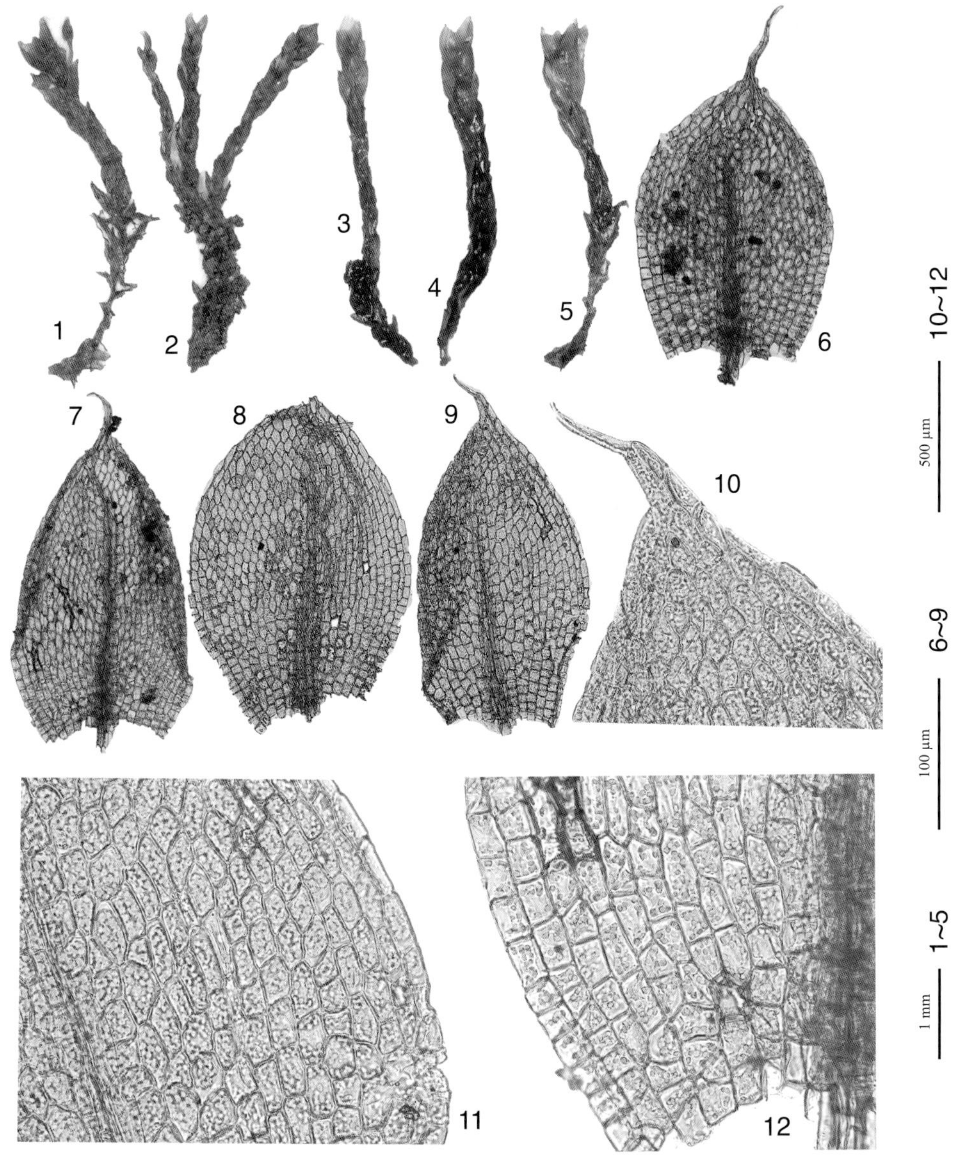

1~2. 植物体（干）；3~5. 植物体（湿）；6~9. 叶片；10. 叶上部细胞；11. 叶中部细胞；12. 叶基部细胞

（凭证标本：买买提明·苏来曼 22808，XJU）

122 纤茎真藓 *Bryum leptocaulon* Cardot

植物体密集丛生或簇生，绿色或黄绿色；植株中等大小，柔弱。茎直立，高8~23 mm，基部多分枝，茎中上部具假根，基部密生假根。茎上部与下部叶大小无明显变化，叶在茎上均匀排列；叶干时贴茎，不扭曲，叶湿时向外伸展；叶硬挺；卵状披针形至披针形，(0.9~2.7) mm × (0.2~0.5) mm，叶面平展或略呈兜状，边缘背卷，叶缘全缘或上部具齿突，叶边缘1~2列狭窄细胞，分化不明显；中肋细弱，中肋贯顶或突出呈短尖，基部红色，中肋基部宽，23~38 μm；叶尖渐尖，叶尖部细胞薄壁，叶中部细胞长菱形或狭六边形，薄壁或稍厚壁，(43~70) μm × (11~18) μm；叶基部明显收缩变窄，下延叶基部细胞长方形，绿色或略显红色。雌雄异株。孢子体未见。

标本鉴定：小库孜巴依林场，MS 30052；北木扎特河流域，MS 24867；海拔：2 310~2 668 m。

123 刺叶真藓 *Bryum lonchocaulon* Müll. Hal.

丛生，黄绿色，下部褐色，高约 5 mm。叶片卵圆形至长卵圆状披针形，渐尖。中肋贯顶突出长芒尖。叶中上部细胞长菱形或菱状六边形，基部细胞长方形或长六角形，稍大。孢蒴下垂，长梨形，蒴盖顶端乳头状突起。

标本鉴定：塔克拉克，MS 31108；北木扎特河流域，MS 25023；海拔：2 640~3 122 m。

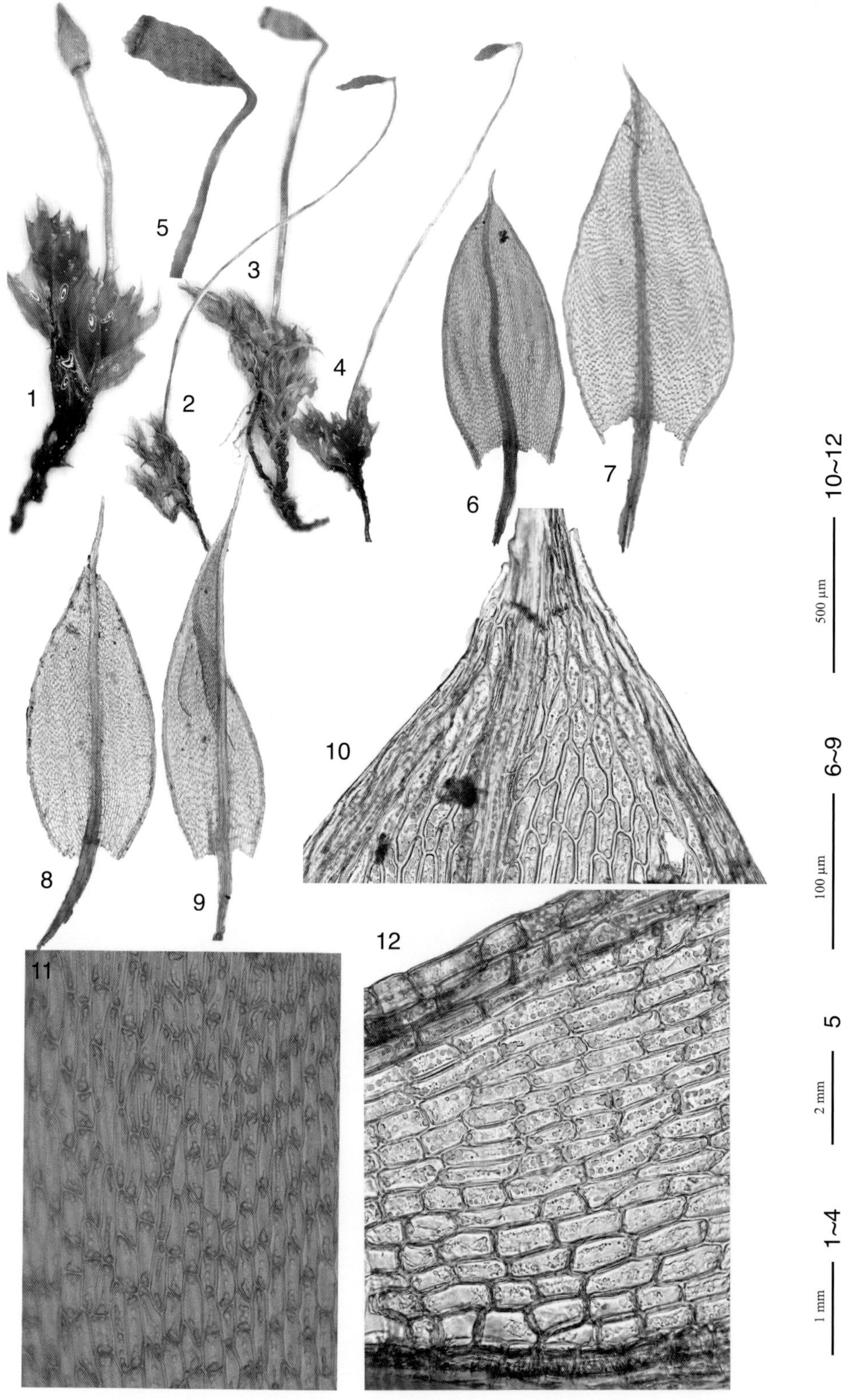

1、4. 植物体（湿）；2~3. 植物体（干）；5. 孢蒴；6~9. 叶片；10. 叶上部细胞；11. 叶中部细胞；12. 叶基部细胞

（凭证标本：买买提明·苏来曼 31108，XJU）

124 摩拉维采真藓 *Bryum moravicum* Podp.

植株绿色或黄绿色，高约0.5 cm，多分枝，上部叶稍密集，呈莲座状。假根棕色，具细疣至粗疣或近光滑。叶柔软，干时卷曲，湿时直立至伸展，倒卵状披针形至匙形，(1.2~2.3) mm × (0.7~0.9) mm，下部叶常较上部叶宽，急尖，常形成长毛尖，叶基不下延，叶缘平直，全缘或上部有细锯齿；分化边由1~2列浅黄色至浅棕色的厚壁细胞组成；中肋消失于叶尖下，基部宽54.3~93.0 μm，向上渐狭。叶细胞排列疏松，薄壁，中上部细胞长菱形至六边形，(38.8~62.0) μm × (15.5~26.4) μm，基部细胞长方形至方形，(37.2~58.9) μm × (21.7~35.7) μm。在不育株和可育株的全株叶腋处均着生大量单列长形细胞组成的丝状芽胞，分枝或不分枝，密被疣，幼时绿色，成熟时红棕色，直径为23.3~27.9 μm，长度多变。雌雄异株。蒴柄长约12 mm，红褐色至棕褐色，硬挺，干时不扭曲，在孢蒴下方弓形弯曲。孢蒴平列至下垂，橘红色至棕色，长约3 mm，圆柱状，对称至稍弯曲，干时蒴口不收缩；台部长度约为壶部的1/2；蒴盖圆锥状突起至近半球形，钝尖；环带由1列细胞组成；外齿层锥形，基部黄色，上半部透明，齿片长400~450 μm，基部宽80~100 μm，外侧中脊近"Z"形弯曲至平直，内侧节片18~20片；内齿层离生，浅黄色，基膜高为内齿长度的1/2~2/3，齿条宽三角状，向上急狭，与外齿层等长或稍短，沿龙骨脊处形成大穿孔，穿孔常上下贯穿；齿毛1~3条，常有节瘤或附片；孢子直径为12~14 μm，表面被稀疏颗粒状疣。

标本鉴定：大库孜巴依泉水，MS 31550；北木扎特河流域，MS 24753；海拔：2 160~2 640 m。

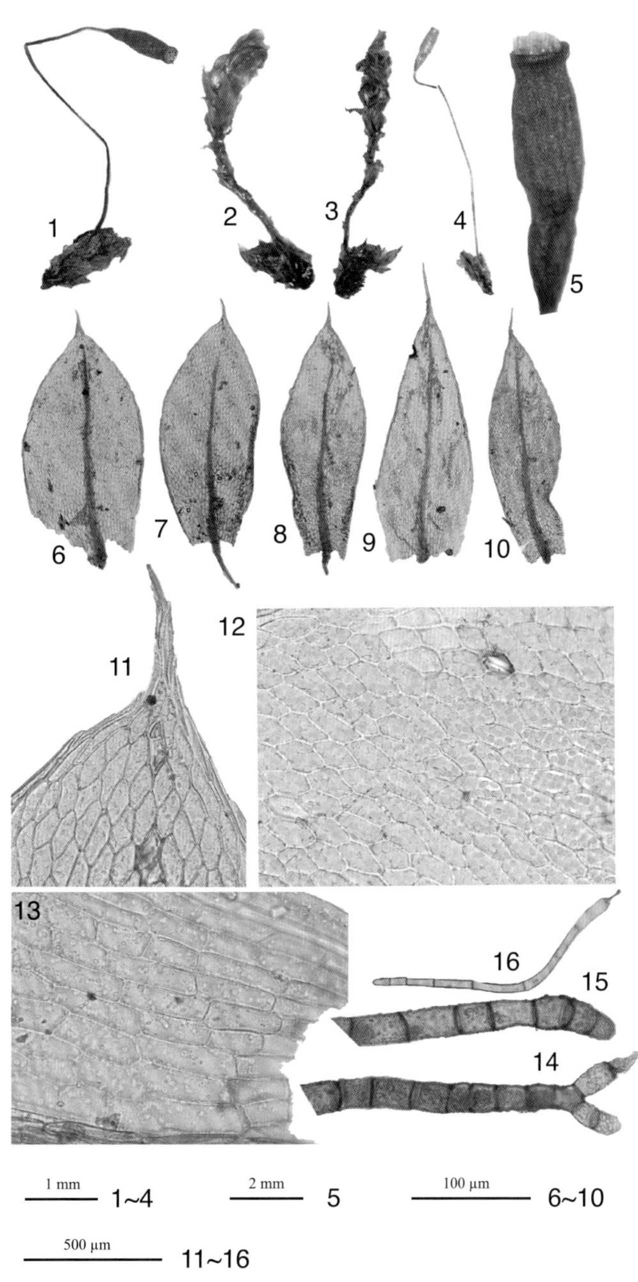

1、4. 植物体（干）；2、3. 植物体（湿）；5. 孢子体；6~10. 叶片；11. 叶上部细胞；12. 叶中部细胞；13. 叶基部细胞；14~16. 丝状芽胞

（凭证标本：买买提明·苏来曼 31550，XJU）

125 卷尖真藓 *Bryum neodamense* Itzigs.

稀疏丛生，黄绿色，体型小至中型，高约 10 mm。茎上具假根，基部密生，有分枝。叶片均匀排列，卵圆形至长卵圆形，急尖或渐尖。中肋贯顶或在叶尖下消失。叶中上部细胞长六边形或菱形，基部细胞长方形，下延。叶边缘背卷，全缘，明显分化，呈 3~5 列狭长细胞。孢子体未见。

标本鉴定：北木扎特河流域，MS 22727；海拔：2 220 m。

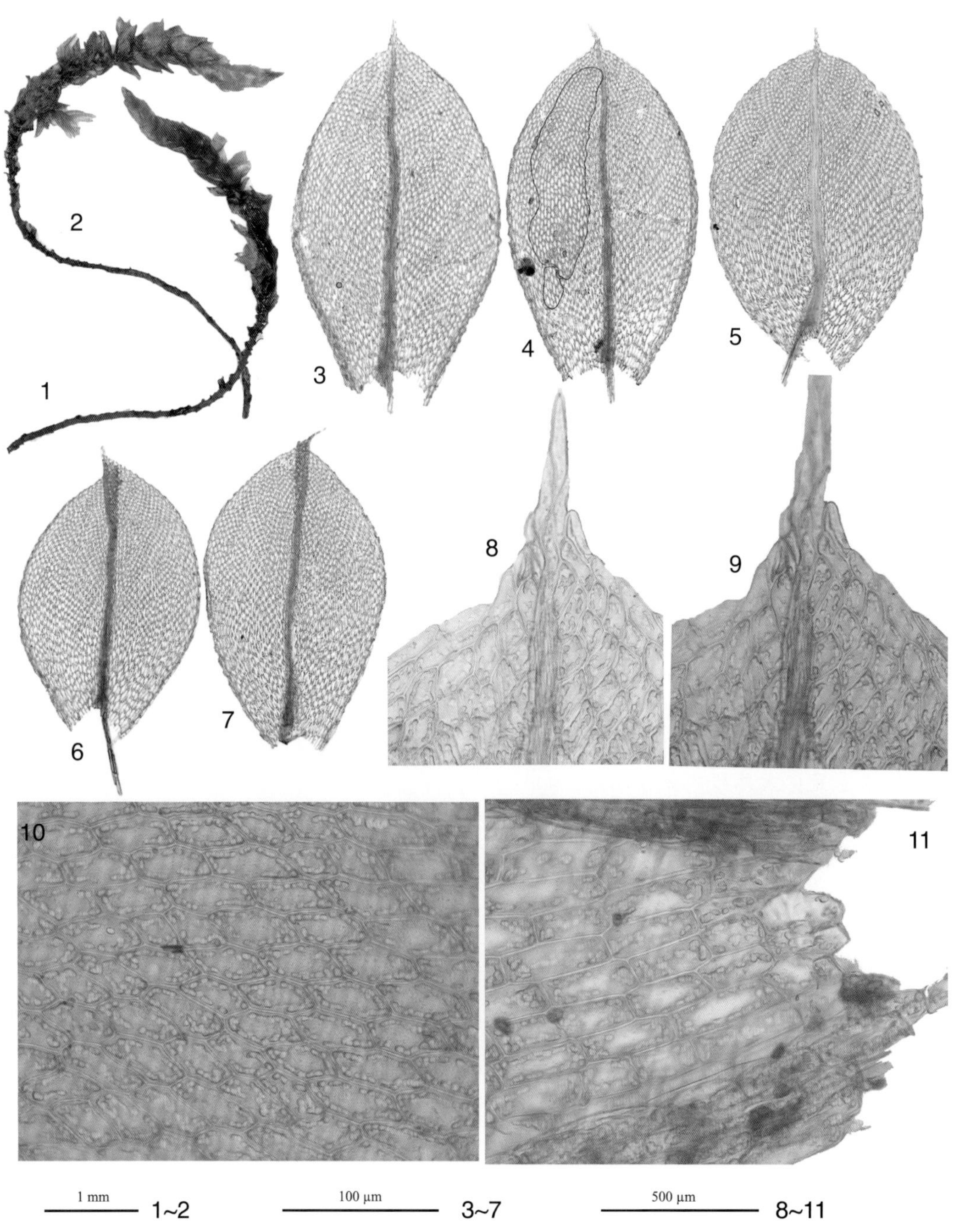

1. 植物体（干）；2. 植物体（湿）；3~7. 叶片；8~9. 叶上部细胞；10. 叶中部细胞；11. 叶基部细胞
（凭证标本：买买提明·苏来曼 22727，XJU）

126 灰黄真藓 *Bryum pallens* Sw.

散生，上部黄绿色，下部褐色，体型小，高约 8 mm。茎红色，基部密生假根，有分枝。叶片卵圆形至卵状披针形，渐尖。中肋贯顶短出。叶中上部细胞长六边形或菱状六边形，基部细胞长方形。叶边缘背卷，全缘，分化不明显，呈 1~3 列狭长线形细胞。孢蒴俯垂或下垂，长梨形，台部短，蒴盖圆锥状，顶端具小细尖。

标本鉴定：小库孜巴依林场，MS 24604；铁兰河流域，MS 31412；北木扎特河流域，MS 22637；海拔：2 220~2 640 m。

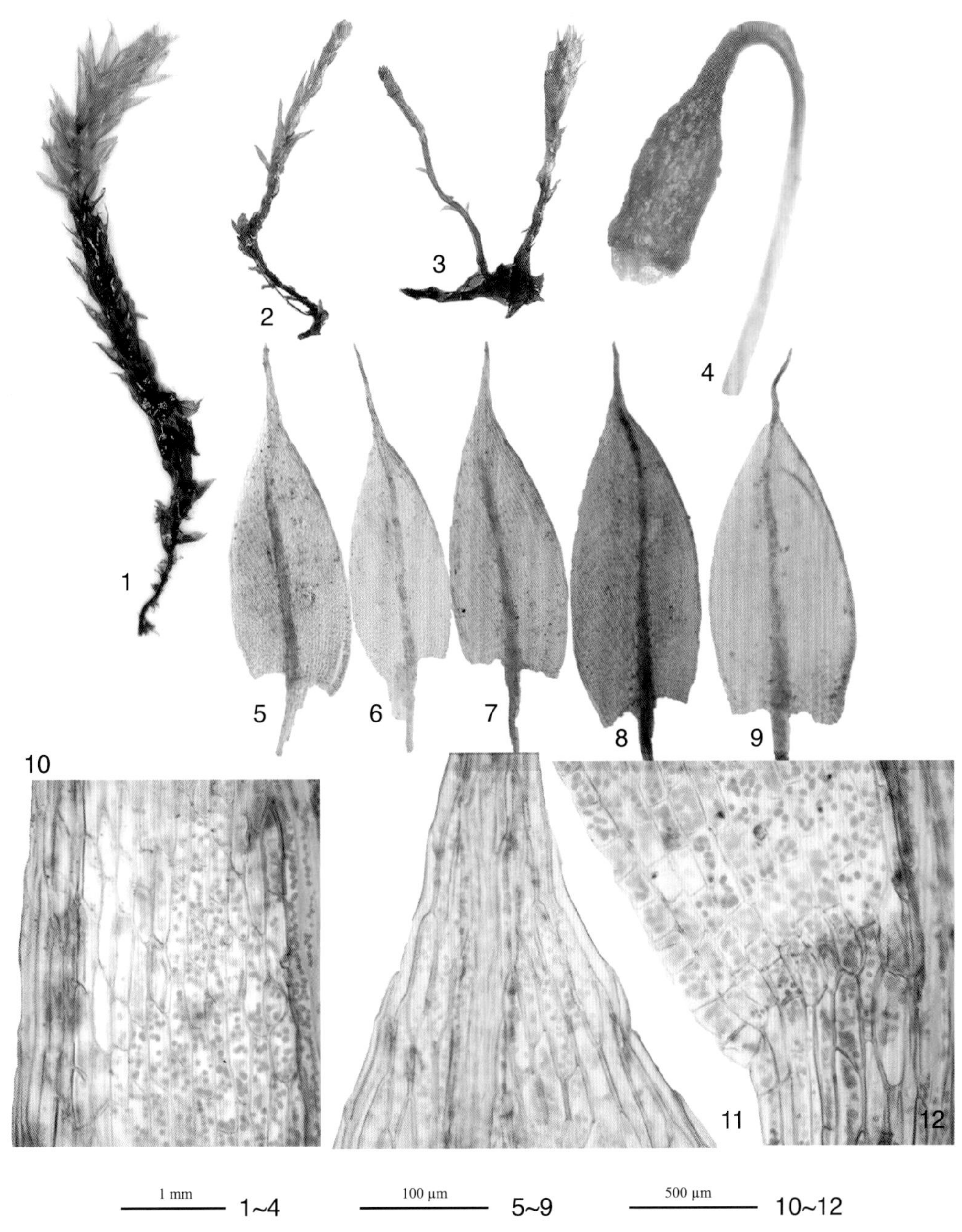

1~3. 植物体（湿）；4. 孢子体；5~9. 叶片；10. 叶中部细胞；11. 叶上部细胞；12. 叶基部细胞

（凭证标本：买买提明·苏来曼 24604，XJU）

127 黄色真藓 *Bryum pallescens* Schleich. ex Schwägr.

丛生，黄绿色，下部褐色，体型小，高约 8 mm。茎红色，有分枝。叶片密集着生于茎上，卵圆状披针形或长卵圆状披针形，渐尖。中肋贯顶突出长芒尖，基部红。叶中上部细胞长六边形、长圆状六角形，基部细胞长方形。叶边缘背卷，上部具齿，分化较明显，呈 3~4 列狭长细胞。孢蒴俯垂，棒状或圆柱状，台部干时明显皱缩，蒴盖圆锥形。

标本鉴定：北木扎特河流域，MS 24780；海拔：2 640 m。

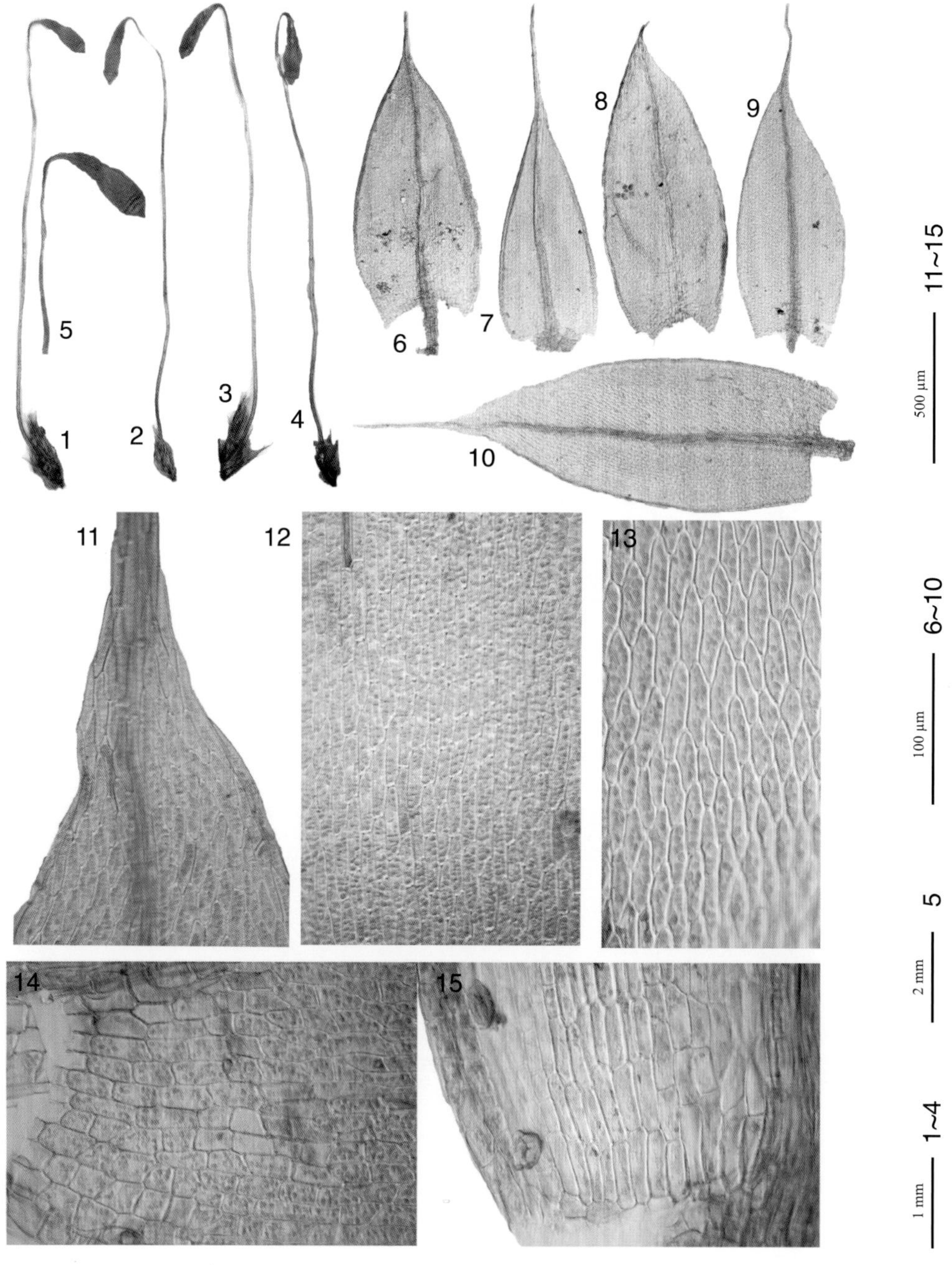

1~4. 植物体（湿）；5. 孢子体；6~10. 叶片；11. 叶上部细胞；12~13. 叶中部细胞；14~15. 叶基部细胞
（凭证标本：买买提明·苏来曼 22780，XJU）

128 近高山真藓 *Bryum paradoxum* Schwägr.

丛生，上部黄绿色，下部黑褐色，体型小，高约 10 mm。叶片在茎上均匀排列，顶端密集，披针形至长椭圆状披针形，上部渐尖，具细齿。中肋贯顶突出短尖，尖部具齿。叶中上部细胞长菱形或狭长六角形，近边缘渐狭，基部细胞长方形或长六角形。叶边缘背卷，分化边呈不明显的线形细胞。孢蒴下垂，长梨形。

标本鉴定：小库孜巴依林场，MS 30092；大库孜巴依林场，MS 31220；海拔：2 010~2 380 m。

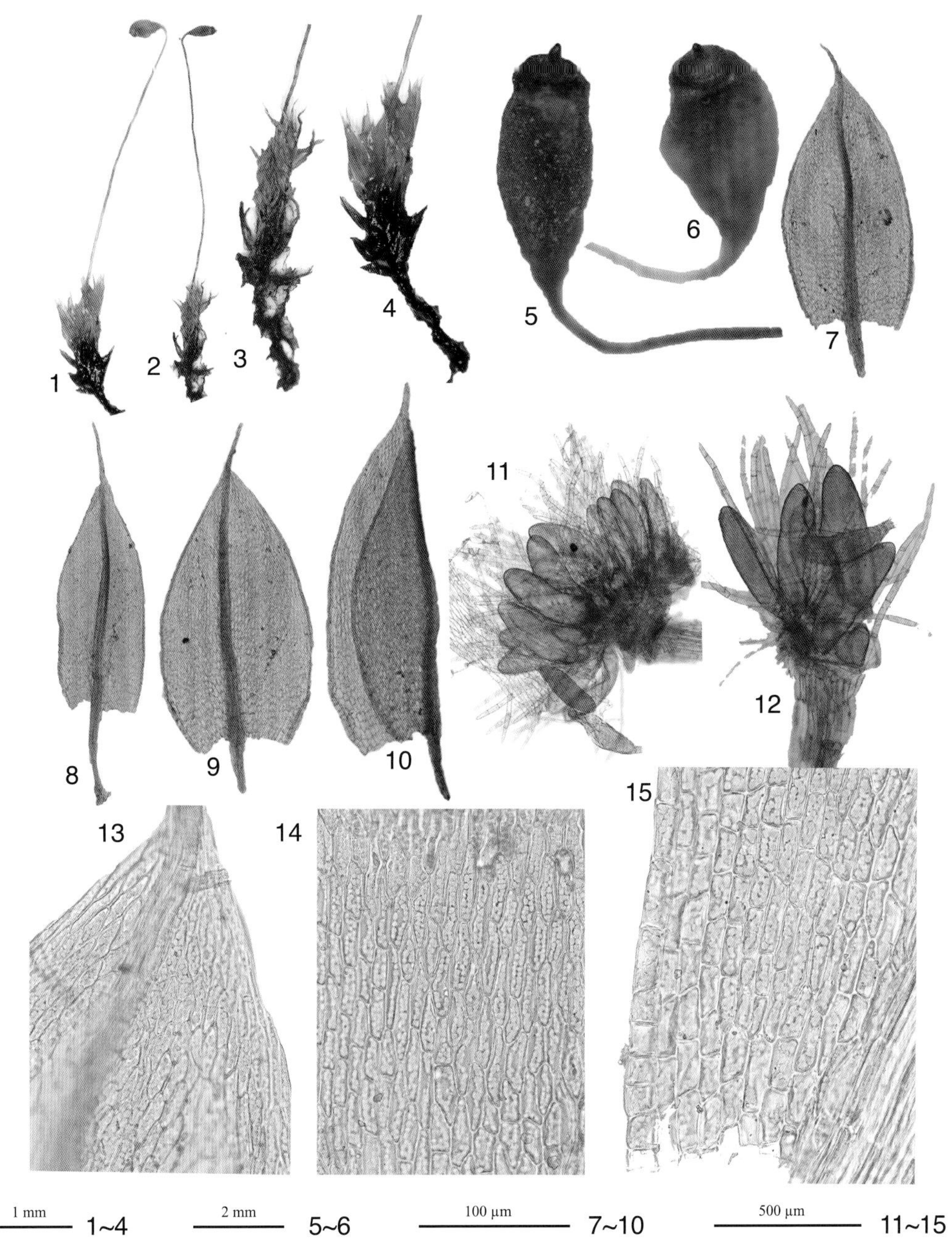

1、4. 植物体（湿）；2~3. 植物体（干）；5~6. 孢子体；7~10. 叶片；11~12. 生殖苞；
13. 叶上部细胞；14. 叶中部细胞；15. 叶基部细胞
（凭证标本：买买提明·苏来曼 30092，XJU）

129 拟双色真藓 *Bryum pachytheca* Müll. Hal.

本种近同于双色真藓，区别点在于本种无性芽胞为卵球形，上部无叶原基，无芽胞时难以辨认，双色真藓叶略显狭长或长披针形，中肋贯顶伸出较长。

标本鉴定：小库孜巴依林场，MS 31450；海拔：1 870 m。

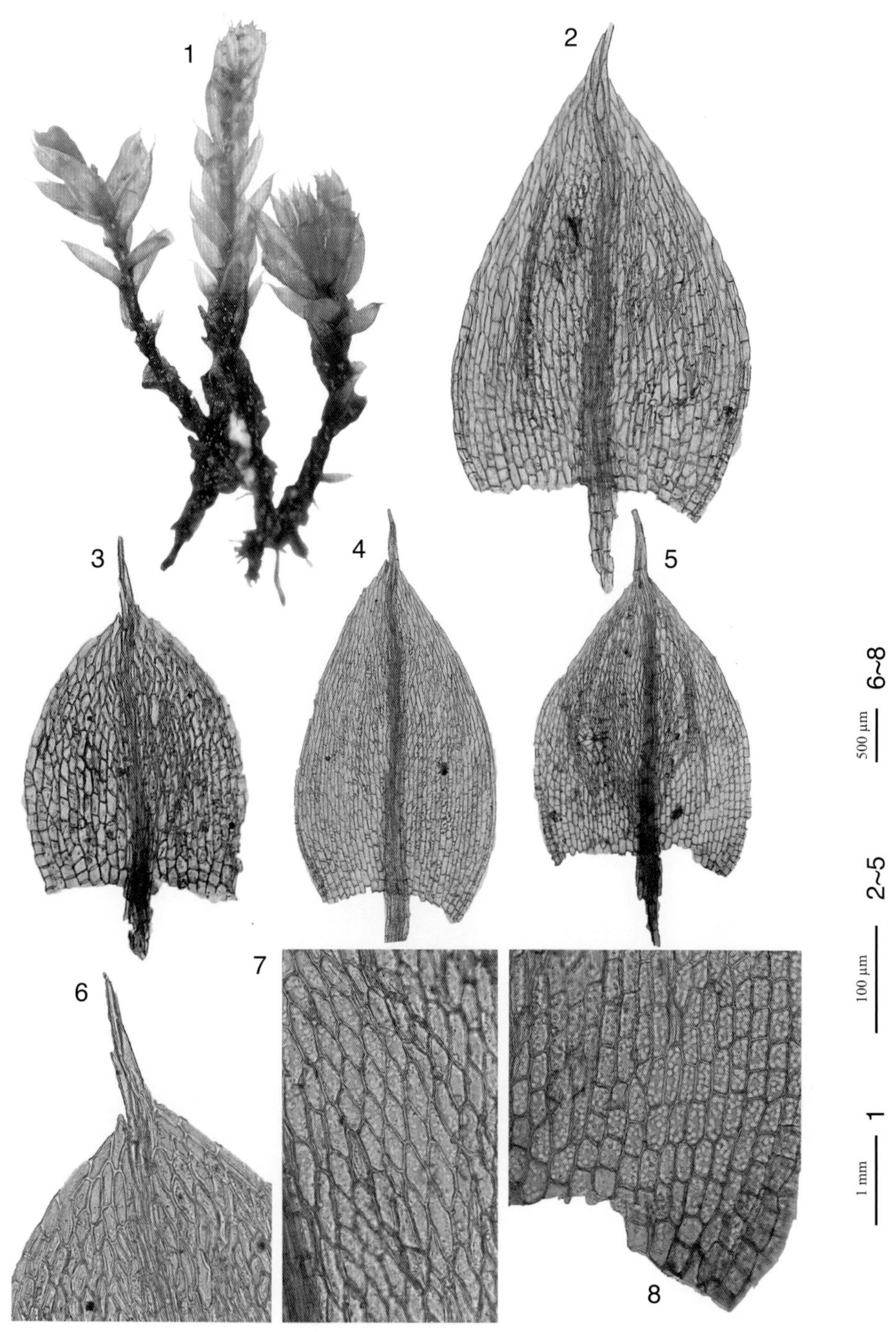

1. 植物体（湿）；2~5. 叶片；6. 叶上部细胞；7. 叶中部细胞；8. 叶基部细胞
（凭证标本：买买提明·苏来曼 31450，XJU）

130 拟纤枝真藓 *Bryum petelotii* Thér. & Henry

丛生，具银白色光泽，体型小，高约 5 mm。叶片覆瓦状排列，卵圆形，急尖，上部 1/2 处透明。中肋达叶片 3/4 处。叶中上部细胞狭长菱形或长圆状六角形，透明，基部细胞近方形，绿色。叶边缘平展，不分化。孢子体未见。

本种与同属的银叶真藓在配子体形态特征上较接近，均为植物体具银白色光泽、叶覆瓦状排列、叶上半部透明等。但不同的是拟纤枝真藓叶上部无色透明区域明显大于银叶真藓，叶中上部细胞较银叶真藓中上部细胞长。

标本鉴定：北木扎特河流域，赵建成 2001-b；海拔，2 000 m。

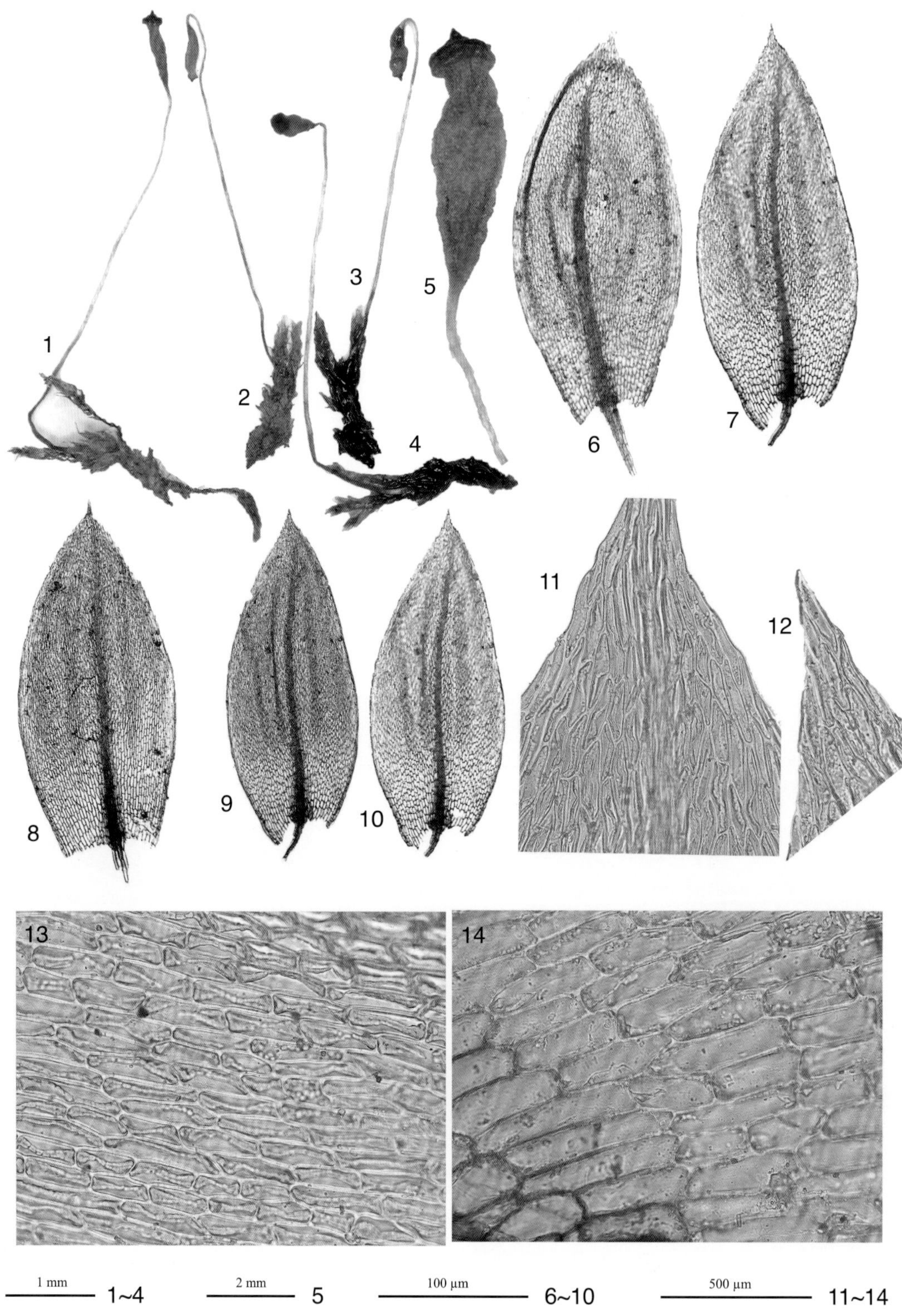

1~2. 植物体（干）；3~4. 植物体（湿）；5. 孢子体；6~10. 叶片；11~12. 叶尖部细胞；
13. 叶中部细胞；14. 叶基部细胞
（凭证标本：赵建成 2001-b，XJU）

131 拟三列真藓 *Bryum pseudotriquetrum* (Hedw.) G. Gaertn.

丛生，上部黄绿色，下部褐色，小至中型，高约 15 mm。茎红色，密被假根，有分枝。叶片密集，长卵圆状披针形，上部渐尖，具齿。中肋贯顶短出，基部红。叶中上部细胞六角形至菱状六角形，近边缘细胞狭，基部细胞长方形或长六角形，厚壁。叶边缘背卷，分化较明显，呈 2~4 列狭线形细胞。孢蒴俯垂，棒状，蒴盖圆锥状，顶端突起。

标本鉴定：北木扎特河流域，MS 22711；海拔：2 550 m。

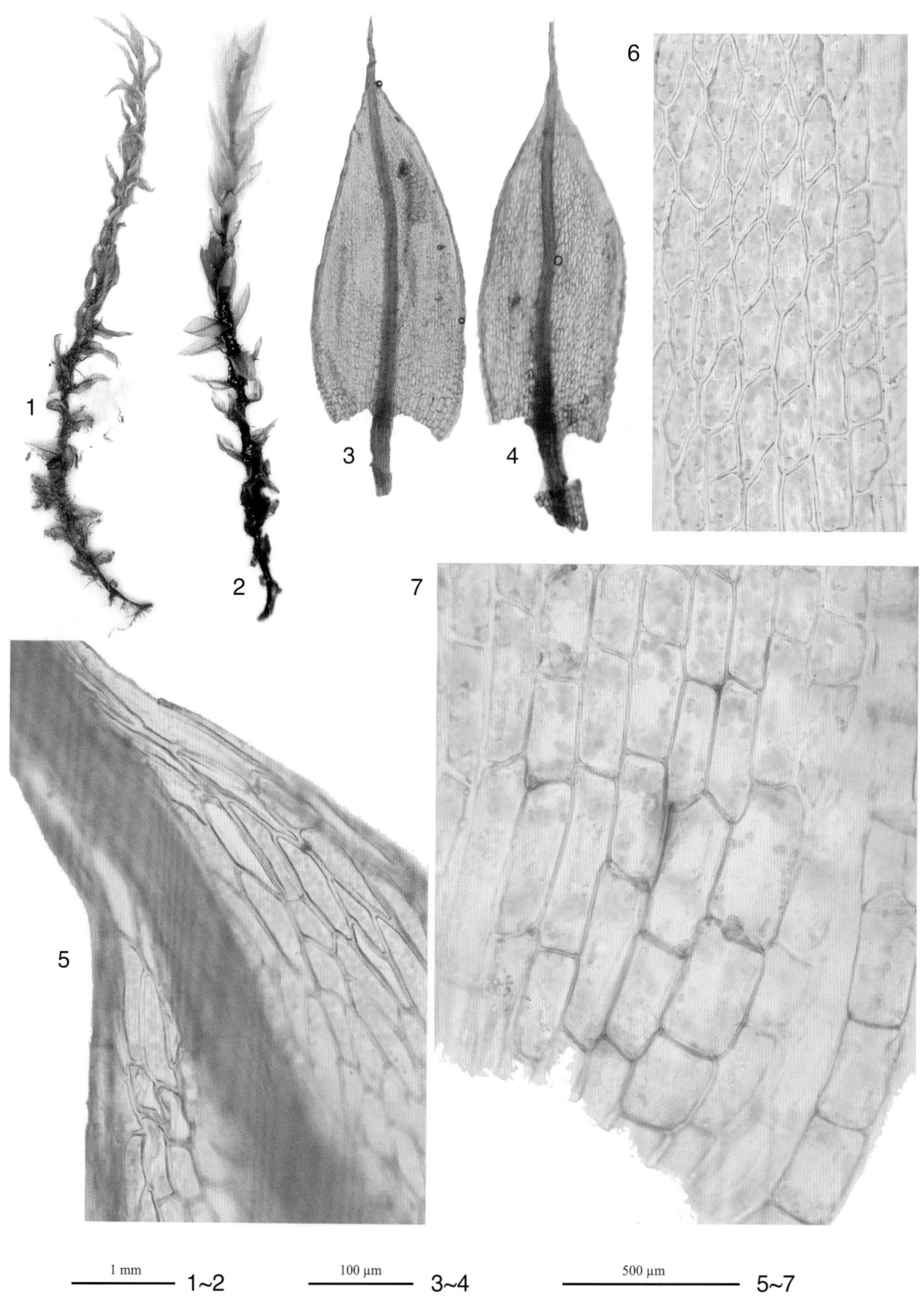

1. 植物体（干）；2. 植物体（湿）；3~4. 叶片；5. 叶上部细胞；6. 叶中部细胞；7. 叶基部细胞
（凭证标本：买买提明·苏来曼 22711，XJU）

132 弯叶真藓 *Bryum recurvulum* Mitt.

植物体高 10~20 mm。叶干时紧贴，不旋转，长圆形至椭圆形，短的渐尖，长约 2.5mm，兜状，由上至下外弯，多全缘；中肋多贯顶具短尖头。叶中部细胞菱形或线状菱形，(35~60)μm × (9~13) μm，稍厚壁；近边缘较狭，分化边缘由 2~3 列线形细胞组成，黄褐色；下部细胞近长方形，显红色。雌苞叶三角状披针形，长达 1.2 mm。蒴柄长 12~22 mm，弯曲，红褐色。孢蒴干时俯垂至平列，湿时平列，梨形，具短的蒴台，深褐色。蒴盖圆形，具微尖头。外齿层黄褐色，齿毛 3 条。孢子直径 8~12 μm。

标本鉴定：塔克拉克，MS 11958；小库孜巴依林场，MS 30023；海拔：2 400~2 700 m。

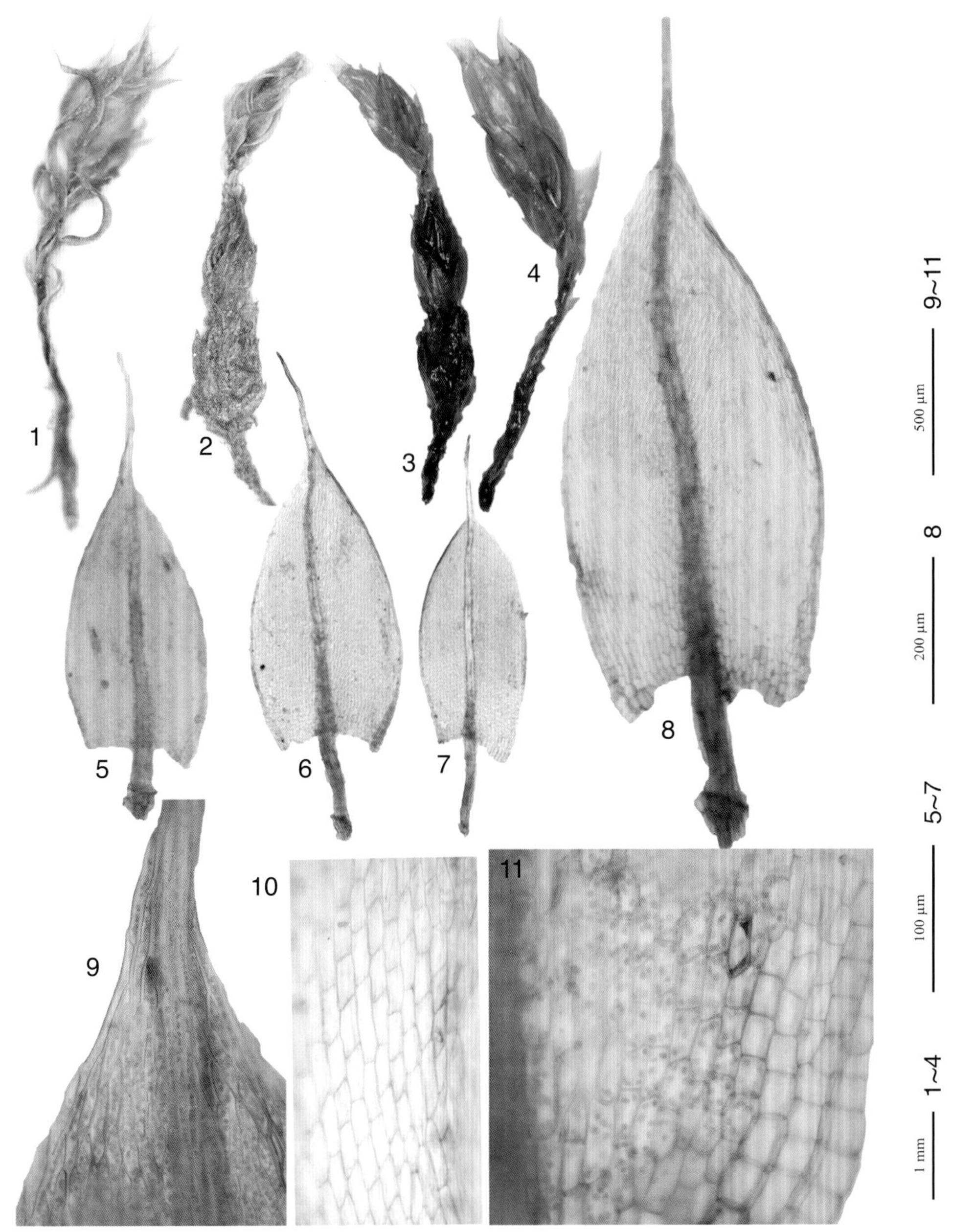

1~2. 植物体（干）；3~4. 植物体（湿）；5~8. 叶片；9. 叶上部细胞；10. 叶中部细胞；11. 叶基部细胞
（凭证标本：买买提明·苏来曼 11958，XJU）

133 球蒴真藓 *Bryum turbinatum* (Hedw.) Turner

簇生，黄绿色，体型中到大型，高约 30 mm，甚至更高。叶片卵圆状披针形至宽卵圆状披针形，渐尖。中肋贯顶。叶中上部细胞长菱形或长六角形，近边缘细胞狭，基部细胞长方形或近方形，稍膨大，红褐色。叶边缘略背卷，全缘或稍具齿，分化不明显，呈 1~3 列狭长细胞。孢子体未见。

标本鉴定：北木扎特河流域，MS 30249；海拔：2 660~2 735 m。

134 垂蒴真藓 *Bryum uliginosum* (Brid.) Bruch & Schimp.

丛生，绿色，体型小，高约 6 mm。茎略带红色，叉状分枝。叶片长卵圆形或长椭圆形，渐尖。中肋贯顶短出。叶中上部细胞长六角形，基部细胞长方形。叶边缘展，全缘，明显分化成 2~3 列狭线形的黄褐色厚壁细胞。孢蒴平列或下垂，长棒状，略弯曲，台部稍短于壶部，蒴口斜生，不对称。

标本鉴定：亚依拉克，MS 29922；小库孜巴依林场，MS 11856；大库孜巴依林场，MS 31178；铁兰河流域，MS 31357；北木扎特河流域，MS 25101；海拔：2 100~2 830 m。

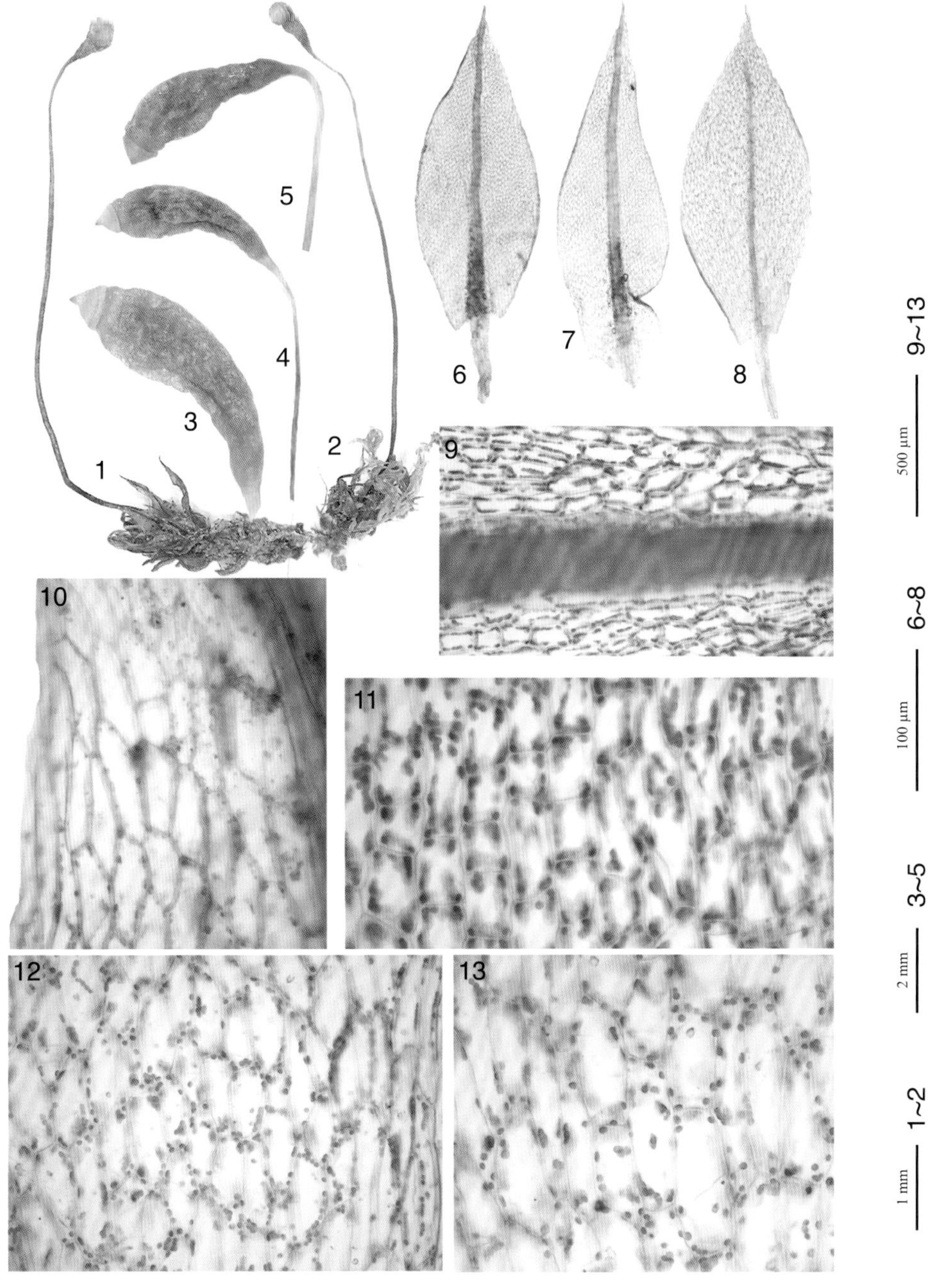

1~2. 植物体（干）；3~5. 孢子体；6~8. 叶片；9. 叶上部细胞；10~12. 叶中部细胞；13. 叶基部细胞
（凭证标本：买买提明·苏来曼 29922，XJU）

三十、缺齿藓科 Mielichhoferiaceae Schimper

植物体小至中等大小，茎上叶密被或略稀疏，干时直立紧贴，湿时倾展。叶呈长圆形至线状披针形，先端急尖至渐尖，叶边全缘或上部具细齿；中肋粗壮或细弱，长达叶尖部或突出呈芒状。叶中部细胞线形至线状菱形、薄壁或厚壁；近边缘细胞较狭；角细胞稍细弱，或无分化。雌雄异株，雌苞生于茎基部，苞叶较大，内部叶较小。孢蒴倾斜至平列，长圆形至梨形，具大的蒴台部，台部具气孔；具环带；蒴齿单一、稀成对，外齿层齿片多缺如，内齿层基膜低；齿条基部宽，上部狭长。蒴帽兜形。雄苞顶生。该属蒴齿的结构是显著缺乏外齿层齿片。

丝瓜藓属 *Pohlia* Hedw.

135 泛生丝瓜藓 *Pohlia cruda* (Hedw.) Lindb.

植物体丛生，绿色、淡黄绿色至淡白绿色，明显具光泽，茎高 0.6~3 cm 或略高，直立，近红色。下部叶阔卵状披针形至卵状长圆形，急尖或渐尖。中部叶狭长圆状披针形，(2~2.5) mm × 0.7 mm；上部叶（雌苞叶）长披针形或近线形，(3~3.5) mm × 0.4 mm，叶缘平展，上部具细圆齿；中肋明显在叶尖部以下消失，下部红色。叶中部细胞狭线形至近蠕虫形，(65~120) μm × (7~12) μm，薄壁，叶上部和较下部细胞较短于叶中部细胞。雌雄异株，稀见雌雄有序同苞。蒴柄 10~20 mm 长，曲折。孢蒴多倾立至平列或下垂，长圆状梨形或棒状，台部不明显。内齿层基膜约为外齿层的 1/3，齿条明显穿孔，齿毛 2~3 条。孢子直径 16~26 μm。

标本鉴定：北木扎特河流域，MS 22591；海拔：2 160 m。

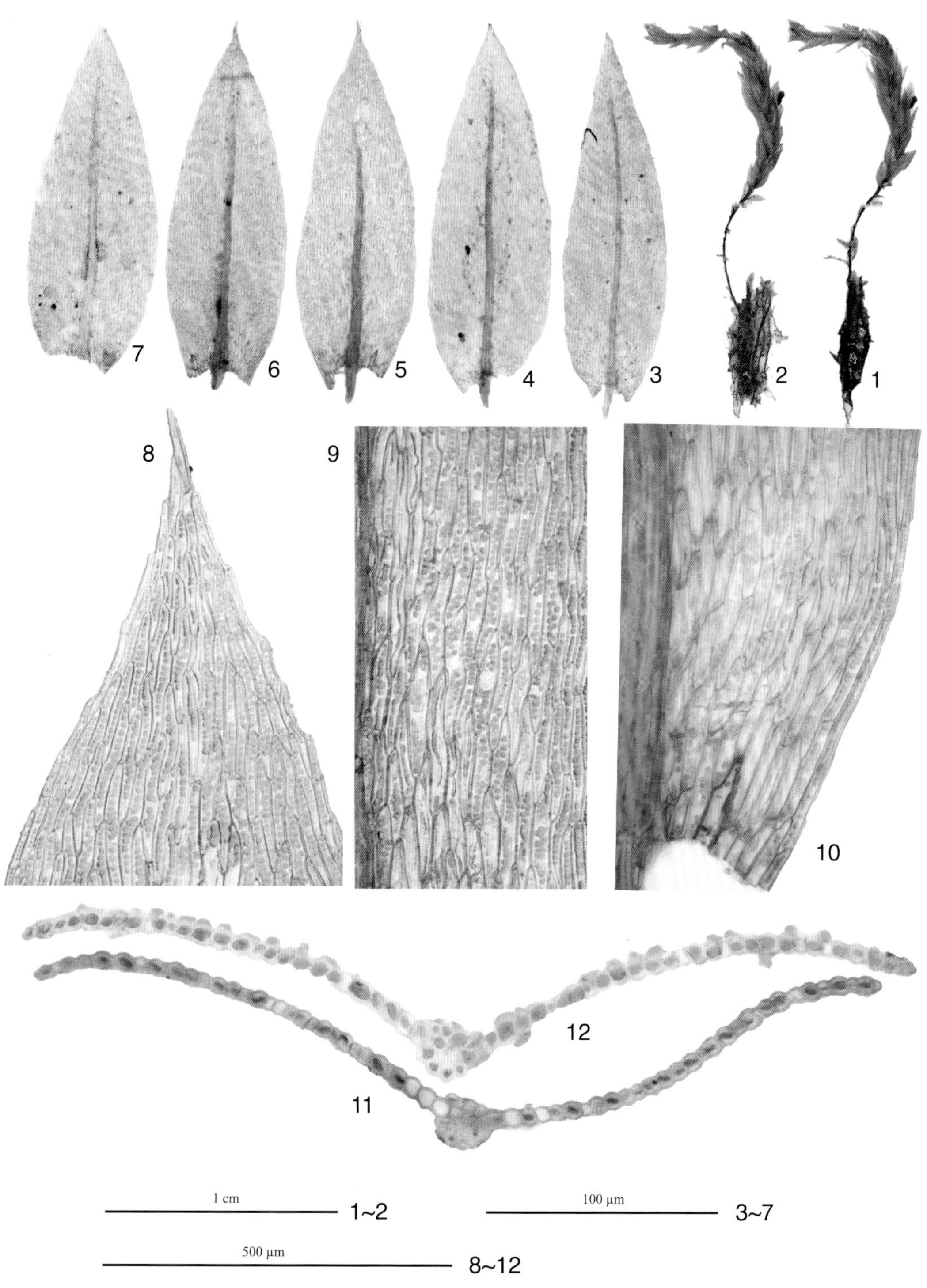

1. 植物体（湿）；2. 植物体（干）；3~7. 叶片；8. 叶上部细胞；9. 叶中部细胞；
10. 叶基部细胞；11~12. 叶横切面
（凭证标本：买买提明·苏来曼 22591，XJU）

136 丝瓜藓 *Pohlia elongata* Hedw.

植物体丛生，绿色或黄绿色，无光泽或略具光泽，高0.6~20 mm。茎直立，常在基部生有新生枝条，基部具假根。下部叶披针形，上部叶线状披针形至线形。叶片长1.5~5 mm，宽0.5 mm，边缘中下部常背卷，上部具细齿；中肋粗壮，至叶尖部。叶中部细胞近线形，(50~100) μm × (7~10) μm，薄壁至稍厚壁；基部细胞长方形，(30~60) μm × (12~16) μm。雌雄有序同苞。蒴柄长1~4 cm。孢蒴倾立或平列，棒槌状或长梨形，长3~6 mm，台部较壶部细，等长或长于壶部；近蒴口处蒴壁细胞狭长方形，厚壁；蒴盖锥状具细尖头；蒴齿两层，外齿层黄褐色，具疣，内齿层基膜达外齿层的1/4~1/2，齿条几无穿孔，齿毛1~2或缺。孢子直径12~20 μm，具细点状疣。

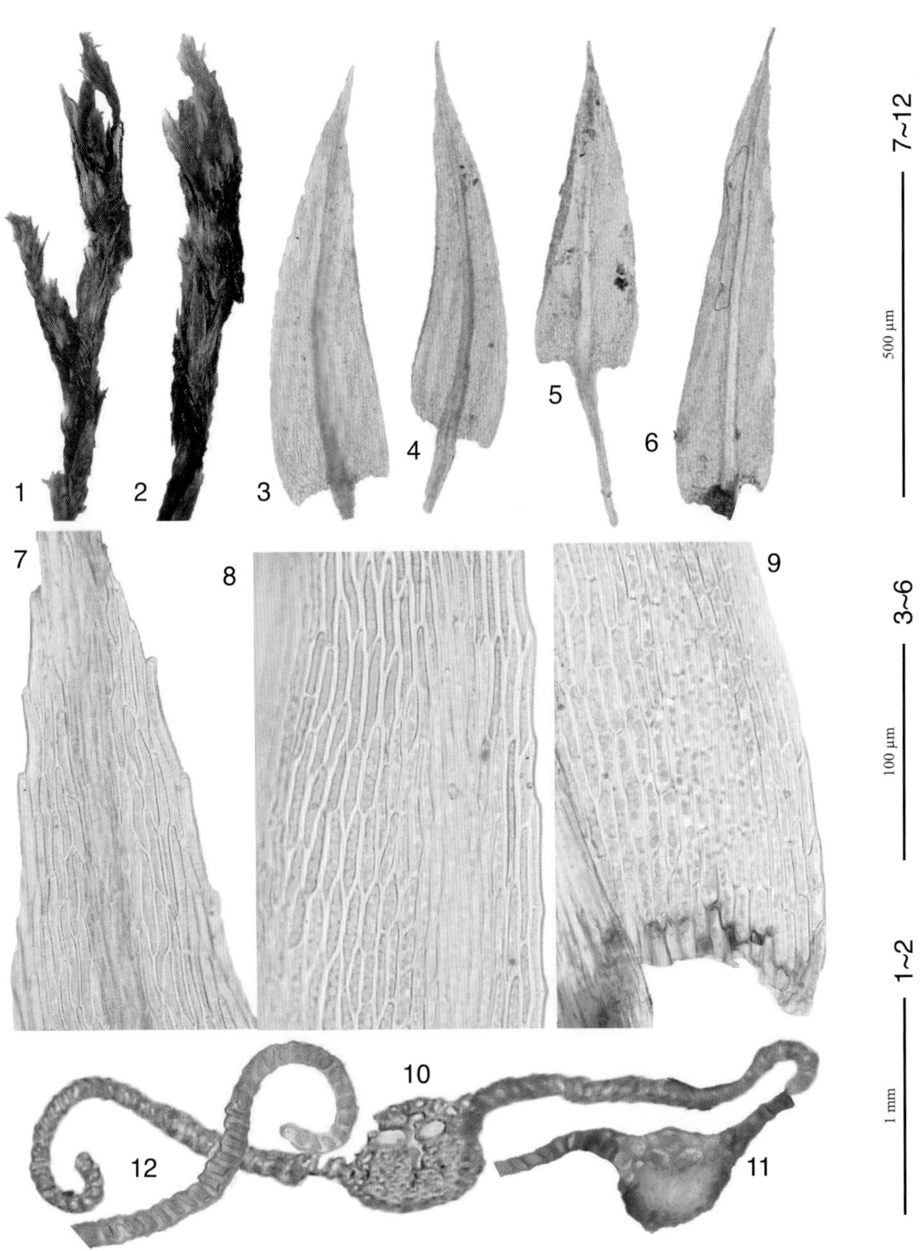

1~2. 植物体；3~6. 叶片；7. 叶上部细胞；8. 叶中部细胞；9. 叶基部细胞；10~12. 叶横切面

（凭证标本：买买提明·苏来曼 22843，XJU）

137 拟长蒴丝瓜藓 *Pohlia longicolla* (Hedw.) Lindb.

植物体多密集丛生，黄绿色，多具光泽。茎直立，长 1.5~5 cm。基部具假根。叶生于茎上部，下部较小，向上渐变大。下部叶长圆状披针形，渐上伸长。雌苞叶线形，叶缘多平直或稍背曲，尖部具齿；中肋多消失于叶近尖部。叶中部细胞线形，(7~12) μm × (70~140) μm，薄壁。雌雄同株。蒴柄长，0.8~2 (3) cm。孢蒴棒槌状，台部约为壶部的 1/3。蒴盖短圆锥形。蒴齿两层。外齿层齿片上部具粗疣；内齿层齿条与外齿层近于等长，具疣，中部具穿孔；齿毛 2 条，残留或发育好。孢子球形，18~26 μm，具疣。

标本鉴定：北木扎特河流域，MS 22843；海拔：2 280 m。

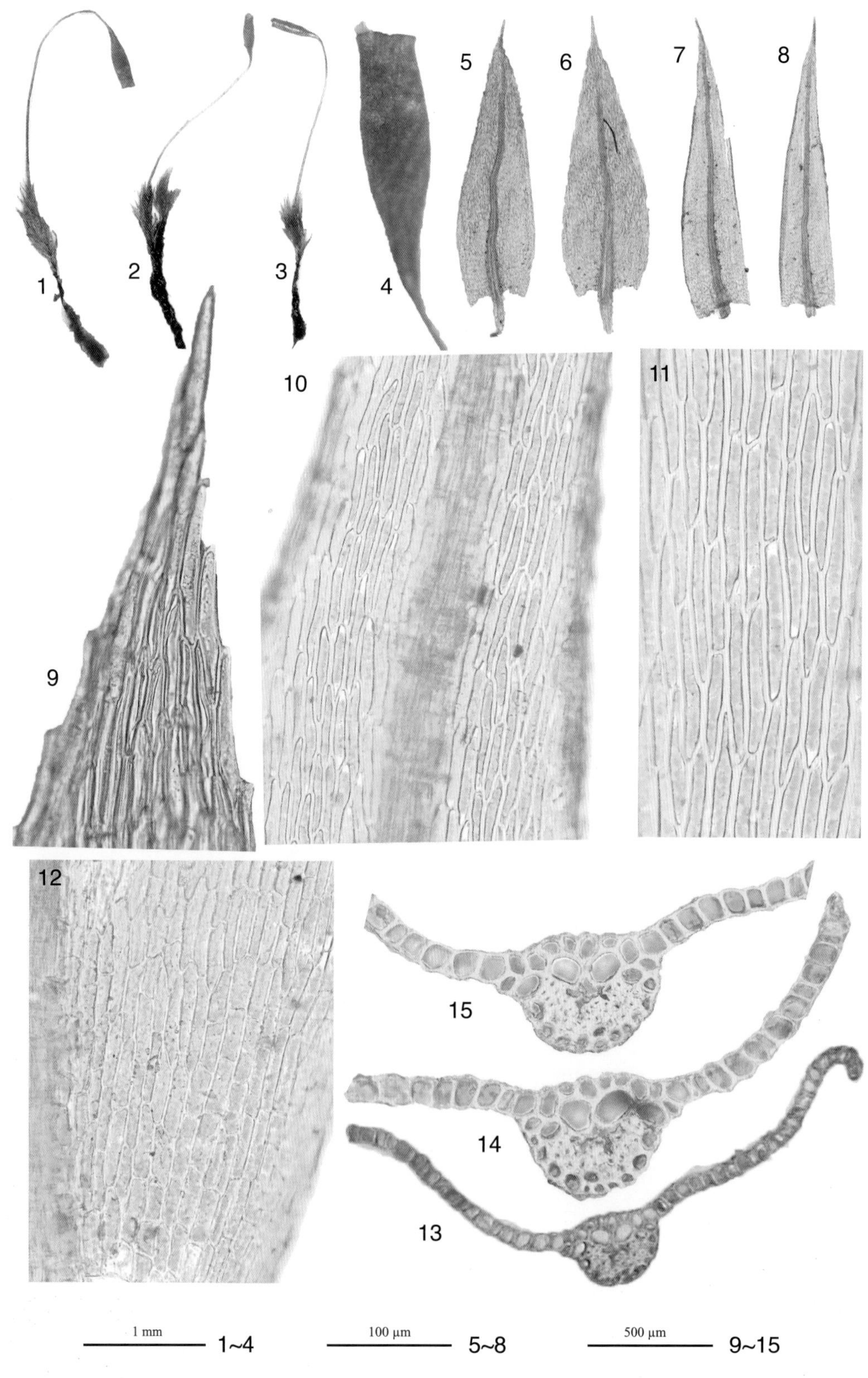

1~3. 植物体；4. 孢蒴；5~8. 叶片；9. 叶上部细胞；10~11. 叶中部细胞；12. 叶基部细胞；13~15. 叶横切面（凭证标本：买买提明·苏来曼 22816，XJU）

138 直叶丝瓜藓 *Pohlia marchica* Osterw.

植物体疏松或密集着生，黄绿色。茎单或在基部分枝，0.5~1.0 cm，基部密生假根。叶在茎下部稀疏着生，顶部聚集，狭披针形，(0.5~1.6) mm × (0.2~0.4) mm，渐尖，叶基不下延；叶边平展，尖部具细齿；中肋突出成短芒尖；中上部细胞长蠕虫形至线状菱形，(33~102) μm × (4~8) μm，厚壁；叶基部细胞狭长方形，(20~71) μm × (6~12) μm。雌雄异株。雌苞叶狭长披针形，中部叶边背卷。蒴柄单生，长达16 mm。孢蒴梨形，倾立至下垂，台部不明显；外齿层齿片三角状，基部宽，上部变狭，内面横隔明显；内齿层基膜高，超过外齿层的1/2，齿条、齿毛发育不全。孢子直径约18 μm，表面密被短棒状疣。

标本鉴定：北木扎特河流域，MS 24926；海拔：2 310 m。

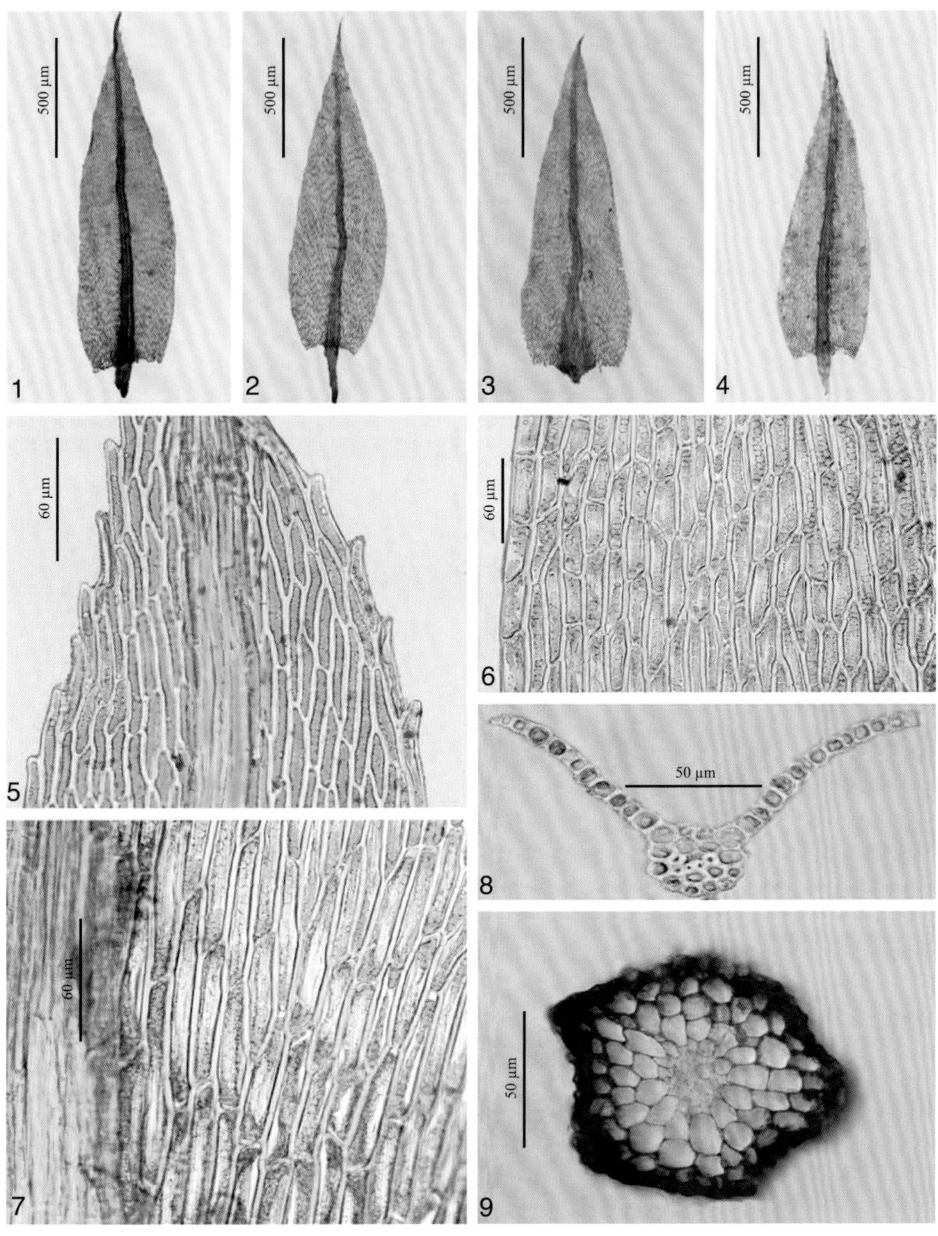

1~4. 叶片；5. 叶上部细胞；6. 叶中部细胞；7. 叶基部细胞；8. 叶横切面；9. 茎横切面
（凭证标本：买买提明·苏来曼 24926，XJU）

139 扭叶丝瓜藓 *Pohlia revolvens* (Cardot.) Nog.

植株直立，丛集，黄绿色，稍具光泽，高约1 cm，茎单生或有时有分枝，硬挺，红色。叶干时略扭曲旋转，湿时伸展，狭长披针形，(0.8~2.4) mm × (0.2~0.4) mm，渐尖，尖部常扭曲；叶缘强烈背卷，尖部有明显的细齿；中肋强劲，达顶；叶中上部细胞线状菱形至蠕虫形，(56~125) μm × (6~12) μm，厚壁；叶基部细胞长方形至短方形，(25~83) μm × (8~14) μm。雌雄异株。蒴柄粗壮，孢蒴直立至平列，长达4~5 mm，卵圆柱形；台部短于壶部；有环带；蒴盖圆锥形；外蒴齿狭披针形，基部具孔穴，上部具粗疣；内齿层基膜低，齿条与外齿片等长或稍短，龙骨状，常具狭穿孔，齿毛有至缺失。孢子直径26~29 μm，表面不规则分布着大小不一的颗粒状疣。

标本鉴定：塔克拉克，MS 24380；北木扎特河流域，MS 22623；海拔：2 160~2 600 m。

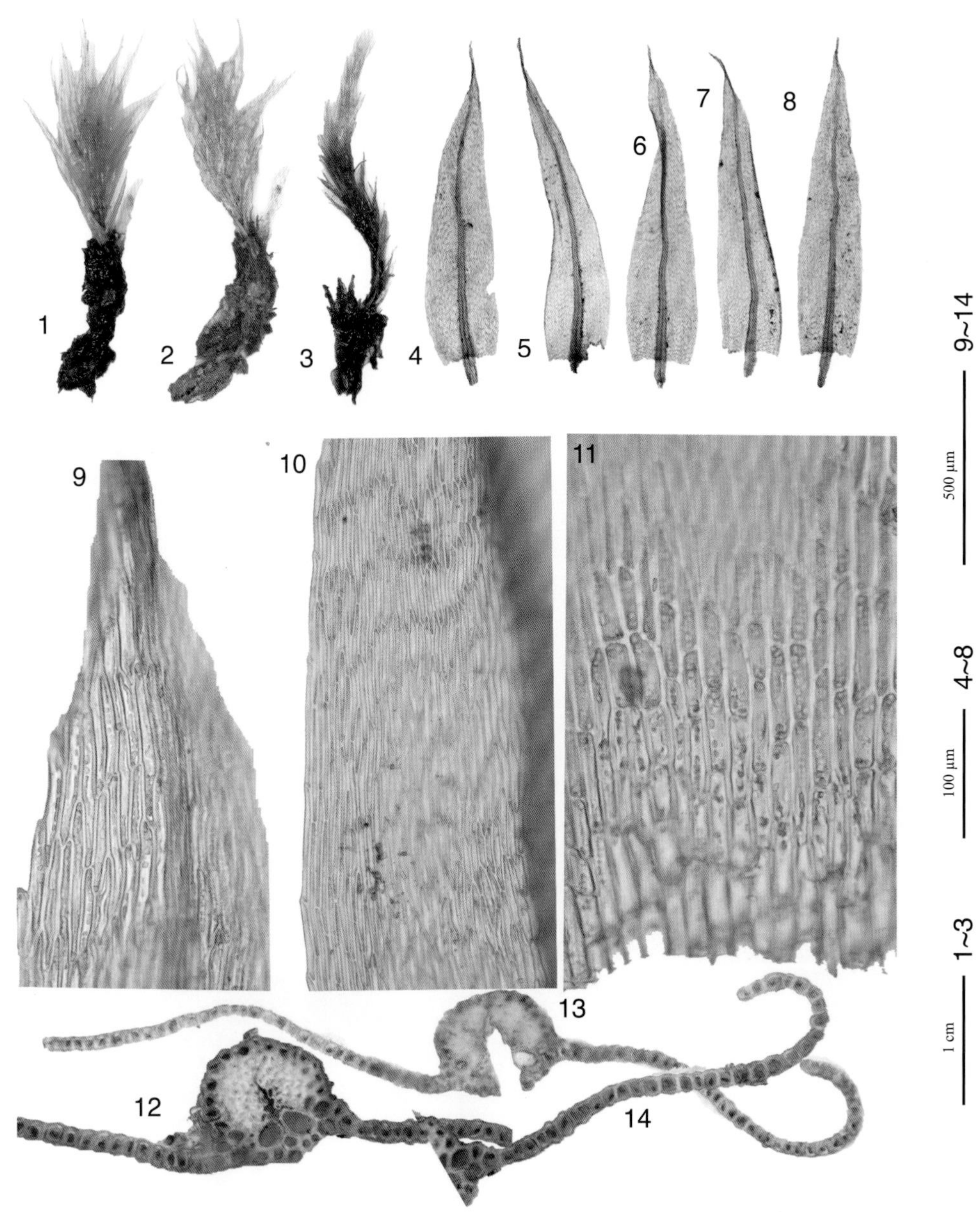

1~3. 植物体；4~8. 叶片；9. 叶上部细胞；10. 叶中部细胞；11. 叶基部细胞；12~14. 叶横切面
（凭证标本：买买提明·苏来曼 25033，XJU）

140 狭叶丝瓜藓 *Pohlia timmioides* (Broth.) P. C. Chen ex Redf. & B.C. Tan

植物体小片密集丛生，茁壮而硬挺，黄绿色，明显具光泽。茎直立，无或稀分枝，高约4 cm，下部具密集褐色假根。叶在茎上部密集着生，干时紧贴于茎或稍斜展，湿时斜展，狭披针形至线形龙骨状，基部呈红色，(2.1~5.6) mm × (0.4~0.5) mm，叶先端短的渐尖或近急尖，上部边缘具齿，叶缘近基部至近尖部明显强烈背卷；中肋达叶近尖部。叶中部细胞线形，(60~100) μm × (6~9)μm，多少厚壁，尖部与基部稍短而宽。雌雄异株，蒴柄长约2 cm，纤细，孢蒴平列或近直立，棒状，长约5 mm，内齿基膜低，齿条狭线形，几无穿孔，齿毛缺如，蒴盖小，圆锥状，急尖。

标本鉴定：北木扎特河流域，MS 22755；海拔：2 640 m。

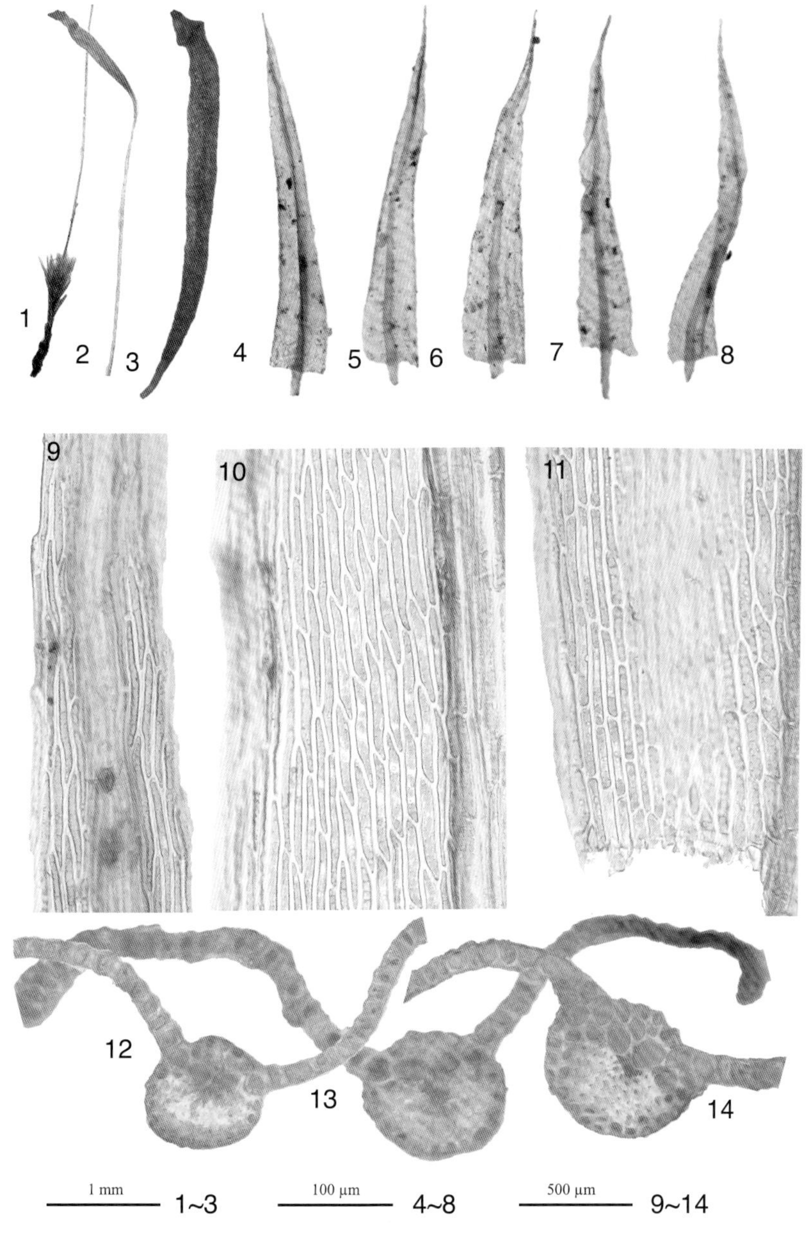

1. 植物体；2. 孢子体；3. 孢蒴；4~8. 叶片；9. 叶上部细胞；10. 叶中部细胞；11. 叶基部细胞；12~14. 叶横切面
（凭证标本：买买提明·苏来曼 22755，XJU）

141 拟丝瓜藓 *Pseudopohlia microstoma* (Harv.) Mizush.

雌雄异株，较高，丛集，稍具光泽，绿色。茎直立，淡红色，上部具新生枝，嫩枝时常上部纤细，连同新生枝高约 2 cm，叶稠密、新生枝叶腋具多个褐色卵圆形具短柄的芽胞，或在顶部呈数个伸长的细小叶。茎叶和新生枝叶直立，狭长，渐尖，长 1.5~2 mm。向上狭外卷，顶部具细齿；中肋稍强壮，顶部稍扭曲。上部叶细胞长轴形，基部细胞呈疏松的长方形。雌苞叶较大，长 2.5 mm，基部宽，具尖头，边缘明显外卷。蒴柄直立，上部稍扭曲，长 3~4 cm，紫色。孢蒴直立或稍下倾，长 4 mm，宽 1.5 mm，椭圆形，台部明显短于壶部，具皱折，蒴口小，淡红色。蒴盖圆锥形，顶部突起；环带常存，单列，易碎，碎片残存。蒴齿两层；外齿层齿片 16 枚，呈两片相连，具疣，内齿层齿条上部具纵向条纹，淡白色或淡黄色，基膜淡黄色，低矮及平滑，齿毛成对联合为 8 对。孢子直径约 20 μm，肾形，中央具纹孔，外壁具粗疣。

标本鉴定：北木扎特河流域，MS 22814；海拔：2 280 m。

1. 种群；2~3. 植株；4. 孢蒴；5. 假根；6. 茎横切面；7. 蒴齿；8~11. 芽胞
（凭证标本：买买提明·苏来曼 22814）

三十一、提灯藓科 Mniaceae Schwägr.

为温带森林或湿原地带的多年生藓类。茎通常直立，常有分枝或有匍匐横枝，基部或匍匐枝上多被假根；茎、枝横切面呈五棱角形，具分化中轴。叶大型，丛生茎枝上部，圆形，下部阔，渐上细，在叶尖下部或叶尖部消失，稀突出叶尖，背部前端有时具刺；叶细胞多薄壁，稀厚壁而具壁孔，圆六边形；叶缘细胞较小或狭长构成分化边缘，平滑或具乳头。雌雄异株或同株，生殖苞顶生。蒴柄高出，稀短小，硬直而平滑，稀上部呈弓形。孢蒴平列或下垂，稀直立，长卵圆形，稀球形，辐射对称，稀稍弯曲，有短台部。环带具 2 列细胞，自行脱落。蒴齿两层，内外齿层等长，稀外齿层较短，通常发育如真藓蒴齿形。蒴帽兜形或勺形，通常平滑，稀具毛。蒴盖突出具斜喙。孢子大型。8 属，分布于世界各地，尤以北温带较多。

提灯藓属 *Mnium* Hedw.

142 平肋提灯藓 *Mnium laevinerve* Cardot

植物体疏松丛生，较纤细，绿色或褐绿色，基部具假根。茎直立，1.3~1.7 cm，单一或具小分枝。叶片上部着生叶，呈莲座状，基部疏生叶。叶片在干燥时皱缩，潮湿时舒展，长4.2~7.0 mm，宽1.3~3.6 mm，基部狭缩，下延，叶片呈卵圆形或长椭圆形，先端渐尖，具小尖头；叶缘由2~3列狭长形或线形细胞构成窄分化边，叶上下部具2列锐齿；中肋粗壮单一，红色，长达于叶尖，背面上部平滑无齿；叶片细胞呈不规则圆六边形，薄壁或角部加厚，中部细胞15~20 μm。孢子体单生。蒴柄1.5~2.3 cm，呈黄褐色。孢蒴倾立或平列，长5 mm，呈长椭圆形。蒴齿2层，蒴盖圆锥形，具斜喙状尖。雌雄异株。

标本鉴定：塔克拉克，MS 11798；小库孜巴依林场，MS 24513；海拔：2 090~2 700 m。

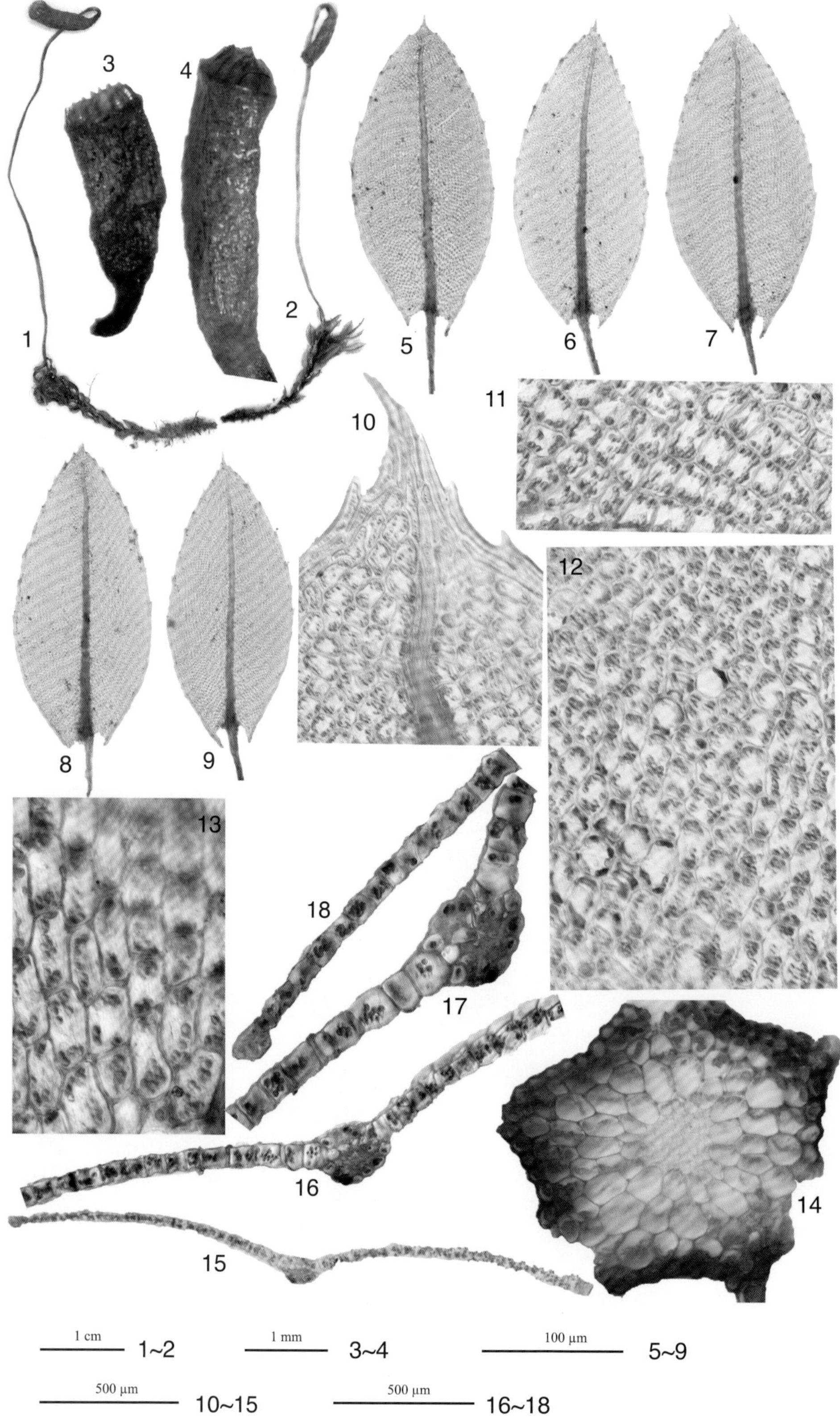

1~2. 植物体；3~4. 孢蒴；5~9. 叶片；10. 叶上部细胞；11~12. 叶中部细胞；13. 叶基部细胞；14. 茎横切面；15~18. 叶横切面

（凭证标本：买买提明·苏来曼 24513，XJU）

143 长叶提灯藓 *Mnium lycopodioiodes* Schwägr.

植物体疏散丛生，较为纤细，深绿色或暗绿色。茎直立，单一，稀分枝，红色，2.5~4.5 cm，基部密被红棕色假根。茎上部密生叶且叶片较大，茎下部疏生叶，叶片干燥时卷曲，潮湿时伸展，呈长卵状披针形，长2.5~4.5 mm，宽1.2~1.5 mm，叶先端急尖或渐尖，具小尖头，叶下部较叶尖宽大，基部狭缩，下延。叶缘上下部均具双列尖齿，边缘由2~3列狭长形或蠕虫形细胞构成分化边；中肋单一，红色，长达叶尖且突出成尖头，背面上方具刺状齿。叶细胞较小，上部细胞不规则多边形，中部细胞近圆形，基部细胞小且密，细胞薄壁或角部稍加厚，直径15~25 μm。孢子体单生或丛生。蒴柄较细，长1.5~2 cm；孢蒴倾立或平列，呈卵圆柱形，长2~5 mm，直径1.5~2.4 mm；蒴盖具斜喙状尖，蒴齿2层。雌雄异株。

标本鉴定：塔克拉克，MS 11918；小库孜巴依林场，MS 24569；铁兰河流域，MS 31363；北木扎特河流域，MS 30219；海拔：2 500~2 700 m。

144 具缘提灯藓 *Mnium marginatum* (Dicks.) P. Beauv.

植物体较小，高 1.5~3.5 cm，疏丛生，深绿色带红棕色。茎直立，单一，稀分枝，基部具红棕色假根，茎上部叶密生且较大，呈长椭圆形，下部叶疏生且小，呈阔椭圆形。叶在干燥时卷缩，或贴附于茎，潮湿时舒展直立；中部宽，基部收缩，略下延，先端渐尖，具长尖头；叶缘分化，稍带红色，由 2~3 列长方形的厚壁细胞构成分化边，叶缘中上部具双列短钝齿；中肋红色，达于叶尖并突出成刺状小尖，背面平滑无齿；叶片细胞较小，上部细胞近正方形至圆形，中部细胞呈不规则的多边形，基部细胞近长方形，颜色较浅，细胞厚壁。孢子体单生，稀双生。蒴柄黄色，长 2~3 cm。孢蒴呈卵圆形或长椭圆形，具短的蒴台，平列或倾垂。蒴盖平凸状，具短喙状尖，蒴齿 2 层。孢子直径 19~26 μm。雌雄同株。

药用全草。味淡、性凉，具有凉血、止血的功能，用于治疗鼻衄、崩漏。

标本鉴定：塔克拉克，MS 24344；亚依拉克，MS 29988；破城子，MS 30097；小库孜巴依林场，MS 30058；铁兰河流域，MS 31345；北木扎特河流域，MS 22670；海拔：1 900 ~ 2 700 m。

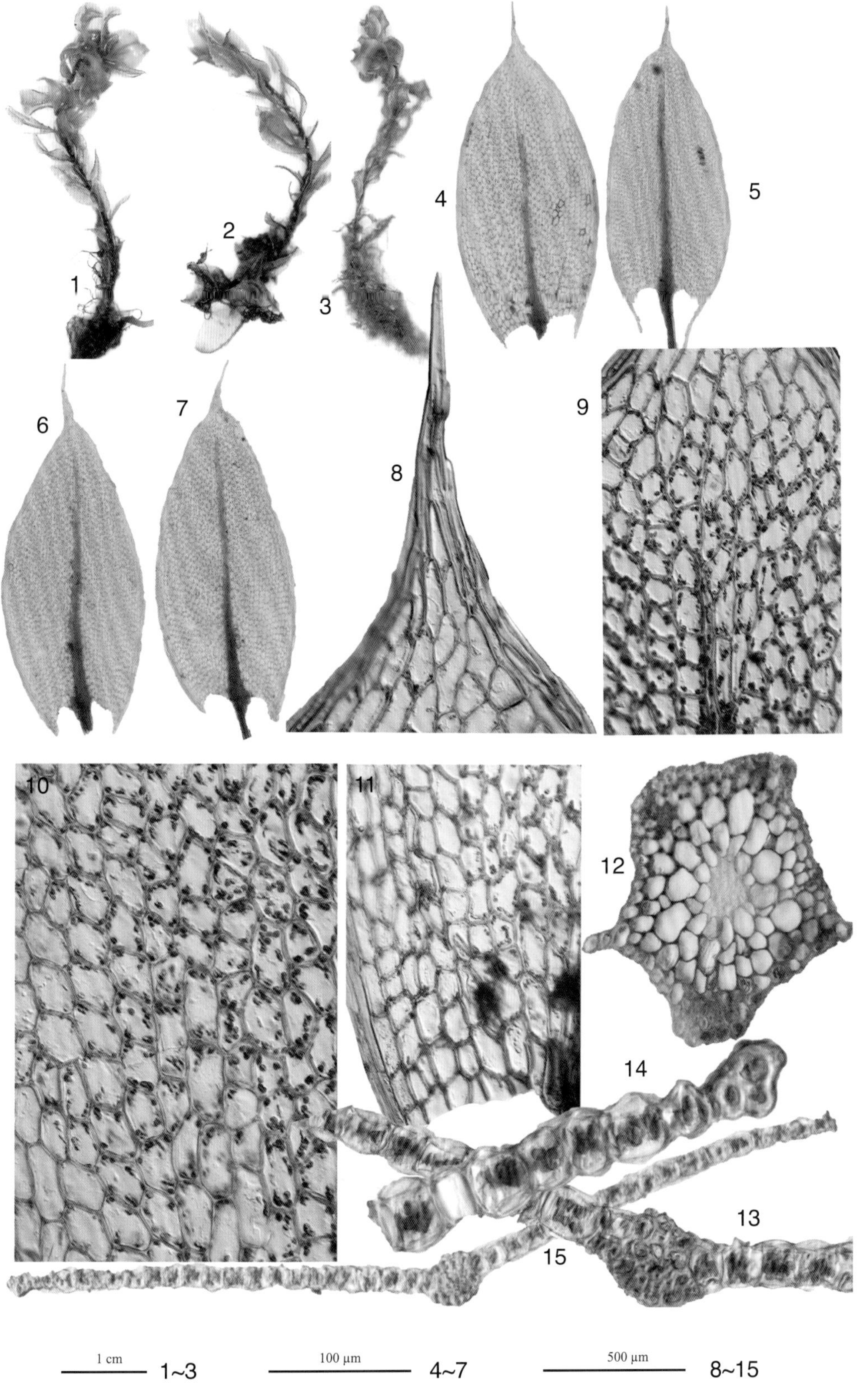

1~3. 植物体；4~7. 叶片；8~9. 叶上部细胞；10. 叶中部细胞；11. 叶基部细胞；12. 茎横切面；13~15. 叶横切面
（凭证标本：买买提明·苏来曼 24271，XJU）

145 小刺叶提灯藓 *Mnium spinulosum* Bruch & Schimp.

植物体中等大小，疏松丛生，鲜绿色。茎直立，不分枝，高 2.5~5 cm，中下部具假根。叶在茎两侧均匀分布，上部叶较大，干燥时略皱缩，潮湿时平展，呈卵圆形，下部叶较小，近圆形，长 4.5~5.8 mm，宽 1.3~2 mm，基部狭缩，稍下延，先端渐尖，具小尖头；叶缘具明显增厚的分化边，由 3~4 列呈蠕虫形或狭长线形细胞构成，叶边中上部具双列长尖锯齿。中肋长达叶尖并突出，红色，背面上部平滑无齿，基部较粗壮；叶细胞较小，上部细胞呈四边形，中部细胞稍大，呈不规则多边形，基部细胞呈长方状四边形，细胞薄壁。孢子体单生，稀丛生。蒴柄粗壮，长 1.5~2.5 cm；孢蒴直立或倾立，呈卵状椭圆柱形，蒴盖具圆锥状尖，蒴齿 2 层。孢子直径 12~22 μm。雌雄异株。

标本鉴定：小库孜巴依林场，MS 11843；北木扎特河流域，MS 25031；海拔：2 100~2 500 m。

146 刺叶提灯藓 *Mnium spinosum* (Voit) Schwägr.

植物体相对于其他种较粗壮，疏丛生，高 2.5~5 cm，鲜绿色或绿色稍带红棕色。茎直立，单一不分枝，基部具红棕色假根，茎顶部叶大，密生成莲座状，下部叶渐小，呈红棕色，干燥时卷缩，潮湿时稍平展，长 4~7.5 mm，宽 2~3.5 mm，基部收缩，具长的下延，长披针形，叶片具横波纹，先端渐尖，具小尖头；叶缘由 2~3 列狭长线形细胞构成分化边，叶缘上 2/3 部具双列长尖锐齿；中肋粗壮，红褐色，达于叶尖并突出成刺状小尖，背面上部具明显刺状齿；叶片细胞自中肋向斜上方整齐排列，上部细胞六边形，中部细胞长方状六边形，基部细胞长方形，细胞较大，23~30 µm，最大可达 40 µm，具壁孔。孢子体丛生，往往一个雌器苞中有 2~5 个孢子体，稀单生。蒴柄黄褐色，长 1~2.5 cm。孢蒴倾垂或下垂，呈长椭圆柱形，长 2.7~3 mm，蒴盖半凸状，具短的圆锥状尖，蒴齿 2 层。孢子直径 16~25 µm。雌雄异株。

标本鉴定：破城子，MS 30101；北木扎特河流域，MS 30218；海拔：2 010~2 660 m。

1. 植物体（干）；2. 多植物体；3. 单植物体；4. 叶背面；5. 叶正面；6. 叶上部背面（示中肋刺突）；7. 叶上部正面；8. 叶中下部背面；9. 叶中下部细胞；10. 叶基部细胞

（凭证标本：买买提明·苏来曼 30101，XJU）

147 硬叶提灯藓 *Mnium stellare* Hedw.

植物体疏松丛生，纤细，暗绿色或黑绿色。茎直立，单一，稀分枝，高 1.2~2.3 cm，基部具假根；叶疏生，长 1.5~3 mm，宽 0.5~1.5 mm，存放时间过久时叶片部分会变成黑蓝色，干燥时略卷缩，潮湿时伸展，基部收缩，下延，先端渐尖，具小尖头，椭圆形或倒卵圆形；叶缘无分化边，叶 2/3 部具由单细胞构成的单齿；中肋较细，红棕色，在叶尖上部终止，背部平滑无齿。叶片细胞大小中等，中肋处细胞稍大，每平方毫米有 1 500~1 800 个细胞，上部细胞呈不规则四边形，中部细胞呈圆六边形，基部细胞呈不规则多边形，细胞薄壁或角部加厚。孢子体单生。蒴柄长 1.5~2 cm，红褐色。孢蒴平列或倾垂，2.3~3 mm，长卵形。蒴盖平凸半球状，顶部无圆锥状尖。孢子直径 17~22 μm，黄绿色，具细疣。雌雄异株。

标本鉴定：小库孜巴依林场，MS 24571；海拔：2 500 m。

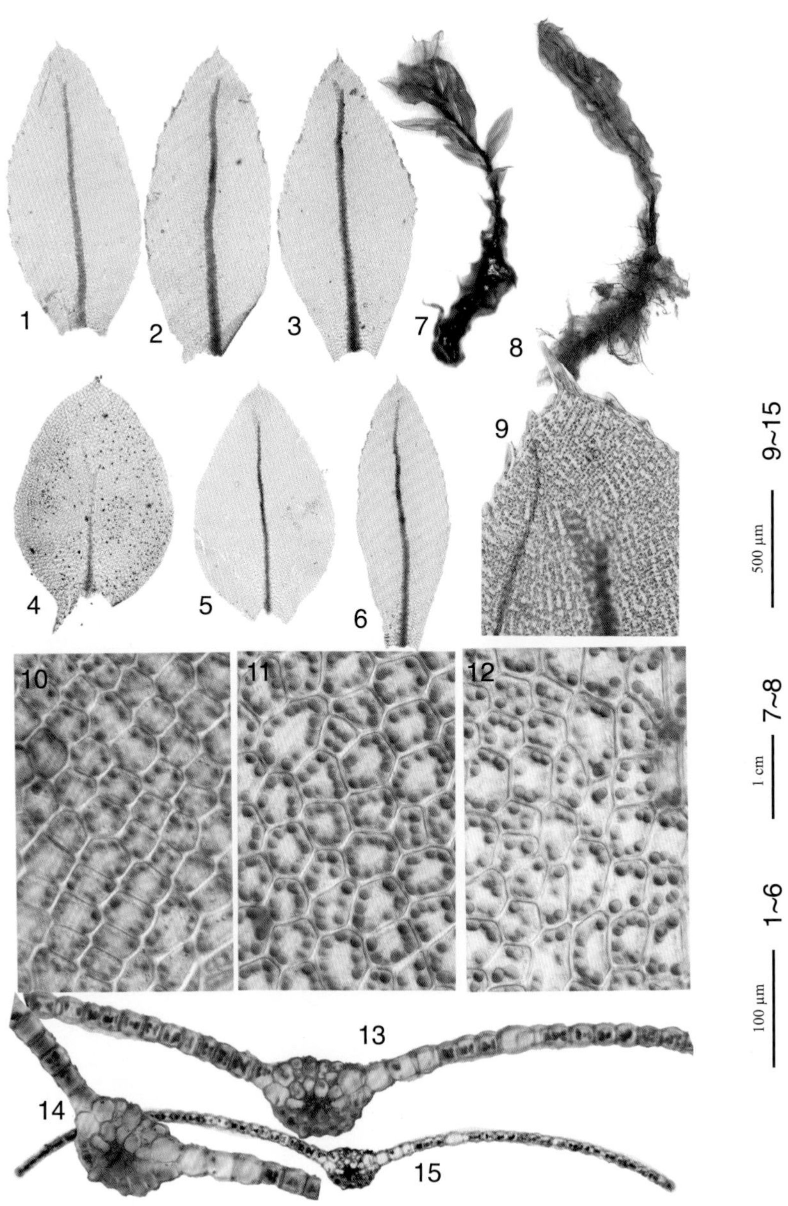

1~6. 叶片；7~8. 植物体；9. 叶上部细胞；10. 叶上部细胞；11. 叶中部细胞；12. 叶基部细胞；13~15. 叶横切面
（凭证标本：买买提明·苏来曼 24571，XJU）

148 偏叶提灯藓 *Mnium thomsonii* Schimp.

植物体较粗壮，高3~5 cm，丛生，黄绿色。茎直立，单一不分枝，红色，基部具假根；叶密生，茎上部叶较大，基部叶渐小。叶往一侧偏卷，在干燥时皱缩，潮湿时舒展，左右不对称，基部狭缩，稍下延，先端渐尖，具小尖头，长椭圆形或披针形，叶形略一侧弯曲，长8~10 mm，宽2~3.5 mm，叶缘由2~3列狭长线形细胞构成分化边，稍带红色，叶上下部具双列短齿；中肋细，部分弯曲，达于叶尖并突出，背面上部具刺状齿，红色；叶片细胞小，每平方毫米有3 200~4 000个细胞，上部细胞不规则多边形或近圆形，中部细胞呈不规则的四边形，基部细胞呈多边形或多角形，细胞薄壁，角部不加厚。孢子体单生。蒴柄长1.5~2.5 cm，粗壮。孢蒴单生于雌苞叶中，卵状长椭圆形，长5~6.2 mm，直径2.0~2.3 mm，直立或平列。蒴盖圆锥形，具短粗喙状头，蒴齿2层。雌雄异株。

标本鉴定：塔克拉克，MS 24381；亚依拉克，MS 29924；小库孜巴依林场，MS 30125；铁兰河流域，MS 31333；北木扎特河流域，MS 25146；海拔：1 960~2 660 m。

149 匐灯藓 *Plagiomnium cuspidatum* (Hedw.) T. J. Kop.

植物体疏松丛生，呈暗绿或黄绿色，无光泽。茎及营养枝均匍匐生长或呈弓形弯曲，疏生叶，在着地的部位均丛生黄棕色假根。叶呈阔卵圆形，或近于菱形，长约 5 mm，宽约 3 mm，叶基狭缩，基角部往往下延，先端急尖，具小尖头；叶缘具明显的分化边，叶边中上部多具单列锯齿，仅枝上幼叶的叶边近于全缘；中肋平滑，长达叶尖，且稍突出。叶细胞薄壁，但角部稍增厚，呈多角状不规则的圆形。生殖枝直立，高 2~3 cm，叶多集生于上段，其上的叶较狭长，呈长卵状菱形或披针形。雌雄异株。蒴柄红黄色，长 2~3 cm。孢蒴呈卵状圆筒形，往往下垂。

药用全草，四季采收，采后洗净晒干。味淡，性凉，有止血的功能，用于治疗鼻衄及崩漏等症；另外，对淋巴细胞白血病及神经胶质细胞癌等癌症有一定抑制作用。

标本鉴定：北木扎特河流域，MS 30180；海拔：2 660 m。

150 阔边匐灯藓 *Plogiomnium ellipticum* (Brid.) T. J. Kop.

植物体疏松丛生，茎匍匐，疏生叶，密被棕色假根。生殖枝直立，高约 2 cm，下段疏被假根，上段密被叶。叶片呈椭圆形，基部收缩，先端急尖或稍圆钝，具长尖头；叶缘具明显分化的阔边，阔边由 4~8 列狭线形细胞构成，阔边的中上部疏具细齿，齿多由 1 个长细胞的尖部突出而形成；中肋粗壮，长达叶尖，先端较细。叶细胞呈 5~6 角形、胞壁较薄，排列整齐。雌雄异株。孢子体形同属所列。

标本鉴定：木扎特河流域，MS 30180；海拔：2 660 m。

151 多蒴匐灯藓 *Plagiomnium medium* (Bruch & Schimp.) T. J. Kop.

植物体疏松丛生。横茎匍匐、密被黄棕色假根；不孕枝匍匐，往往呈弓形弯曲，其上疏生叶，着地处簇生假根；生殖枝直立，下段密被假根，上段密生叶。叶片干时略皱缩，湿时伸展，呈阔椭圆形，长 5~7 mm，宽 3.8~4.2 mm，叶基狭缩，稍下延，先端急尖，顶部具稍扭曲的长尖头；叶缘由 3~4 列窄长细胞构成，有分化边，叶边上下均具锐齿；中肋粗壮，长达叶尖。叶细胞较大，每平方毫米具 300~500 个细胞，呈多角状圆形至椭圆形，胞壁角部明显加厚。雌雄同株，混生同苞。孢子体往往多个丛出。蒴柄长 3~4 cm，下段红色，上段带黄红色。孢蒴下垂，呈卵状圆柱形，长 3~4.5 mm，直径 1.2~2 mm。

标本鉴定：夏塔古道，MS 30268；海拔：2 550 m。

三十二、珠藓科 Bartramiaceae Schwagr.

植物体密集丛生，密被假根，成垫状。茎具分化中轴及皮部，生殖枝下常有1~2分枝。叶5~8列，紧密排列，叶片呈卵状披针形，基部通常不下延；先端狭长基部呈鞘状，稀有纵褶；边缘不分化，上部边缘及中肋背部均具齿；中肋强劲，不及叶尖，或稍突出如芒，横切面中有多数中央主细胞及副细胞，仅有背厚壁层及背细胞。叶细胞圆方形、长方形、稀狭长方形，通常壁较厚，无壁孔，背腹均有乳头，稀平滑，基部细胞同形或阔大，透明，通常平滑，稀有分化的角细胞。雌雄同株或异株。生殖苞顶生，稀因苗生新芽而成为假侧生。雄器苞芽苞形或盘形；配丝多数线形或棒形。雌苞叶较大而同形。孢子体单生，稀2~5丛生。柄多高出。孢直立或倾立，稀下垂；通常球形，稀有明显的台部，多数凸背，斜口，有深色的长纵褶，稀对称而平滑。气孔多数，显型，位于孢台部。环带多不发育。齿两层，稀单层，或部分退失。外齿层齿片短披针形，棕黄色，或红棕色，平滑或具疣，多数无分化边缘，内面横隔高出。内齿层较短，折叠形，基膜占齿长的1/4~1/2；齿条上部有穿孔，成熟后全部裂开；齿毛1~3，有时不发育或全退失，无节条。盖小，短圆锥体形，稀具喙，干时平展，中部隆起。帽小，兜形，平滑，易脱落。孢子大，圆形，椭圆形或肾形，具疣。

珠藓属 *Bartramia* Hedw.

152 梨蒴珠藓 *Bartramia pomiformis* Hedw.

植物体密集丛生，茎直立或倾立。单一或分枝，高 2~5 cm，密被棕色假根。叶 8 列着生，干燥时弯曲，潮湿时伸展，线状披针形，基部直立，向上渐成细长叶尖，长 3~5 mm；基部宽 0.5~0.6 mm；叶缘具单列齿；中肋长达叶尖，上部背面具刺状齿。叶上部细胞单层，边缘 2 层，短长方形，壁加厚，两面具乳头；基部细胞不规则长方形，平滑透明。雌雄同株。蒴柄直立，红棕色，长 0.8~1.5 cm。孢蒴倾立，球形，蒴口小，倾斜，表面具纵长褶；蒴齿 2 层，外齿片披针形，红棕色，具细疣；内齿层短于外齿层，淡黄色，基膜低，齿条短，无齿毛。蒴盖低圆锥形。孢子棕黄色，直径 15~19 um，具粗疣。

药用全草。味辛性温有抑菌功效，可用于治疗老年虚咳、跌打损伤、风湿麻木等症，对白血病、神经胶质细胞癌等有一定抑制作用。

标本鉴定：北木扎特河流域，MS 25074；海拔：2 640 m。

153 溪泽藓 *Philonotis fontana* (Hedw.) Brid.

植物体密集片状丛生，基部密被褐色假根，茎高 2~10 cm。顶端有轮生短枝。顶叶密集，多一侧弯曲，叶片长达 2~2.5 cm，基部阔卵形或心形，叶边背卷，上部渐尖，边缘具微齿；中肋粗壮，直达叶尖或突出成毛尖状。叶细胞多角形或长方形，腹面观疣突位于细胞的上端，背面观疣突位于细胞的下端。孢蒴卵圆形、圆形，(2.5~3) mm × (1.7~2) mm。初直立，后弯曲，有纵褶。雌雄异株，雄株体形较纤细，而雌株较粗硬。

药用全草，夏秋采收，洗净晒干。味淡，性凉，有清热解毒的功能。用于治疗扁桃体炎及上呼吸道炎症，还可用于治疗水火烫伤、烧伤，研磨成粉末用香油调敷可减轻疼痛。

标本鉴定：北木扎特河流域，MS 24792；海拔：2 160 m。

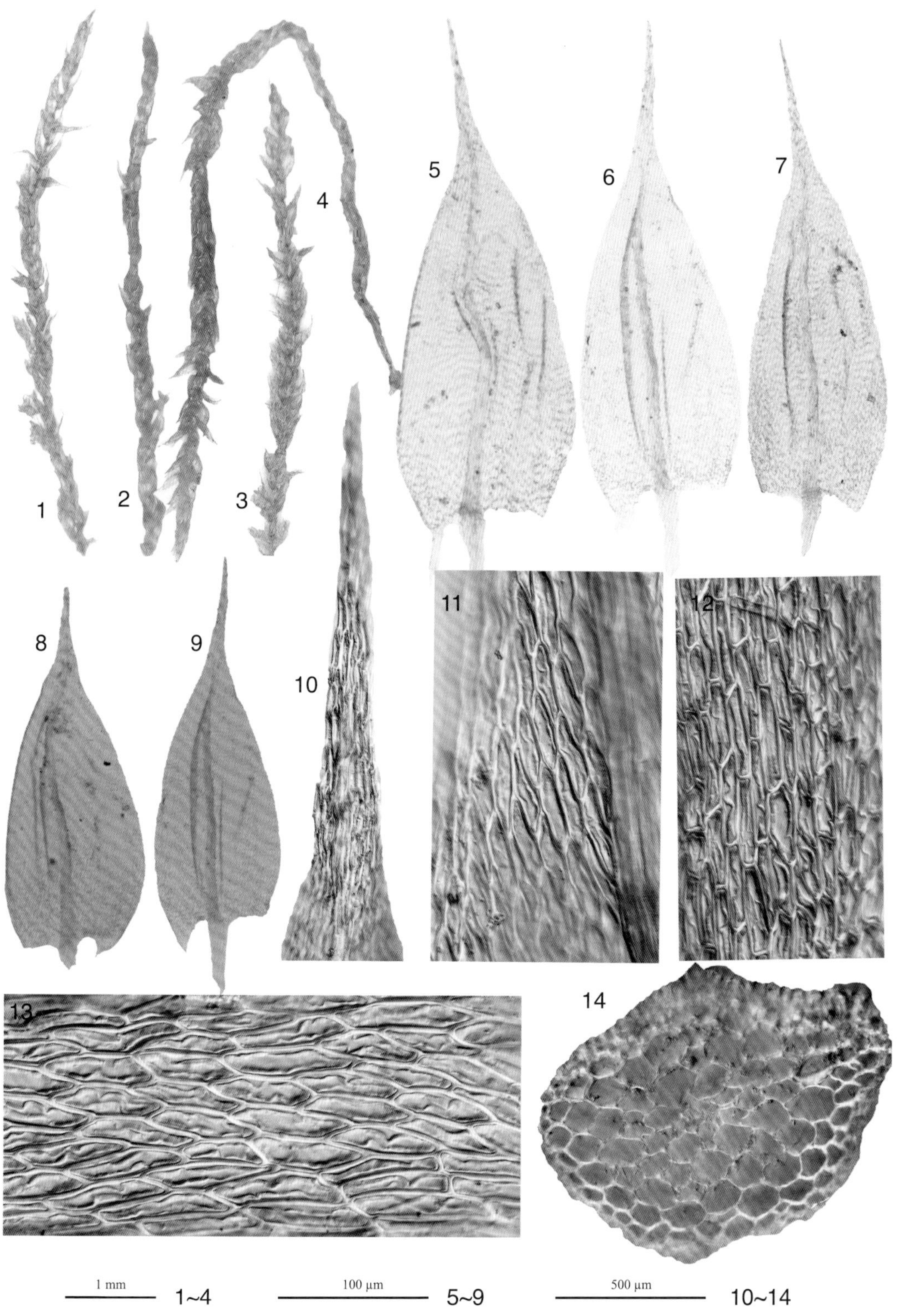

1~4. 植物体；5~9. 叶片；10. 叶上部细胞；11. 叶中上部细胞；12. 叶中部细胞；13. 叶基部细胞；14. 茎横切面（凭证标本：买买提明·苏来曼 30207，XJU）

154 平珠藓 *Plagiopus oederianus* (Sw.) H.A. Crum & L.E. Anderson

植物体细长，密集丛生，高山寒地藓类。茎直立或倾立，基部单一，上部叉形分枝或成丛分枝；中下部密被假根；横切面呈三角形，中轴不明显，外皮细胞无色。叶散列或背仰，干时扭旋，近于卷曲；叶片单细胞层，仅叶基及部分边缘具两层细胞，叶片多有条纹；基部不呈鞘状，狭披针形或细长披针形，具长尖，尖部明显内折；叶边下部背卷，有尖锐的双列齿；中肋强，在叶尖部消失，背部具突起，近尖端有锯齿；多由同形而厚壁的细胞组成。叶细胞厚壁，无壁孔，方形或长方形，平滑，无乳头状突起；基部细胞较长，基部近中肋处细胞特长且胞壁特薄，近边缘则细胞渐短近于方形。雌雄同株或异株。蒴柄高出，紫红色。孢蒴直立，干时略倾斜，球形略凸背，棕色，具纵皱纹。蒴齿两层。外齿层齿片平滑。内齿层较短，淡黄色，齿条无穿孔；齿毛单一，有时不发育。蒴盖小，短圆锥体形。孢子多数肾形，有粗疣。

药用全草。味淡，性平，有定惊安神的功能，用于治疗心悸、癫痫、失眠、心慌、中风不语等症。

标本鉴定：小库孜巴依林场，MS 25052；北木扎特河流域，MS 25051；海拔：2 100~2 660 m。

三十三、美姿藓科 Timmiaceae Schimp.

植物体深绿色或黄绿色，稀疏群生。茎直立或倾斜，干燥时硬挺，基部密生假根；单一或叉形分枝。叶 8 列着生，茎上部叶大，叶片基部半鞘状，上部卵状披针形或线状披针形；四面散列或背仰，平时直立或卷曲，紧贴茎上；叶片单细胞层；干燥时边缘内卷成管形，潮湿时伸展，不具分化边缘，上部有深锯齿；中肋强劲，在叶尖处消失，尖端背面有齿，具中央主细胞及背腹后壁层。叶细胞小，呈四至六边状圆形，薄壁，腹面具尖乳头状突起；鞘部细胞狭长方形，愈向边缘愈狭，无色透明，平滑或于背面有疣。雌雄异株或同株。雄器苞在雌雄同株时与雌器苞同生在一枝的顶端，1~3 苞相连，配丝线形。孢子体单生，蒴柄长。孢蒴独立、平列或近于垂悬；台部短，长圆卵形，棕色，厚壁，平滑或有不明显的皱纹，平时有纵长皱褶。环带有分化，成熟后自行卷落。蒴齿两层，等长，齿片宽披针形，棕黄色，干燥时向外弯曲，平展。外齿层齿片基部彼此相连合，阔缝和横隔均明显；内齿层黄色，基膜高，平滑，略呈折叠形，有横纹，分 64 条，线形外面有粗疣的齿毛，其中常有 3~5 条彼此网状交错或各条尖端通过粗大节瘤彼此连合。蒴盖半圆锥体形，具短尖。蒴毛细长兜形，有时留存在蒴柄上。孢子黄色，平滑或具疣。染色体数目 n=16~17 (12)。

美姿藓属 *Timmia* Hedw.

155 南方美姿藓 *Timmia austriaca* Hedw.

植物体高大，高 5~12 cm，呈绿色或黄绿色。茎直立，多单一，基部丛生假根。叶硬挺，湿润时伸展或略背仰，平时强烈卷曲，呈狭卵状或线状披针形，叶基鞘状，叶边上段有锯齿；中肋强劲，长达叶尖，背面先端或多或少具刺状齿。叶片上部细胞颇小，呈不规则多角形，腹面具乳头状突起，背面平滑；基部细胞呈不规则长方形，橙色，不透明，具多个大疣。雌雄同株，蒴柄细长 (20~40 mm)。孢蒴呈椭圆状、圆柱状，垂倾。蒴盖圆锥形，长 3~4 mm。蒴帽兜形。孢子黄色。染色体数目：n=17。

标本鉴定：塔克拉克，MS 24442；亚依拉克，MS 29951；小库孜巴依林场，MS 24552；大库孜巴依林场，MS 31235b；铁兰河流域，MS 31291；北木扎特河流域，MS 25081；海拔：2 100~2 660 m。

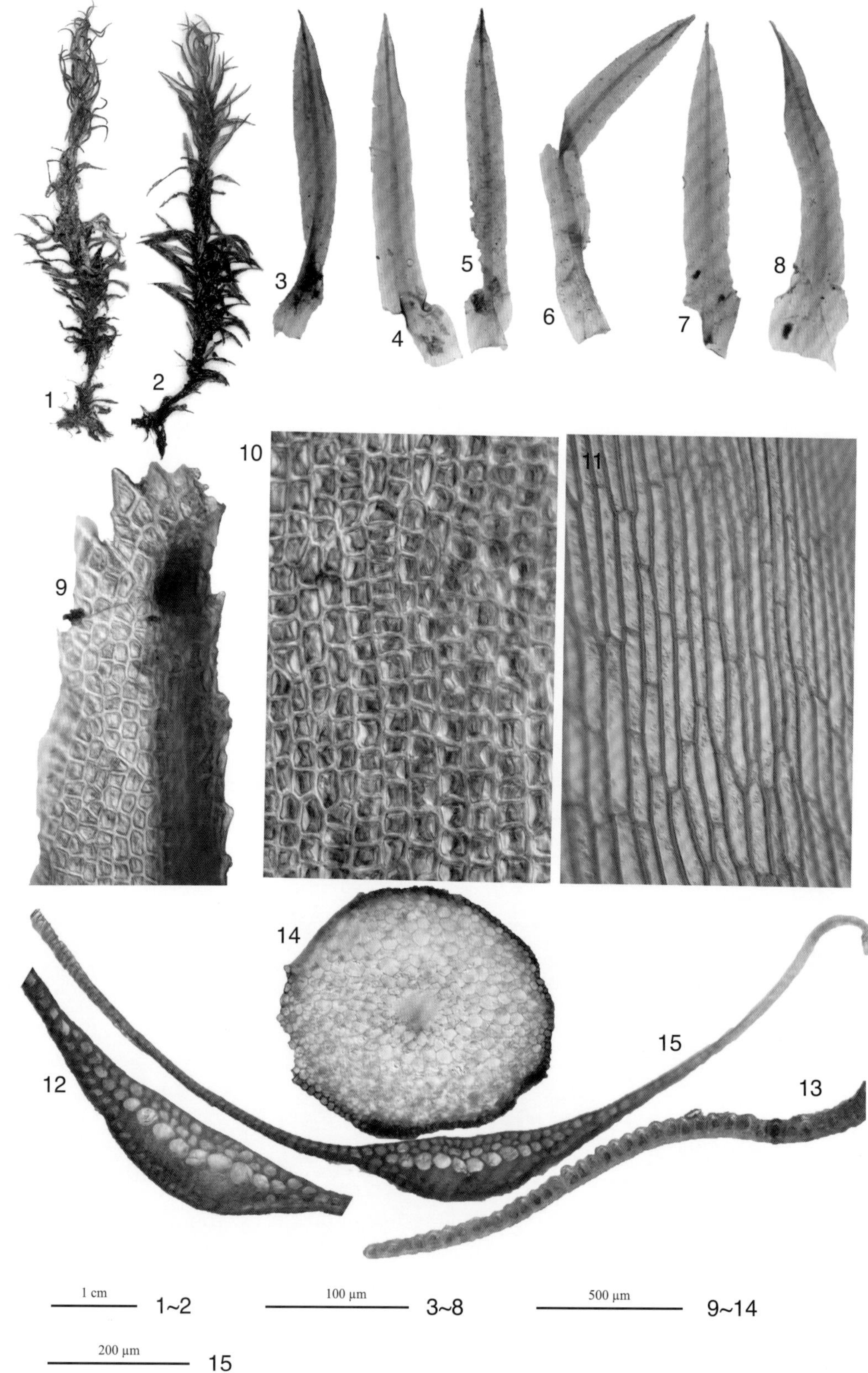

1. 植物体（干）；2. 植物体（湿）；3~8. 叶片；9. 叶上部细胞；10. 叶中部细胞；11. 叶基部细胞；12~13、15. 叶横切面；14. 茎横切面

（凭证标本：买买提明·苏来曼 24442，XJU）

156 美姿藓 *Timmia megapolitana* Hedw.

植物体稀疏丛生，深绿色。茎直立，高 2~3 cm。叶干燥时内卷成管状，潮湿时伸展，带状披针形，基部呈鞘状，先端急尖，长 3.5~6 mm，叶缘平展，从鞘部以上具多细胞构成的粗齿；中肋粗壮，达于叶尖，背面上部具疣。叶上部细胞圆方形或六边形，直径 7~13 μm，壁稍加厚，细胞呈乳头状向腹面突起，基部细胞狭长方形，背面具疣，近边缘细胞狭长方形。未见孢子体。染色体 n=12, 16。

标本鉴定：塔克拉克，MS 24455、24359；亚依拉克，MS 29985；小库孜巴依林场，MS 30032；大库孜巴依林场，MS 24673；北木扎特河流域，MS 24744；海拔：2 160~2 660 m。

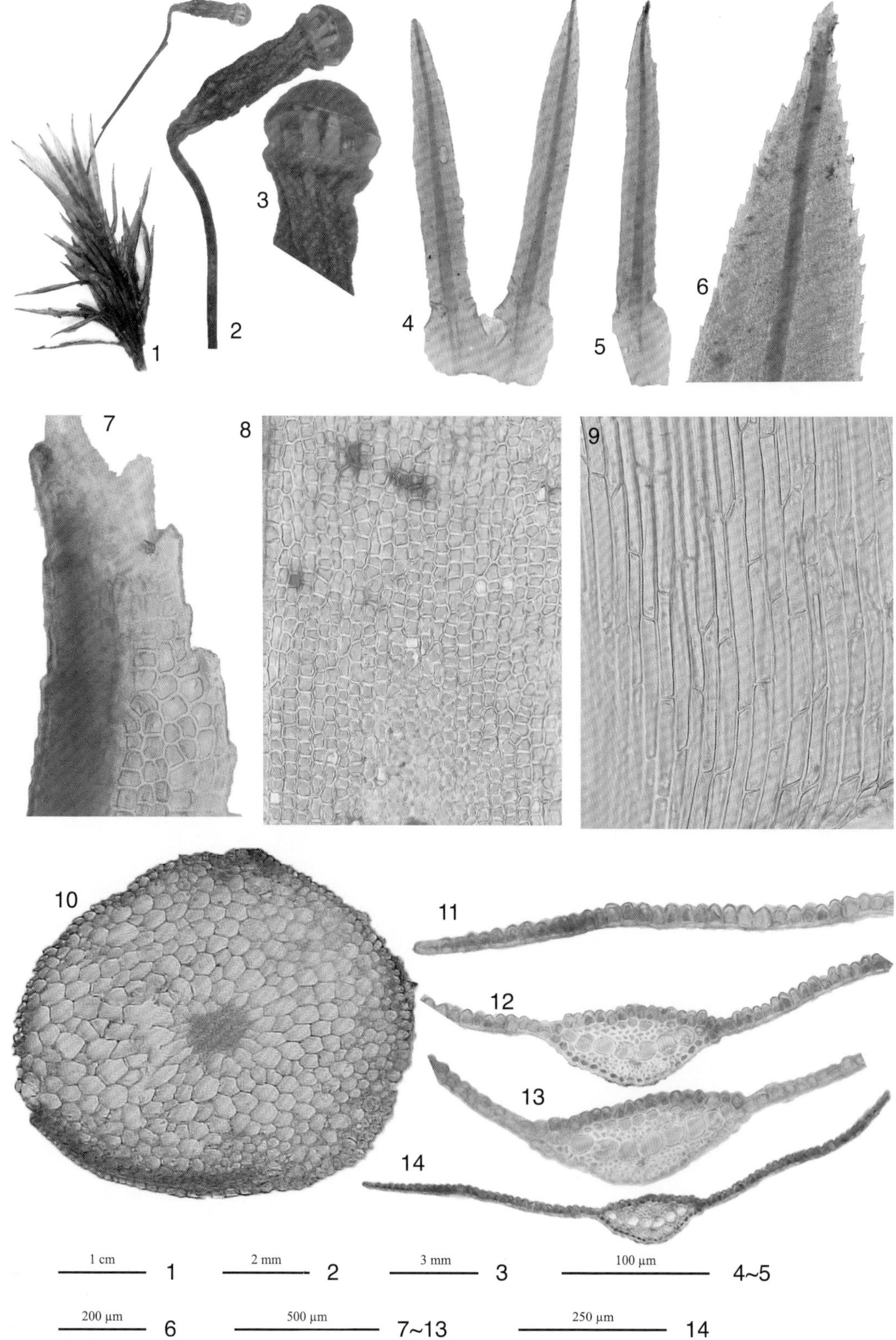

1. 植物体；2. 孢子体；3. 孢蒴；4~5. 叶片；6. 叶上部；7. 叶上部细胞；8. 叶中部细胞；9. 叶基部细胞；10. 茎横切面；11~14. 叶横切面

（凭证标本：买买提明·苏来曼 24359，XJU）

157 纤细美姿藓 *Timmia comata* Lindb. & Arnell

植物体深绿色或黄绿色，高 2~4 cm，稀疏丛生。茎直立，单一或叉状分枝，上部叶较长，下部叶较短。叶干时卷曲，湿时伸直，易脱落。叶基部半鞘状，呈卵状或线状披针形，叶缘上部 1/3 具粗齿，下部具细圆齿或全缘；叶鞘全缘或具细圆齿；中肋较粗壮，终止于叶尖下处或及顶，腹面具乳头，背面具密疣。叶片细胞方形至六边形，长 8~16 μm，宽 (8) 9~14 μm，腹面具高而粗的乳头，背面平滑；叶鞘细胞透明，长方形或狭长方形，长 (25~85) μm × (10~17) μm，稀具圆疣。雌雄异株。蒴柄直立，长 1.5~2.0 cm，光滑。孢蒴褐色，长卵圆形，平列至下垂。外蒴齿 16 枚，黄色至淡黄色，自基部向上渐狭，下部外表面具乳头状细条纹，上部具粗瘤状纵条纹，内表面具横纹；内蒴齿基膜黄色，上部具 1~4 列穿孔；内齿层齿毛黄色，外表面具高疣，内表面具短而钝圆的附片。孢子近圆形，直径 17~20 μm，褐色，具细疣。

标本鉴定：塔克拉克，MS 24320；海拔：2 530 m。

三十四、木灵藓科 Orthotrichaceae Arn.

常呈垫状或片状密丛集，多数树生、稀石生。茎无中轴，皮部细胞厚壁，表皮细胞小型；直立或匍匐延伸，有短或较长、单一或分歧的枝，密被假根。叶多列，密集，干时紧贴茎上，卷缩成螺旋形扭曲，湿时倾立或背仰；叶片通常呈卵状长披针形或阔披针形，稀舌形；叶边多全缘；中肋达叶尖或稍突出。叶细胞小，上部细胞圆形、四边形或六边形；基部细胞多数长方形或狭长形。雌雄同株或异株。孢蒴顶生，隐没于雌苞叶内或高出，直立，对称，卵形或圆柱形，稀呈梨形。环带常存。蒴齿多数两层，有时具前齿层，稀完全缺失。外齿层齿片外面有细密横纹，多数有疣；内面有稀疏横隔；内齿层薄壁，无毛，基膜不发达，齿条 8 或 16，线形或披针形或缺失。蒴盖平凸或圆锥形，有直长喙。蒴帽兜形，平滑或圆锥状钟形，平滑或有纵褶，或有棕色毛，稀呈帽形而分瓣。

显孔藓属 *Lewinskya* F. Lara, Garilleti & Goffinet

158 中国显孔藓 *Lewinskya hookeri* (Wilson ex Mitt.) F. Lara, Garilleti & Goffinet [syn *Orthotrichum hookeri* Wils. ex Mitt.]

植物体疏松丛生，高1.5~4.0 cm，下部棕色至近黑色，上部橄榄绿色至黄绿色；茎单一或分枝，整个茎上密生叶片；假根仅存在于茎的基部；干燥时叶片直立或卷曲，扭曲，基部卵形，长渐尖或锐尖，长2.2~3.6 mm，宽0.5~0.8 mm，上部分有龙骨状突起且略有波纹；中肋达叶尖下部；叶边内卷。上部叶细胞圆长方形或圆方形，长5.0~15 μm，宽5.0~13 μm，厚壁，有疣，每个细胞具1~2个单疣或分叉的疣；基部叶细胞长方形或菱形，厚壁，具壁孔，长20~60 μm，宽6.0~15 μm，在近基部处细胞变短和宽；叶基部边缘细胞近长方形；角部细胞有时分化成大的、红色的细胞，充满整个叶基部；叶尖细胞逐渐变狭长。未见芽胞。同株异苞。雌苞叶不分化。孢蒴长卵形至圆柱形，干燥时平滑或略具纵褶，高出苞叶。蒴柄长1.5 cm。孢蒴外壁细胞在蒴口下部均一或稍有分化；在中下部气孔突出，有时被一圈小型放射状细胞包围。蒴齿双层；前齿层有时存在；外蒴齿层8对蒴齿，成熟后有时分裂成16对。橙色，干燥时卷曲，外侧密疣，内侧具开裂的疣，垂直线上具疣状纹饰；内蒴齿16片，与外齿层同高，橙色或黄色，外侧近于平滑，内侧具高的、分叉的疣和蠕虫状曲线。孢子球形，棕色，具疣，直径35~50 μm。蒴帽钟状，多少具毛，但不到顶，极少完全裸露。

标本鉴定：北木扎特河流域，MS 24934；海拔：2 424 m。

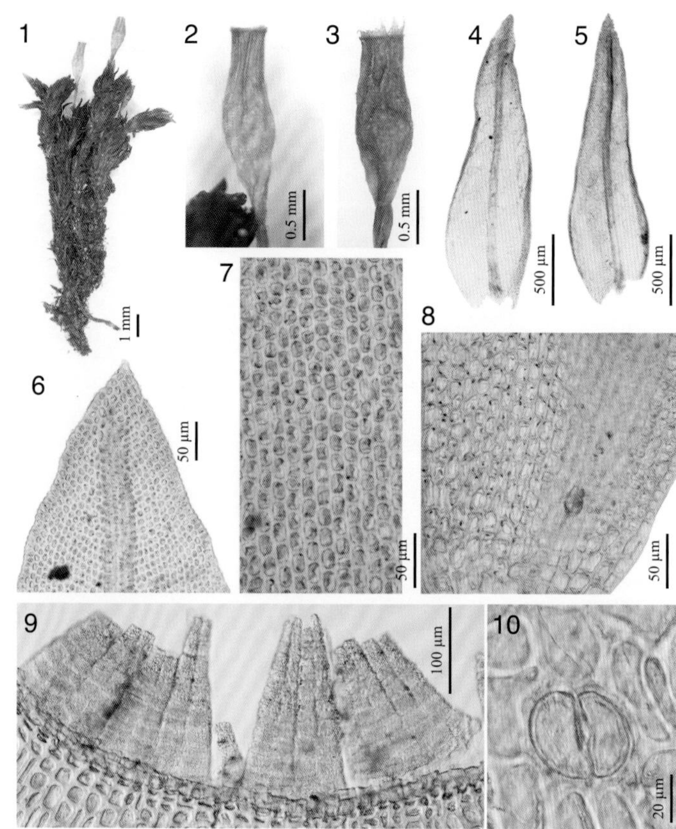

1. 植物体；2~3. 孢蒴；4~5. 叶片；6. 叶尖部细胞；7. 叶中部细胞；8. 叶基部细胞；9. 蒴齿；10. 气孔（凭证标本：买买提明·苏来曼 24198，XJU）

159 球蒴显孔藓 *Lewinskya leiolecythis* (Müll. Hal.) F. Lara, Garilleti & Goffinet [syn *Orthotrichum leiolecythis* Müll. Hal.]

植物体疏松丛生，高 1.5~4.0 cm，下部暗褐色至黑色，上部黄褐色至橄榄绿色；茎基部不分枝，上部二歧分枝，有时下部无叶；假根仅生于基部；叶干燥时直立并且紧贴，有少数茎顶部的叶具扭曲的尖部，叶卵状披针形，锐尖或短尖，长 1.8~2.5 mm，宽 0.5~0.7 mm，有时在中部呈龙骨状；中肋达叶尖下部；叶边全缘，在叶尖部下至基部上外卷。上部细胞圆方形至长形，长 6.0~12.5 μm，宽 6.0~9.0 μm，厚壁，1~2 个单疣；叶边细胞短；基部叶细胞长方形至菱形，薄壁，平滑或稍具壁孔，长 40~80 μm，宽 8.0~12 μm；角部细胞有时分化成小而方形，黄褐色，有时下延成一个大型的细胞群。中肋处细胞不分化。未见芽胞。雌雄同株异苞。雌苞叶不分化。孢蒴卵圆形至卵圆状圆柱形，平滑或干燥时稍具纵脊；以前的孢蒴宿存；孢蒴壁细胞不分化；气孔存在于孢蒴的中上部。显型。外蒴齿 8 对，干燥时外卷，成熟时少数分裂成 16，橘色或黄色，外侧密疣，常向顶部更粗糙，内侧具由疣组成的横线；内齿层 8，发育良好，线状披针形，具不规则的边缘，透明，具非常薄而平滑的外层；内层厚，具疣的纹饰，蠕虫状的中线。孢子球形，细疣，黄褐色，直径 22~30 μm。蒴帽圆锥形，平滑，有时具直毛覆盖顶部，极少裸露。

标本鉴定：小库孜巴依林场，MS 30061；北木扎特河流域，MS 24865；海拔：2 267 m。

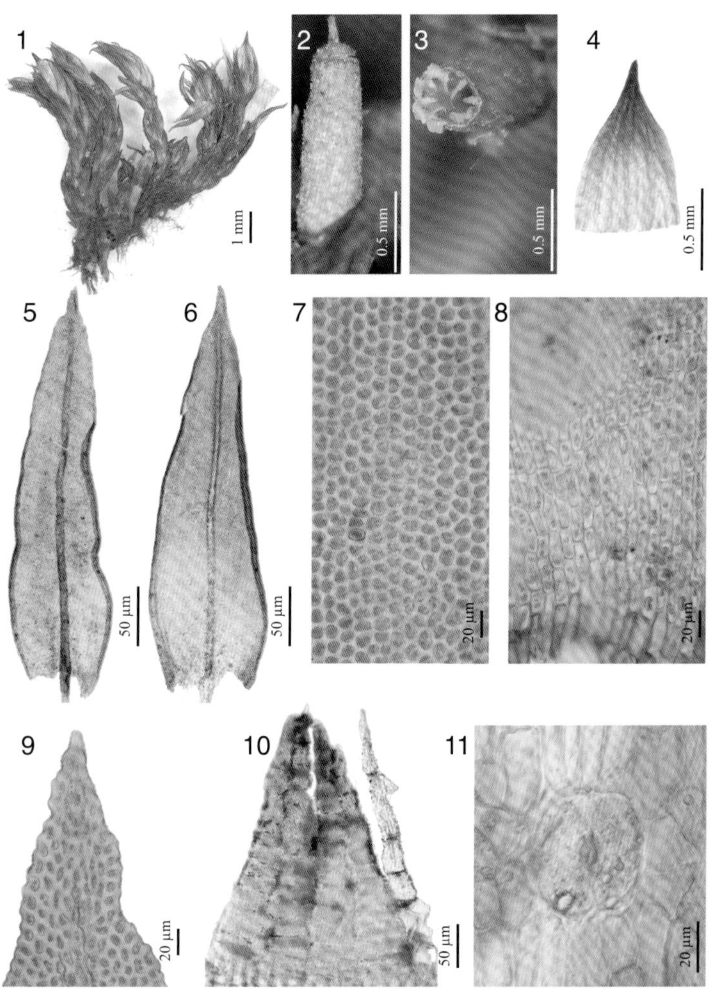

1. 植物体；2. 孢蒴；3. 蒴齿干时状态；4. 蒴帽；5~6. 叶片；7. 叶中部细胞；8. 叶基部细胞；9. 叶尖部细胞；10. 蒴齿；11. 气孔

（凭证标本：买买提明·苏来曼 30061，XJU）

160 石生显孔藓 *Lewinskya rupestris* (Schleich. ex Schwägr.) F. Lara, Garilleti & Goffinet [syn *Orthotrichum rupestre* Schleich. ex Schwägr.]

植物体疏松丛生，高2.2~2.5 cm，下部暗褐色至黑色，上部暗绿色；茎二歧分枝，有时下部无叶；假根仅生于基部。叶干燥时直立并且紧贴，大小一致，叶卵形至披针形，长锐尖至渐尖，长3.5~4.7 mm，宽0.8~1.2 mm，有时在中部形成龙骨状，叶片部分或全部为两层细胞厚，中肋达叶尖下部，叶边全缘，整个叶边外卷。上部细胞圆方形至菱形，长9.0~15 μm，宽6.0~12 μm，厚壁，1~2个低而极少分枝的疣；叶基部细胞长方形或近线形，厚壁，具壁孔，平滑，长35~85 μm，宽5.0~8.0 μm，叶边缘的细胞逐渐变短，叶片角部有时分化成小而红褐色的耳部。未见芽胞。雌雄同株异苞。雌苞叶不分化。孢蒴卵圆形至椭圆形，具宽的口部，隐生或伸出，干燥时上部具纵脊；孢蒴壁细胞部分分化成8条暗黄色的带，并由8个灰色的带所间隔；气孔存在于孢蒴的中下部，显型。蒴齿单层或双层，前蒴齿有时存在；外蒴齿8对齿片，干燥时直立或外倾，成熟时少数分裂成16个齿片，红棕色，外表面具开放式的大疣和中线，成熟的细胞壁则更明显，内表面多少具疣和蠕虫状中线；内齿层8个齿片，为短的披针形，透明，平滑。孢子球形，粗疣，直径18~25 μm。蒴帽圆锥状椭圆形，表面具明显或不明显的疣，黄色或透明的毛覆盖至顶部。

标本鉴定：北木扎特河流域，MS 25014；大库孜巴依林场；海拔：2 000~2 640 m。

161 黄显孔藓 *Lewinskya speciosa* (Nees) F. Lara, Garilleti & Goffinet [syn *Orthotrichum speciosum* Nees]

植物体多少垫状簇生，高可达1.0 cm，下部褐色，上部黄绿色至绿色；茎二歧分枝，密生叶片；假根仅生于茎基部。干燥时叶片直立并紧贴茎上，卵状披针形，短尖至长尖，有时上半部龙骨状，长2.0~3.5 mm，宽0.6~0.8 mm；中肋消失于叶尖下部；叶边全缘，几乎整个叶边卷曲。叶上部细胞呈不规则圆形，等径至多少变长，长6.0~15 μm，宽6.0~13 μm，厚壁，每个细胞具1~2低的、几乎不分枝的疣；叶片基部细胞为长方形或菱形，厚壁且具壁孔，平滑，长20~40 μm，宽5.0~10 μm，向叶边方向细胞变短，有时形成明显叶耳。芽胞未知。雌雄混生同苞。雌苞叶不分化。孢蒴圆柱形，蒴柄极短或稍伸出苞叶，干燥时孢蒴平滑或仅在蒴口下部稍具纵沟，向蒴柄方向纵沟逐渐变窄；孢蒴外壁细胞均一，或仅在蒴口下部分化成8条橙色厚壁细胞形成的带；气孔存在于孢蒴下部，显型。前蒴齿不存在；外蒴齿8对，成熟时不分裂，干燥时外卷，白黄色，外蒴齿外侧具密集的单一和分枝的疣，外齿内侧近基部的疣融合成蠕虫状线形。近尖部多有明显的不规则的疣；内蒴齿8，几乎与外蒴齿等长，在基部不联合，黄色，两侧具明显的疣，有时沿老细胞壁集中分布疣。孢子具中等大小的疣，直径17~20 μm。蒴帽钟形，平滑，具零散的毛分布至蒴帽顶部。

标本鉴定：塔克拉克，MS 24316；北木扎特河流域，MS 22706；大库孜巴依林场；海拔：2 140~2 740 m。

162 木灵藓 *Orthotrichum anomalum* Hedw.

植物体多少呈密集的垫状，高 0.6~2.3 cm，下部褐色或黑色，上部暗绿色；茎二歧分枝；基部有假根。干燥时叶片贴生并几乎直立，披针形或狭卵状披针形，锐尖，长 1.8~2.7 mm，宽 0.5 ~ 0.8 mm；中肋在近叶尖处消失；叶边全缘，在叶片中部外卷或外曲。叶片上部细胞圆方形或短长形，长 6.0~12 μm，宽 6.0~11 μm，厚壁，每个细胞具 1~2 个不分叉的单疣；基部细胞长方形或长菱形，中等加厚，无壁孔，平滑，长 20~66 μm，宽 3.0~12 μm，沿基部叶边和角部处逐渐变短，近方形，近基部处细胞常变大并呈棕色，中肋处细胞略分化。未见芽胞。雌雄同苞混生。雌苞叶不分化。孢蒴椭圆状圆柱形或圆柱形，突生，干燥时孢蒴上部具 8 或 16 个深的纵沟；气孔分布于孢蒴中部，隐型，多少被副卫细胞覆盖。蒴齿单层，具前蒴齿；外齿层 8 对齿片，成熟时分裂成 16 个齿片，黄色或红色，干燥时直立，上部具垂直的条纹，下部具水平的条纹，其上有时具稀疏散生的疣或具密集的疣；内齿层未见。孢子球形，具粗糙或分叉的疣，直径 12~19 μm。蒴盖具短喙。蒴帽椭圆状圆锥形或圆锥形，具纵褶，具有疣的毛。

标本鉴定：北木扎特河流域，MS 22621；海拔：2 100~2 660 m。

163 舌叶木灵藓 *Orthotrichum crenulatum* Mitt.

植物体疏生或丛生，高3.0~5.0 mm，下部褐色至黑色，上部暗绿色；茎单一，或二歧分枝；仅基部具假根；干燥时叶片直立并贴生于茎上，舌形至椭圆状披针形，钝尖，圆锐尖或锐尖，长1.8~ 2.1 mm，宽0.7~0.8 mm，上部多少内凹，有时部分呈双层；中肋在近叶片尖部处消失；叶边在尖部处由于细胞突出而具细圆齿，特别是那些具钝尖的叶片。上部叶细胞圆方形，长11~19 μm，宽14~19 μm，薄壁或厚壁，每个细胞具1~2个不分叉的低疣；基部细胞短长方形至方形，薄壁，平滑，长28~68 μm，宽12~22 μm，沿叶边缘细胞逐渐变短；角部细胞不分化；中肋处细胞不分化。芽胞有时存在。枝生同株生。雌苞叶不明显分化。孢蒴卵球形，隐生或突出，整个孢蒴具深沟，干燥时在口部下部收缩，并逐渐变狭连接蒴柄；孢蒴外壁细胞分化成8条黄色或红色的带并相间分布着黄白色或白色的带；气孔隐生，副卫细胞覆盖不超过气孔的1/2，分布于孢蒴中部。蒴齿双层，未见前蒴齿；外齿层8对，黄色或红色干燥时外卷，外侧近基部处具均而细的疣，在近尖部处更开裂和粗糙，内侧有稀疏的疣；内齿层8条，黄色，基部宽，上部狭披针形，有时形成一个低的基膜，为外齿层高度的2/3，平滑或粗糙。孢子球形，细疣，直径14 ~17 μm。蒴帽椭圆状圆锥形，有深的纵褶，由于细胞末端突起而显得粗糙，无毛。

标本鉴定：塔克拉克，MS 24462；大库孜巴依林场，MS 24717；海拔：2 267~2 600 m。

164 灰色木灵藓 *Orthotrichum pallens* Bruch ex Brid.

植物体高 0.3~1 cm。茎叶干时直立展开且微内卷，披针形或长圆状披针形，长 1.6~3 mm；叶近先端外卷，全缘或尖部具细圆齿；锐尖、狭钝尖或具锐尖头；基部细胞长方形，胞薄壁；上部细胞长 9~14 μm，1 层，每个细胞具 2~3 个低的疣；中肋达叶尖处消失。芽胞有时存在，位于叶上。雌雄同株。蒴柄长 0.5~1.5 mm。孢蒴伸出苞叶，椭圆形至长圆柱形，长 1~2.5 mm，具 8 条深的纵沟。气孔隐形，由分化的副卫细胞覆盖约 1/2。蒴齿双层，无前蒴齿；外齿层 8，直立或外卷，具疣；内齿层 8 或 16，平滑或具细疣。环带分化，由 1~2 列细胞组成。蒴帽椭圆状圆锥形，明显具褶，光滑或具稀疏的毛。孢子 10~20 μm。

标本鉴定：北木扎特河流域，MS 25003b；海拔：2 160 m。

165 帕米尔木灵藓 *Orthotrichum pamiricum* Plášek & Sawicki

植物体暗绿色，高 1.3~3.5 mm。茎不分枝或稀分枝。假根淡褐色，具分枝，平滑，仅着生于茎基部。茎叶湿润时倾立，干燥时直立或尖部内弯，狭长卵形至卵形，长 1.6~2.4 mm，略呈龙骨状；叶尖圆钝；叶边全缘，有时尖部具细圆齿，背曲；叶上部细胞 10~12 μm，叶中部细胞卵形至椭圆形，(18~23) μm × (14~16) μm，叶基部细胞长方形，(16~20) μm × (32~40) μm；中肋消失于叶尖下。雌雄同株。蒴柄长仅 0.3~0.5 mm。雌苞叶长度为孢子体的 3/4。孢蒴大部分高出雌苞叶，干燥时长椭圆形至长椭圆状圆柱形，湿润时卵状圆柱形，长 1.8~2.1 mm。隐型气孔 2 列，位于孢蒴上部。外齿层蒴齿 8 片，老时稀开裂成 16 片，淡褐色，长 250~310 μm，干燥时背曲，上部常具穿孔，基部密被细疣，外侧上部具粗疣；内齿层由 16 个齿条组成，白色，狭披针形，具宽的基部，有时基膜相互愈合，干燥时尖部内曲，外侧被疏疣，内侧具细疣。蒴盖圆锥形。蒴帽钟状，浅棕色，顶部深棕色，具褶，平滑。孢子直径 15~18 μm，具密疣。芽胞棒状，生于叶面，由多个细胞组成。

标本鉴定：塔克拉克，MS 11921；大库孜巴依林场，MS 24738；海拔：2 267~2 600 m。

166 矮丛木灵藓 *Orthotrichum pumilum* Sw.

植物体密集丛生，极小，高2.0~3.0 mm，下部褐色，上部橄榄绿色；茎大多数单一；基部具假根。叶片干燥时直立且贴生，卵状披针形，锐尖或圆锐尖，长1.4~2.2 mm，宽0.5~0.8mm；中肋在叶尖下部处消失；叶边全缘，整个叶边卷曲。叶上部细胞圆方形至短长方形，长12~17μm，宽9.0~19 μm，细胞壁中等加厚，每个细胞上具1~2个低的、单一的疣，偶尔分叉；基部叶细胞长方形，细胞壁中等厚或薄壁，无壁孔，平滑，长34~79 μm，宽12~20 μm，沿叶边缘处的细胞变短。芽胞棒形，有时存在于叶片上。雌雄同苞混生。雌苞叶不分化。孢蒴卵球状圆柱形，隐生或突生，干燥时整个孢蒴具8条深的沟，在口部收缩；孢蒴外壁细胞分化成黄和白各8条相间分布的带；气孔隐型，一半或几乎全部被副卫细胞覆盖。蒴齿双层，无前蒴齿；外齿层8对，成熟时不分裂，黄色至红棕色，干燥时外卷，外侧被密集、细的单疣覆盖，内侧平滑；内齿层8条，是外齿层1/2或2/3的高度，透明，平滑或略粗糙；具低的基膜。孢子褐色，具中等大小的疣，直径14~18 μm。蒴帽钟形，具纵褶，具光滑或稀疏的毛。

标本鉴定：小库孜巴依林场，MS 24640；北木扎特河流域，MS 22630b；海拔：2 160~2 500 m。

167 细齿木灵藓 *Orthotrichum scanicum* Grönvall

植物体呈小簇状或散生树干上。茎高 0.7~0.8 cm，多分枝。茎叶湿润时外展，干燥时直立略卷曲，卵状披针形；叶尖部近于锐尖或钝尖；叶边缘宽背卷至近叶尖部，通常由叶尖内卷成管状而直立，叶边尖部具少数由细胞壁突起形成的不规则齿；叶中上部细胞圆方形，角部壁稍厚，直径 10~16 μm，每个细胞具 1~3 个低疣；基部细胞渐向中肋渐成长方形，平滑；中肋狭窄，在近叶尖处消失。雌雄同株异苞。精子器着生雄苞叶腋内。蒴柄色淡。孢蒴成熟于春天，突出于雌苞叶外，色淡，长椭圆形至近圆柱形；壶部具狭脊。气孔半隐型，位于蒴壶下部和颈下部，由副卫细胞覆盖气孔。外齿层齿片 8 对，干燥时背仰，密被疣；内齿层齿条 16，短于外齿层，具疣，有时侧面具短附片。蒴盖具喙，边缘细胞的色泽和其他细胞无差异。蒴帽长，具 8 条黄色纵脊，覆盖及孢蒴的大部分，平滑或具少数分散透明短毛。孢子直径 16~20 μm，淡褐色，被细疣。

标本鉴定：小库孜巴依林场，MS 24640；海拔：2 500 m。

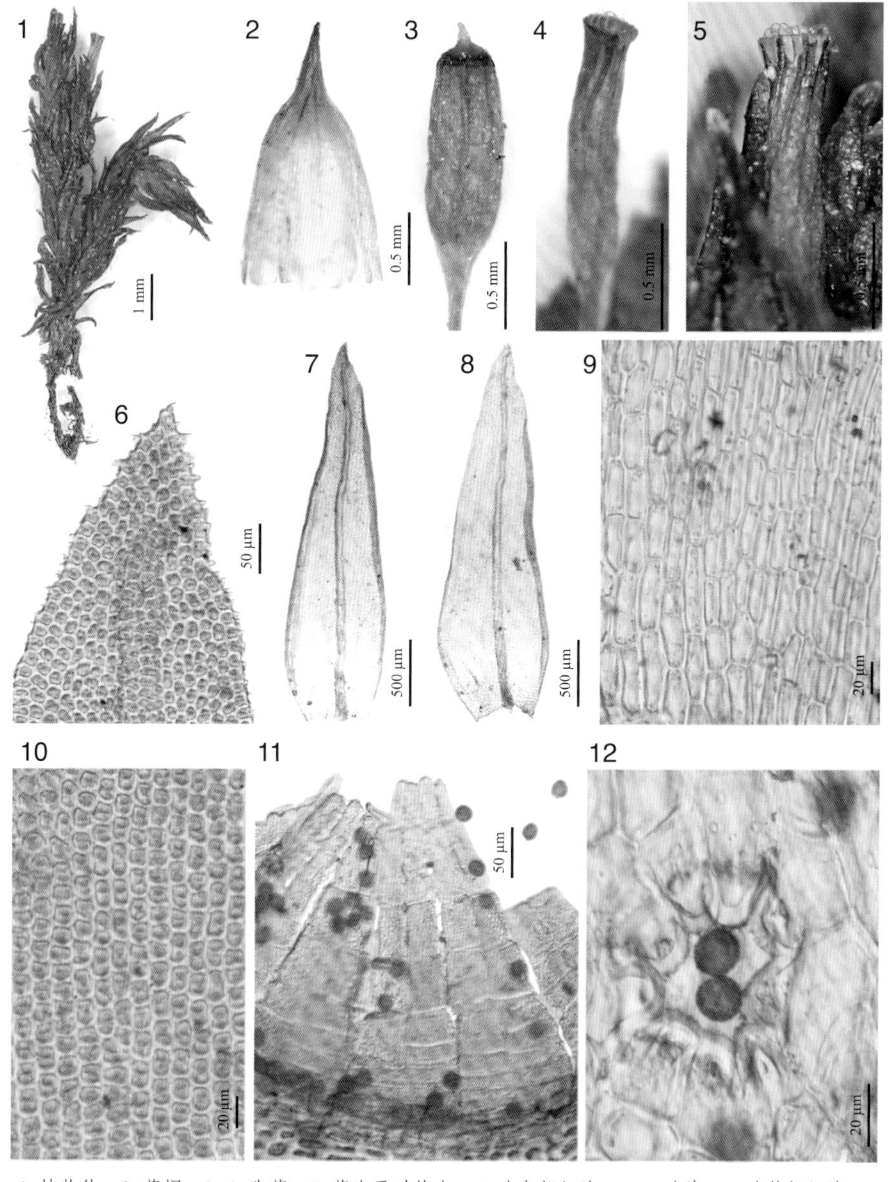

1. 植物体；2. 蒴帽；3~4. 孢蒴；5. 蒴齿干时状态；6. 叶尖部细胞；7~8. 叶片；9. 叶基部细胞；10. 叶中部细胞；11. 蒴齿；12. 气孔

（凭证标本：买买提明·苏来曼 20763，XJU）

三十五、万年藓科 Climaciaceae Kindb.

体形粗大，硬挺，黄绿色或褐绿色，具光泽，呈稀疏大片状生长。主茎粗壮，匍匐于基质，密被红棕色假根。支茎直立，下部无分枝。上部一、二回羽状分枝；枝呈圆条形，先端多呈尾尖状，稀钝端；鳞毛密被茎和枝上，丝状，单一，或分枝。主茎和支茎下部叶呈鳞片状，紧贴生长；枝茎上部叶和枝叶椭圆状卵形至近于呈心脏形，叶基部两侧多少呈耳状，先端宽钝或锐尖，具多数纵褶；叶边上部具不规则粗齿；中肋单一，粗壮，消失于叶尖下，背面上部有时具粗刺。叶细胞狭长菱形至线形，胞壁等厚，平滑，基部细胞较大而具壁孔，两侧角部细胞长方形，或形大，透明，薄壁，为多层细胞。雌雄异株。内雌苞叶有明显高鞘部。蒴柄细长，红棕色。孢蒴长卵形或长圆柱形，直立或弓形弯曲，深红褐色或淡棕色。蒴齿两层；外齿层齿片狭长披针形，棕红色，外面有密横脊和横纹，内面有密横隔；内齿层淡黄色，齿条长于外齿层齿片或与外齿层等长，脊部有连续穿孔，齿毛不发育。蒴盖圆锥形，具直或斜喙。蒴帽兜形。孢子呈锈色或绿色，平滑或具细疣。

万年藓属 *Climacium* F. Weber & D. Mohr.

168 万年藓 *Climacium dendroides* (Hedw.) F. Weber & D. Mohr.

体形粗壮，黄绿色，略具光泽。主茎匍匐，横展，密被红棕色假根；支茎直立，长6~8 cm，下部不分枝，茎基叶紧密覆瓦状贴生茎上，上部密生羽状分枝；枝多直立，密被叶，先端钝。茎基部叶阔卵形，先端具钝尖，无纵褶；叶边平展，上部具齿；中肋不及叶尖下方消失。上部茎叶长卵形，具长纵褶，先端宽圆钝，具齿。枝叶狭长卵形至卵状披针形，具长纵褶，基部圆钝，上部宽钝至锐尖；叶边上部具齿；中肋细弱，消失于叶尖下。叶尖部细胞六角形，中部细胞线形至狭长六角形，胞薄壁，基部细胞疏松，透明。雌苞着生支茎上部。内雌苞叶长卵形，具长锐尖。蒴柄细长，长2~3 cm，平滑。孢蒴长圆柱形或椭圆状圆柱形，略弓形弯曲。蒴长两层；外齿层齿片狭长披针形，被细密疣；内齿层齿条长于外齿层齿片，中缝具穿孔，基膜低，齿毛不发育。蒴盖长圆锥形。

药用全草。味苦，性寒，具有清热除湿，舒筋活络的功能。民间常用酒泡服，对风湿痨伤、筋骨疼痛有较好的疗效。

标本鉴定：北木扎特河流域，MS 22725；海拔：2 100~2 640 m。

三十六、薄罗藓科 Leskeaceae Schimp.

植物体多数纤细，无光泽或略具光泽，交织成片状藓丛。茎匍匐，具发育弱的中轴；分枝细密，多数不规则，直立或倾立；鳞毛缺失或稀少而不分枝。茎叶和枝叶近于同形，卵形或卵状披针形；中肋粗壮，多数单一，长达叶片中部或尖部，稀较短或缺失。叶细胞多等轴形，稀长方形或长卵形，平滑或具单疣。雌雄异株或同株。雌苞生于茎上，雄苞常着生于枝端。蒴柄长，直立，平滑或粗糙具疣。孢蒴多数直立，有时倾立，不对称；气孔显型。蒴齿两层；外齿层披针形或短披针形，具横隔或脊；内齿层多变化，具基膜，齿条和齿毛常发育不完全。蒴帽兜形，通常平滑，稀具毛。蒴盖钝圆锥形，具短喙。孢子圆球形，细小。

薄罗藓属 *Leskea* Hedw.

169 粗肋薄罗藓 *Leskea scabrinervis* Broth. & Paris

植物体细小，绿色或黄绿色，平卧生长。主茎匍匐，长 1~2 cm，具短而密的一回或两回分枝，倾立，小枝往往弧状弯曲。茎叶卵披针形，长 1.0 mm，宽 0.4 mm，平展，上部偏斜或略向一侧偏斜；叶边全缘；中肋粗壮，达叶尖下终止，背面粗糙。枝叶和茎叶同形；中肋略细。叶中部细胞圆六边形，7~10 μm，薄壁；叶缘细胞略横向伸展。内雌苞叶披针形，长 1.5 mm，宽 0.4 mm，基部半鞘状；叶细胞长圆形至长方形；中肋粗，突出成长尖。蒴柄长约 5 mm。孢蒴直立。其余未见。

标本鉴定：北木扎特河流域，MS 22705；海拔：2 220~2 660 m。

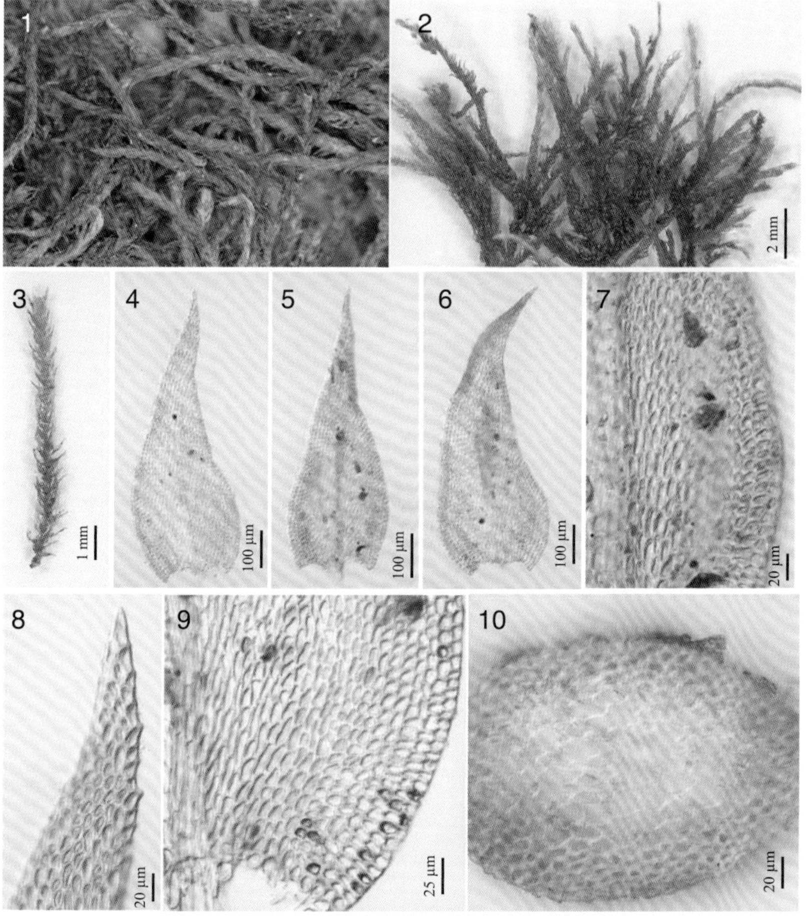

1~3. 植物体；4~5. 枝叶；6. 茎叶；7. 叶中部细胞；8. 叶尖部细胞；9. 叶基部细胞；10. 茎横切面
（凭证标本：买买提明·苏来曼 22705，XJU）

170 细罗藓 *Leskeella nervosa* (Brid.) Loeske

植物体纤细，匍匐生长，绿色或褐绿色，无光泽。茎匍匐，长达 3~4 cm，具假根；无鳞毛；分枝密，不规则或近于呈羽状分枝，倾立，长 0.5~1 cm。叶片直立或向一侧偏曲，干燥时覆瓦状排列，湿润时伸展；茎叶基部卵状心形，向上突成细长尖。长 1.1~1.5 mm，宽 0.4~0.5 mm，下部常有少数纵褶；叶边缘下部略背卷；中肋粗壮，达叶尖部或 2/3 处终止，褐色；叶上部细胞圆四边形或六边形，长 12~20 mm，宽 7~10 μm，中部细胞椭圆形，长 15~20 μm，宽 7~9 μm，基部细胞近于呈方形，宽 10~12 μm。枝叶略狭小，中肋较细弱。雌雄异株。蒴柄直立，长约 1.3 cm，红色。孢蒴短圆柱形。直立或倾立。蒴齿两层，外齿层齿片黄棕色，基部具横纹；内齿层基膜高，齿毛和齿条发育不完全。蒴盖短圆锥形，具斜喙。孢子直径 12~17 μm，褐色，具细疣。孢子体少见。

标本鉴定：北木扎特河流域，MS 22714；海拔：2 220 m。

171 假细罗藓 *Pseudoleskeella catenulata* (Brid. ex Schrad.) Kindb.

植物体柔弱，深绿色或草黄色，稀疏或密集蔓生。茎匍匐，呈不规则羽状分枝；分枝短，末端弯曲；假鳞毛小，线状披针形。叶内凹呈瓢状，似柔荑花序状着生，自心形或卵形的基部向上渐成短叶尖，长 0.6~0.8 mm，宽 0.3~0.45 mm；中肋终止于叶中部以上，单一或顶端分叉；叶细胞平滑，短小，中部细胞不规则短菱形，长 10~15 μm，宽 5~8 μm，基部两侧近边缘细胞方形或扁方形，(7.5~10) μm × (10~12.5) μm，近中肋细胞为长方形，10 μm × (15~25) μm。雌雄异株。蒴柄长达 1.5 cm，黄褐色。孢蒴倾立，背曲，黄褐色或略呈红色。蒴齿两层；外齿层齿片狭披针形；内齿层有发育良好的齿毛。孢子圆球形，16~18 μm，表面具细疣。

标本鉴定：北木扎特河流域，MS 22649；海拔：2 220 m。

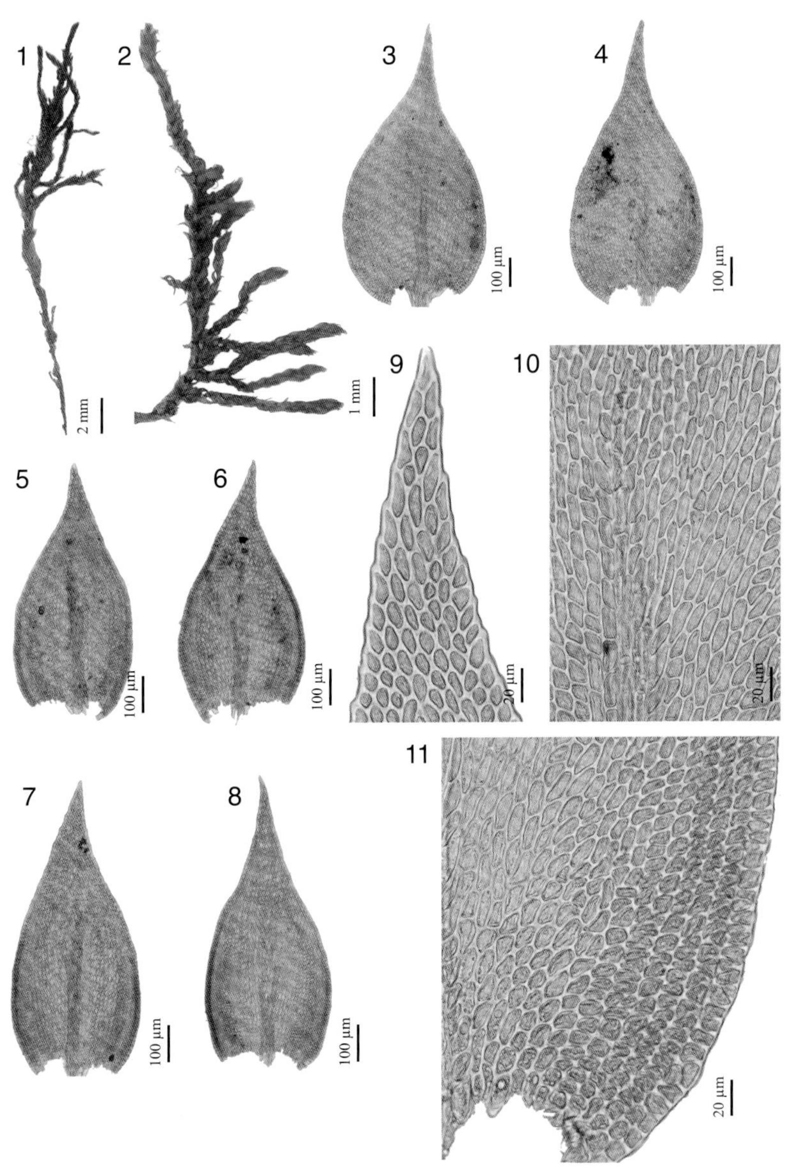

1~2. 植物体；3~4. 茎叶；5~8. 枝叶；9. 叶尖部细胞；10. 叶中部细胞；11. 叶基部细胞
（凭证标本：买买提明·苏来曼 35044，XJU）

172 瓦叶假细罗藓 *Pseudoleskeella tectorum* (Funck ex Brid.) Kindb. ex Broth.

体形纤细，硬挺，绿色或黄绿色，老时褐绿色，无光泽，丛生。茎匍匐，长度多变异，具不规则分枝；分枝长短不一，常呈鞭状。叶三角状卵形，长 0.7~1.2 mm，宽 0.4~0.6 mm，由宽卵形基部向上突成细叶尖或钝尖，具两条不明显纵褶；中肋短，从基部或中部分叉，不及叶中部即消失；叶边平直，全缘；叶细胞小，不规则圆方形或短菱形，平滑，中部细胞长 20~25 μm，宽 6~8 μm；角部细胞扁方形，(7.5~12.5) μm × 12.5 μm，呈向上斜列。雌雄异株。雌苞叶从较宽的基部向上成细尖，直立，长 1.6 mm。蒴柄长 8~13 mm。孢蒴直立或略倾斜，圆柱形；环带分化，由 1~2 列细胞组成。蒴齿两层；外齿层狭披针形，红棕色，长 0.6~0.7 mm，具横隔，表面近于平滑；内齿层齿条脊部呈龙骨状，齿毛缺失。孢子直径 20~25 μm，表面有密疣。

标本鉴定：北木扎特河流域，MS 22718；海拔：2 160~2 640 m。

三十七、羽藓科 Thuidiaceae Schimp.

植物体形小至粗壮，色泽多暗绿色、黄绿色或褐绿色，无光泽，干时较硬挺，常交织成片或经多年生长后成厚地被层。茎匍匐或尖部略倾立，不规则分枝或1~3回羽状分枝；中轴分化或缺失；鳞毛通常存在，单一或分枝，有时密被。茎叶与枝叶多异形。叶多列，干时通常贴生或覆瓦状排列，湿润时倾立，卵形、圆卵形或卵状三角形，上部渐尖、圆钝或呈毛尖；叶边全缘、具细齿或细胞壁具疣状突起；中肋多单一，达叶片上部或突出于叶尖，稀短弱而分叉，少数不明显；叶上部细胞多六角形或圆多角形，厚壁，多具疣，基部细胞较长而常有壁孔，叶边细胞近方形。雌雄同株异苞或同苞。雌苞侧生，雌苞叶通常呈卵状披针形。蒴柄细长，老时呈淡红色，平滑或具密疣状突起。孢蒴平倾，不对称，平滑，气孔稀少，着生于孢蒴基部，或缺失，环带常分化。蒴齿2层；外齿层16枚，披针形，基部联合，淡黄色至黄棕色，上部呈灰色，具疣状突起，边缘分化；内齿层灰色，具疣，基膜发育良好，齿条具脊，齿毛多发育。蒴盖圆锥形，有时具喙。蒴帽兜形，平滑，稀被纤毛或疣。孢子球形。

山羽藓属 *Abietinella* Müll. Hal.

173 山羽藓 *Abietinella abietina* (Hedw.) M. Fleisch.

植物体粗壮，硬挺，上部为黄色或暗绿色，基部呈褐色，密丛集或稀疏交织生长。茎规则羽状分枝，倾立或直立，长可达10 cm；中轴分化；鳞毛多数，披针形至线形，具分枝，顶端细胞具2~4个疣。茎叶基部呈阔卵形，渐上呈披针形尖，具深纵褶，长约1.5 mm，宽1 mm；叶边近于平展或略背卷，具齿；中肋粗壮，长达叶片长度的3/4，背部具疣；叶中部细胞虫形，多弯曲，(10~12) μm × (6~8) μm，厚壁，细胞具单疣，叶尖细胞长卵形至虫形，胞壁平滑。枝叶内凹，干时贴生，湿润时倾立，卵形至阔卵形，具短尖；叶边全缘或具细齿；中肋长达叶片中上部；叶细胞卵形至近于方形，细胞具单疣。雌雄异株。雌苞叶从卵形或阔卵形基部向上突成披针形尖；中肋缺失。蒴柄纤细，长约2 cm。孢蒴圆柱形，弓形弯曲，长2~3 mm。

标本鉴定：塔克拉克，MS 11986；小库孜巴依林场，MS 24521；大库孜巴依林场，MS 31237；铁兰河流域，MS 31404；北木扎特河流域，MS 24964；海拔：2 160~2 640 m。

174 美丽山羽藓 *Abietinella histricosa* (Mitt.) Broth.

植物体稍纤细或粗壮，黄绿色或暗绿色，基部呈褐色，密集成片生长。茎倾立至直立，长达 10 cm，直径约 0.65 mm，规则一回羽状分枝；分枝粗壮，钝端，长 7~15 mm；中轴分化；鳞毛多数，披针形至线形，具分枝，平滑。茎叶卵状椭圆形基部渐上呈狭披针形，具弱纵褶，上部常一侧弯曲，长约 3 mm，宽 1~1.5 mm；叶边具细齿；中肋长达叶片的 3/4 处，背面具粗疣。叶细胞 7 μm × (7~25) μm，中部细胞长多角形至卵形，背面具粗疣。胞壁强烈加厚，尖部细胞狭长卵形，平滑或具单个疣。枝叶狭卵形，内凹，略具纵褶，叶边具齿；中肋长达叶片 2/3 处，平滑或具少数疣状突起；中部细胞六角形至菱形，平滑，稀具单个小疣。孢子体未见。

标本鉴定：塔克拉克，MS 24352；海拔：2 600 m。

175 绿羽藓 *Thuidium assimile* (Mitt.) A. Jaeger

体形粗壮或稍细弱，黄绿色，老时呈棕色，交织成大片状生长。茎匍匐或倾立，长达7 cm，规则三回羽状分枝；鳞毛密生茎上，丝状、叉状分枝，或成片状，具疣状突起。茎叶内凹，卵状披针形，渐上成长披针尖，多具3至多个单列细胞透明尖，有时呈一侧弯曲，具纵褶；叶边具齿，下部多背卷；中肋消失于叶尖下。枝叶干燥时贴生，湿润时倾立，内凹，阔卵形至卵状三角形，具短锐尖，长约0.45 cm；叶边具齿；中肋达叶片长度的2/3；枝叶细胞卵状方形，约7 μm，每个细胞具单疣。雌雄异株。雌苞叶狭披针形，长可达2 mm；边缘具尖齿而无纤毛。雄苞叶卵状披针形，基部内凹，呈兜形，上部细胞狭长卵形，厚壁，下部细胞不规则长方形，壁稍薄而透明。

标本鉴定：北木扎特河流域，MS 30222；海拔：2 100~2 660 m。

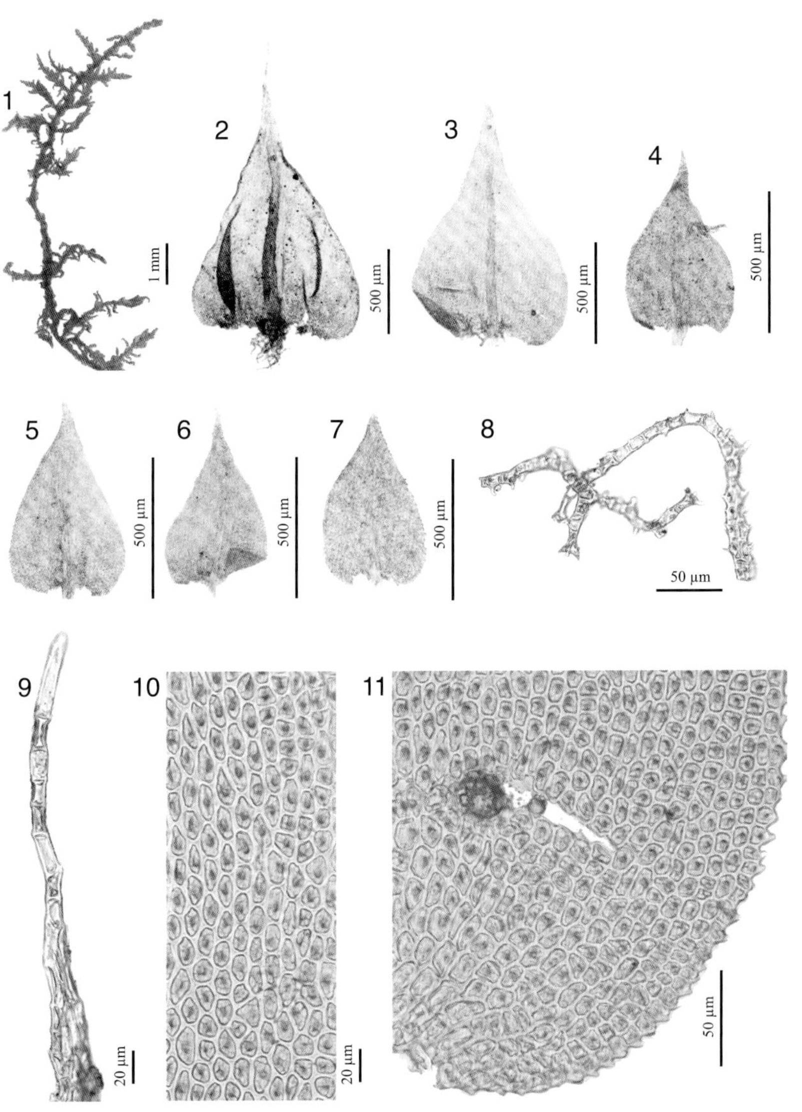

1. 植物体；2. 茎叶；3. 枝叶；4~7. 小枝叶；8. 鳞毛；9. 叶尖部细胞；10. 叶中部细胞；11. 叶基部细胞
（凭证标本：买买提明·苏来曼 5747，XJU）

176 大羽藓 *Thuidium cymbifolium* (Dozy & Molk.) Dozy & Molk.

植物体形大，鲜绿色至暗绿色，老时呈黄褐色，常交织成大片状生长。茎匍匐，长可达10 cm以上，通常规则羽状二回分枝，枝长约1.5 cm；中轴分化；鳞毛密生茎和枝上，披针形至线形，顶端细胞具2~4个疣。茎叶干燥时疏松贴生，湿润时倾立，基部呈三角状卵形，突成狭长披针形尖，顶端由6~10个单列细胞组成的毛尖；叶边多背卷或背曲，稀平展，上部具细齿；中肋长达披针形尖部，背面具疣或鳞毛；叶中部细胞卵状菱形至椭圆形，5~20 μm，具单个中央刺状疣。枝叶内凹，卵形至长卵形，短尖，中肋长达叶片2/3处，雌雄异株。雌苞叶卵状披针形，叶边具多数长纤毛。蒴柄黄棕色至红棕色，长约2 cm。孢蒴圆柱形。蒴齿两层；外齿层齿片阔披针形，红棕色，上部具疣；内齿层齿条与外齿层齿片近于等长，具细疣，齿毛2~3条，基膜约为蒴齿高度的1/2。孢子直径约20 μm，具细疣。

全草入药，味偏淡，性凉，具有清热、生肌、解毒等功效，用于治疗水、火引起的烫、烧伤，对抑制肺炎球菌有一定治疗效果。

标本鉴定：北木扎特河流域，MS 25005；海拔：2 260~2 660 m。

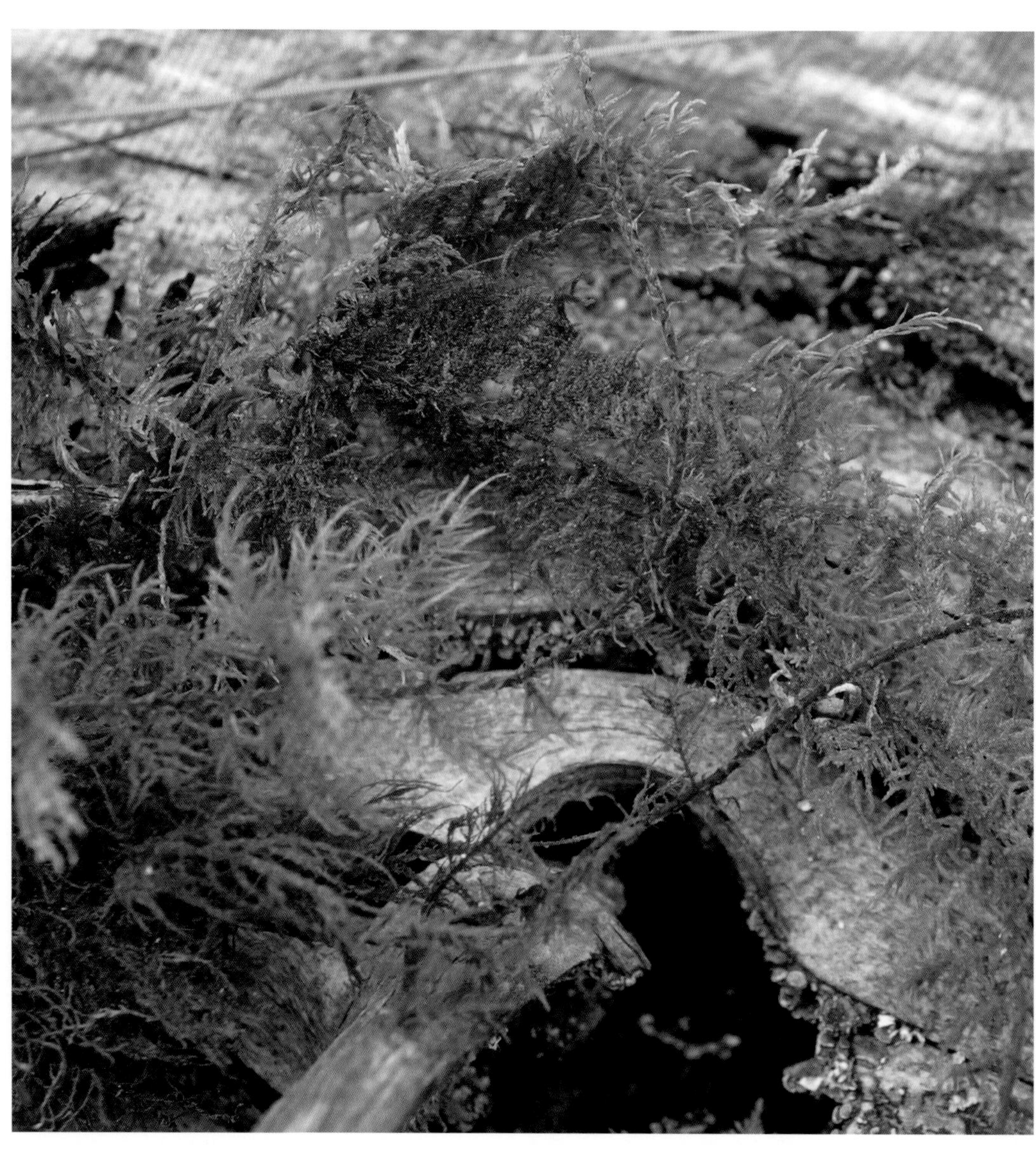

三十八、柳叶藓科 Amblystegiaceae G. Roth

喜水生。植物体纤细或较粗壮，疏松或密集丛生，略具光泽。茎倾立或直立，稀匍匐横生，不规则分枝或不规则羽状分枝。茎横切面圆形或椭圆形，中轴无或有，皮层常为小型厚壁细胞，有时皮层细胞膨大透明，鳞毛多缺失，常具丝状或片状假鳞毛。假根常平滑，少数具疣。叶片在茎上多行排列，平直或粗糙。茎叶平直或镰刀形弯曲，基部阔椭圆形或卵形，少数种类略下延，上部披针形、圆钝、急尖或渐尖；叶缘全缘或略具齿，中肋通常单一或分叉，稀为两短肋或完全缺失；叶中部细胞阔长方形、六边形、菱形或狭长虫形，多平滑，少数具疣或前角突；叶片基部细胞较短而宽，细胞壁常加厚或具孔；多数种类有明显分化的角部细胞，数多或少，小或膨大，薄壁或厚壁，无色或带颜色。枝叶与茎叶同形，常较小，中肋较弱。雌雄同株或异株。蒴柄较长，红色或红棕色，平滑。孢蒴圆筒形或椭圆形，倾立或平列，有时背部弓形弯曲，干燥时或孢子释放后蒴口下部内缢。蒴壶外部细胞长方形或六边形，有时圆形或正方形，薄壁或厚壁。蒴齿两层，为灰藓型蒴齿；外齿层齿片外面有横纹，近先端有阶梯式高出的脊，上部具疣，内面具横隔；内齿层基膜高出，齿条常分裂，齿毛常分化，长，1~4 条，具节瘤或节条。蒴盖基部圆锥形，具喙状尖。蒴帽兜形，平滑，无疣状突起。孢子细小，球形，具疣。

柳叶藓属 *Amblystegium* Bruch & Schimp.

177 柳叶藓 *Amblystegium serpens* (Hedw.) Schimp.

植物体小，密集丛生，黄绿色。茎匍匐，不规则分枝。茎叶直立，卵状披针形，茎叶和枝叶同形；中肋细弱，单一，达于叶的 1/2~2/3 处。叶中部细胞长椭圆形，上部细胞较长，基部细胞较宽，角区分化明显，细胞方形。未见孢子体。

标本鉴定：塔克拉克，MS 24383；小库孜巴依林场，MS 24591；大库孜巴依林场，MS 24664；铁兰河流域，MS 31320；北木扎特河流域，MS 24947；海拔：2 310~2 600 m。

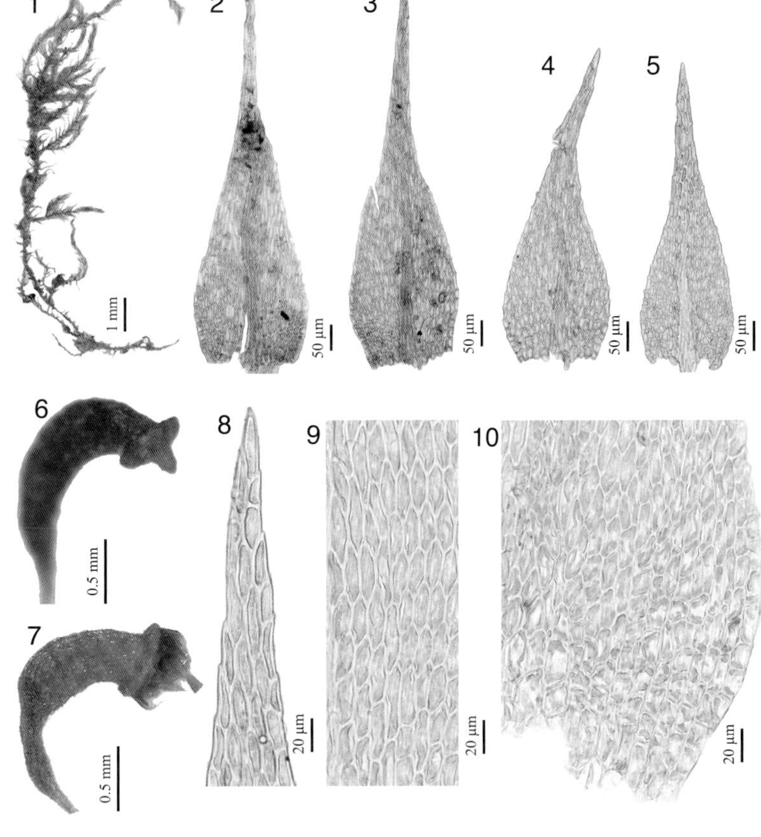

1. 植物体；2~3. 茎叶；4~5. 枝叶；6~7. 孢蒴；8. 叶尖部细胞；9. 叶中部细胞；10. 叶基部细胞
（凭证标本：买买提明·苏来曼 5725，XJU）

178 细湿藓 *Campylium hispidulum* (Brid.) Mitt.

植物体细弱，亮绿色。茎匍匐，不规则分枝。茎横切面有中轴，很小。茎叶背仰，基部心形向上骤变成长披针形叶尖；无中肋；叶中部细胞较短，角区细胞方形。枝叶比茎叶较小，叶尖丝状。蒴柄短，孢蒴长柱形，蒴盖圆锥形，渐成短尖。

标本鉴定：塔克拉克，MS 24472；小库孜巴依林场，MS 24614；大库孜巴依林场，MS 24669；铁兰河流域，MS 31401；北木扎特河流域，MS 22882；海拔：2 350~2 500 m。

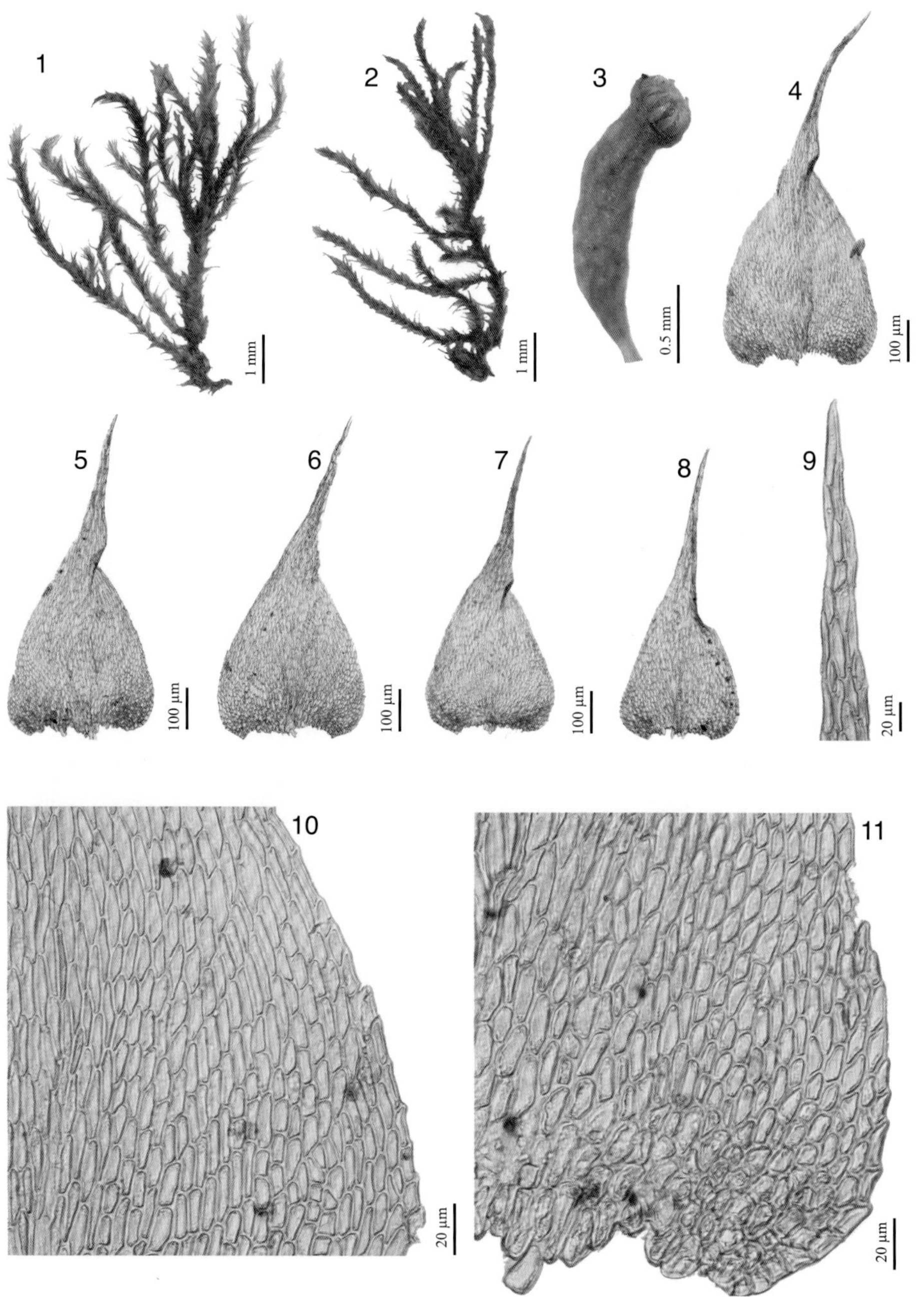

1~2. 植物体；3. 孢蒴；4~6. 茎叶；7~8. 枝叶；9. 叶尖部细胞；10. 叶中上部叶边缘细胞；11. 叶基部细胞
（凭证标本：买买提明·苏来曼 14593，XJU）

179 牛角藓原变种 *Cratoneuron filicinum* (Hedw.) Spruce var. *filicinum*

植物体中等大小，黄绿色，茎不规则羽状分枝，干燥时呈弧形弯曲；鳞毛片状；叶三角形或宽卵形，上部急尖；中肋粗壮，达叶尖，叶细胞菱形或长菱形；叶角区细胞分化明显，强烈突出成叶耳，薄壁，分化达中肋。枝叶与茎叶同形，较短和窄。未见孢子体。

药用全草，味淡、微涩，性平，养心安神。

标本鉴定：破城子，MS 30113；铁兰河流域，MS 31345；小库孜巴依林场，MS 24601；大库孜巴依泉水，MS 31556；北木扎特河流域，MS 25041；海拔：1 960~2 590 m。

180 牛角藓宽肋变种 *Cratoneuron filicinum* var. *atrovirens* (Brid.) Ochyra

植物体粗壮，茎直立，不规则分枝；鳞毛片状；叶片卵状披针形或披针形，茎叶和枝叶同形；中肋粗壮，达叶尖并突出成刺状，叶细胞菱形或长菱形；叶角区细胞分化明显，突出成叶耳，薄壁。未见孢子体。

药用全草，味淡、微涩，性平，有养心安神的功能，用于治疗心悸、心跳、神经衰弱等。

标本鉴定：破城子，MS 30099；小库孜巴依林场，MS 11863；大库孜巴依林场，MS 24674；大库孜巴依泉水，MS 31556；北木扎特河流域，MS 24987；海拔：1 960~2 583 m。

181 镰刀藓 *Drepanocladus aduncus* (Hedw.) Warnst.

植物体中等大小，茎倾立，不规则分枝；假鳞毛少、小，叶状。茎叶卵状披针形，镰状弯曲，中肋单一，达叶中上部，叶细胞狭长形，叶角区细胞明显分化，短而宽，无壁孔，不达于中肋。枝叶较窄小，比茎叶更弯曲。孢子体未见。

标本鉴定：塔克拉克，MS 24345；海拔：2 600 m。

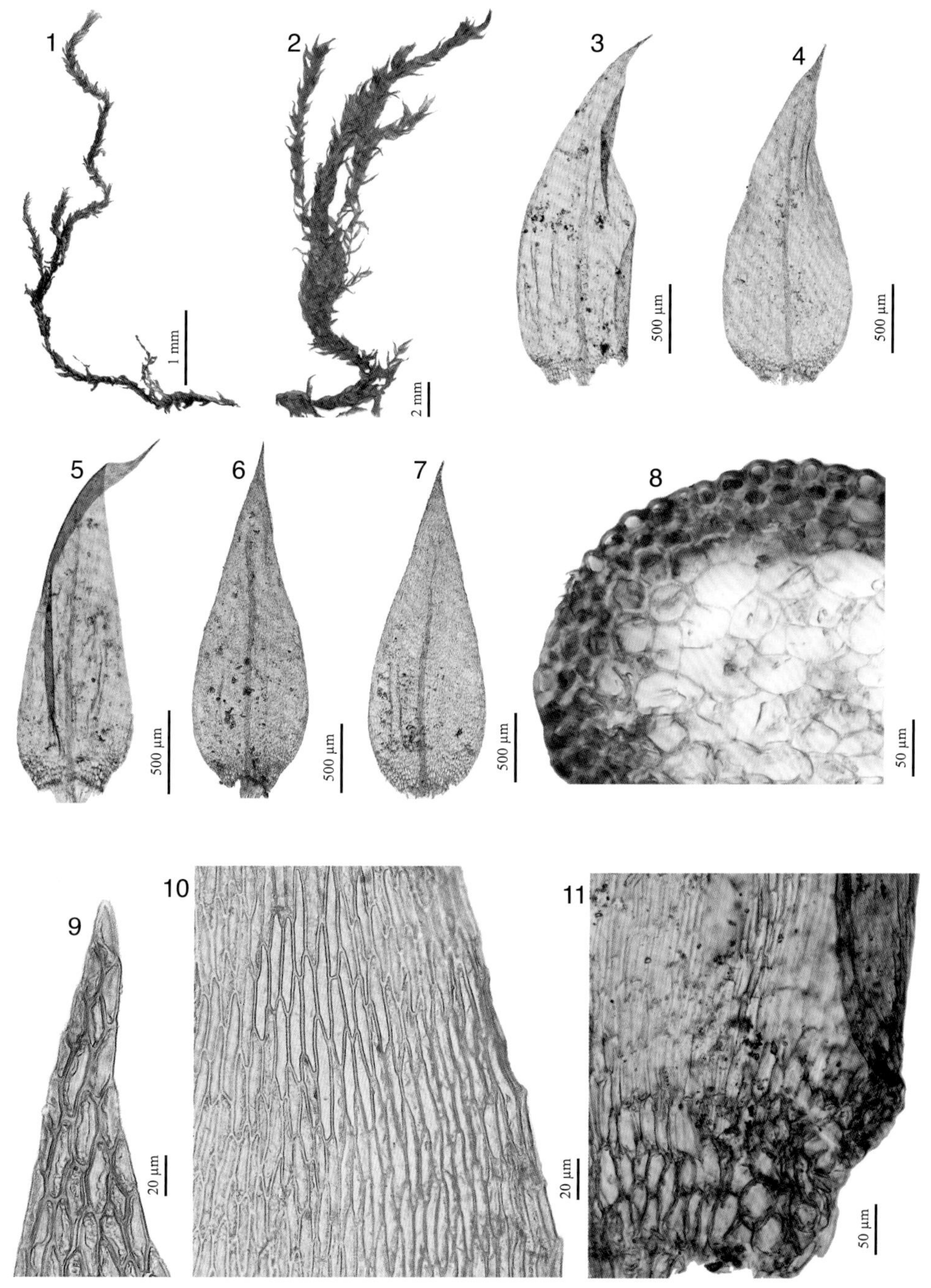

1~2. 植物体；3~7. 叶片；8. 茎横切面的一部分；9. 叶尖部细胞；10. 叶中上部叶边缘细胞；11. 叶基部细胞

（凭证标本：买买提明·苏来曼 195，XJU）

182 水灰藓 *Hygrohypnum luridum* (Hedw.) Jenn.

植物体中等大小，岩面平铺丛生，深绿色。茎匍匐，不规则分枝，枝直立，无假鳞毛。茎叶与枝叶同形，叶卵形，内凹，叶尖钝，具小锐尖。中肋单一，达于叶中部以上，不分叉。角区细胞小而多，正方形。蒴柄红色，孢蒴长卵状圆筒形，倾立。蒴盖圆锥形。

标本鉴定：破城子，MS 30122；北木扎特河流域，MS 24766；海拔：2 020~2 583 m。

183 薄网藓 *Leptodictyum riparium* (Hedw.) Warnst.

植物体粗壮，稀疏丛生，黄色或绿色。茎匍匐，长 5~10 cm，不规则分枝。叶直立或倾立，形态变化大，平展或稍弯曲，长 2.5~4.0 mm，宽 0.5~0.8 mm，长披针形，稀为卵状披针形，渐尖成叶尖；叶缘全缘无齿；中肋单一，细弱，达于叶片 1/2~3/4 处终止；叶中部细胞短菱形或长菱形，薄壁，长 60~80 μm，宽 9~12 μm，基部细胞长方形，排列疏松，角部细胞分化不明显，长方形。枝叶与茎叶同形，较小。雌雄异株。内雌苞叶中肋粗壮，达于叶尖。蒴柄红色，长 10~30 cm。孢蒴长 1~2.5 mm，橘黄色，弓形弯曲。蒴盖圆锥形，具钝尖。孢子直径 9~13 μm，具细疣。

药用全草，味淡、涩，性凉，可清热、利湿。

标本鉴定：塔克拉克，MS 24408；海拔：2 470 m。

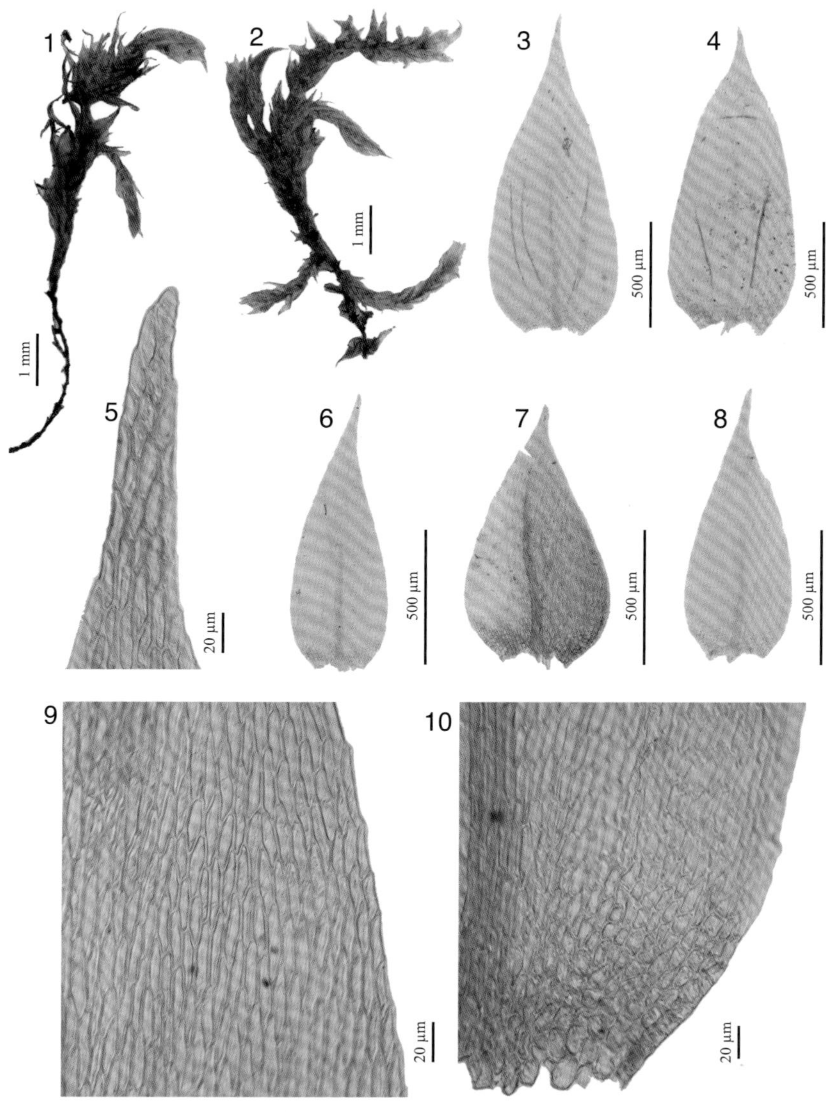

1~2. 植物体；3~4、6~8. 叶片；5. 叶尖部细胞；9. 叶中上部边缘细胞；10. 叶基部细胞

（凭证标本：买买提明·苏来曼 1749，XJU）

184 三洋藓 *Sanionia uncinata* (Hedw.) Loeske

植物体稀疏平铺丛生或密集丛生，黄色或绿色，具光泽。茎长5~10 cm，匍匐或直立，稀疏近羽状分枝或不规则分枝，末端小枝成弧形弯曲；茎横切面长圆形，中轴小，皮层细胞小，正方形或六边形，表层细胞小，加厚，3~4层，透明层明显。假鳞毛大而多，叶状。茎叶长3.5~5 mm，宽约0.6 mm，呈镰刀形弯曲，有皱褶，具明显的基部，渐上成细长尖，内卷成半管状；叶缘上部具齿；中肋细弱，基部宽40~80 μm，达叶中部或上部终止；叶细胞狭长线形，长为宽的8~15倍，基部细胞较宽，长方形厚壁，具壁孔，角部细胞小，多边形，无色透明薄壁，形成明显的区域。枝叶较窄小，长1.5~2 mm，宽0.3~0.4 mm。雌雄同株。雌苞叶长披针形，长6 mm，宽0.8 mm，具纵皱褶，中肋单一，细弱。蒴柄红棕色，长2~3 cm。孢蒴长圆筒形，弓形弯曲，倾立或直立，形态变化较大，长1.5~3 mm。环带分化，由2~3层细胞构成。内齿层齿片龙骨状瓣裂，透明，基部平滑，上部具疣；齿毛短，有时与齿片等长，1~2 (~3)，常具节瘤。蒴盖圆锥形。孢子直径为12~18 μm，具疣。

标本鉴定：塔克拉克，MS 24345；小库孜巴依林场，MS 24566；北木扎特河流域，MS 22679；海拔：2 160~2 700 m。

三十九、青藓科 Brachytheciaceae Schimp.

植物体纤细或粗壮，疏松或紧密交织成片，略具光泽。茎匍匐或斜生，甚少直立，不规则或羽状分枝；无鳞毛，假鳞毛大多缺失。叶排成数列，紧贴或直立伸展，或略呈镰刀状偏曲，常具皱褶，呈宽卵形至披针形。叶先端长渐尖（少数先端钝或圆钝）。中肋单一，甚发达，大多止于叶先端之下，有时在背面先端具刺状突起。叶细胞大多呈长形、菱形以至线状弯曲形，平滑或背部具前角突起，基角部细胞近于方形，有时形成明显的角部分化。雌器苞侧生，雌苞叶分化。蒴柄长，平滑或粗糙。孢蒴下弯至横生，甚少直立且对称，呈卵球形或长椭圆状圆筒形，且不对称，干燥时或孢子释放后常弯曲。颈部短，不明显，大多具无功能的气孔。环带常分化。蒴盖圆锥形，先端钝或具小尖头，常具喙。蒴齿双层，具16枚线状锥形齿片，基部常愈合，呈红色，下部常具条纹和横脊。内齿层通常游离，大多与齿片等长，基膜高。齿条龙骨状，常呈线状。齿毛发达，少数消退或缺失。孢子圆球形。蒴帽兜形，平滑无毛。

青藓属 *Brachythecium* Bruch & Schimp.

185 灰白青藓 *Brachythecium albicans* (Hedw.) Schimp.

植物体中等大小，主茎长4~5 cm，疏松，交织成片，灰绿色或黄绿色，略具光泽。茎匍匐或斜生，枝长0.7~1.0 cm，圆条形，干燥时叶不紧贴，呈毛刷状。茎叶卵状披针形，(1.53~1.71)mm × (0.45~0.61) mm，叶基下延不明显，先端渐尖或锐尖，通常全缘。枝扁平，干燥时先端常扭曲，潮湿时伸展，略具褶皱，长卵形至卵状披针形，先端锐尖或渐尖，全缘或先端具细齿，叶基下延不明显，中肋长达叶中部或中部以上。叶中部和上部细胞线状菱形，(40~80) µm × (5~7)µm。角部细胞近方形，分化达中肋。雌雄异株。蒴柄长1.5~2.2 cm，红褐色，平滑。孢蒴长1 ~ 1.5 mm，矩圆形，不对称，垂倾或平横。环带由2列细胞组成。蒴盖圆锥形，具短尖。齿毛2~3条，孢子具细疣。

标本鉴定：塔克拉克，MS 31077；小库孜巴依林场，MS 30006；大库孜巴依林场，MS 24661；铁兰河流域，MS 31357；海拔：2 400~2 700 m。

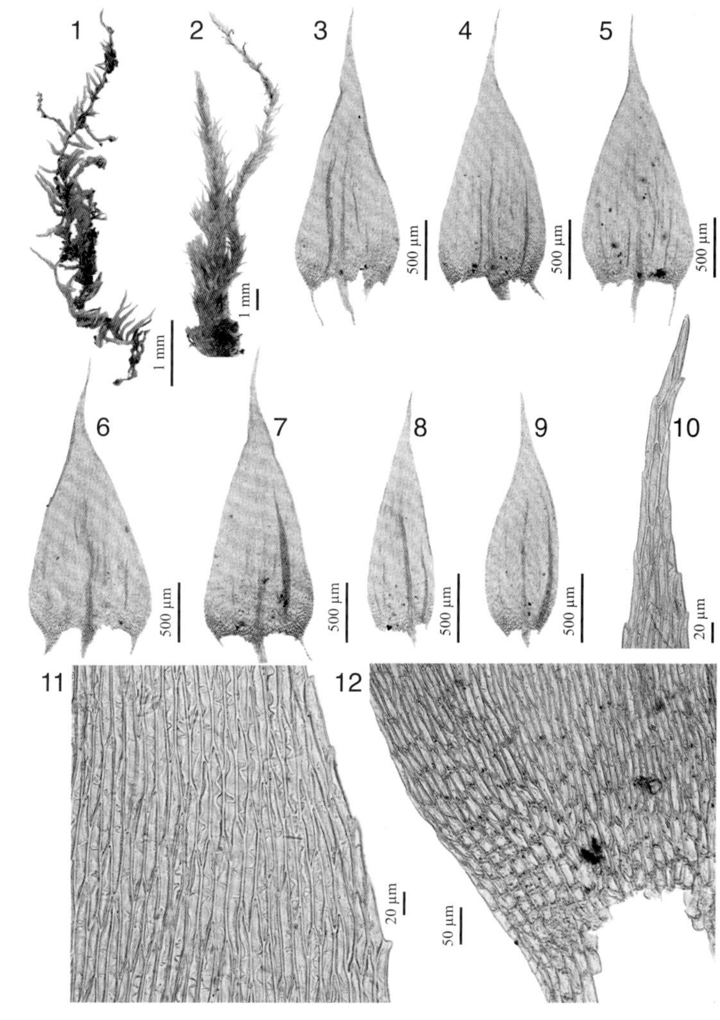

1~2. 植物体；3~7. 茎叶；8~9. 枝叶；10. 叶尖部细胞；11. 中上部叶边缘细胞；12. 叶基部细胞（凭证标本：买买提明·苏来曼 16910，XJU）

186 多褶青藓 *Brachythecium buchananii* (Hook.) A. Jaeger

植物体中等大小，茎匍匐4~5 cm，不规则分枝，枝渐尖，枝端叶较小。茎叶卵形，(1.71~2.30) mm × (0.79~0.90) mm，先端渐尖或急尖形成长尖，3~4深皱褶，叶缘全缘，叶基边缘略反卷，中肋超过叶中部。枝叶与茎叶同形但较小，(1.26~1.35) mm × (0.45~0.54) mm。叶中部细胞近于线形，末端尖锐，长、宽为(72~105) μm × (9~10) μm，薄壁。基部细胞较宽，长菱形或长矩形，壁略增厚。角部细胞近于方形至矩形，形成宽阔的区域。孢蒴垂倾，长椭圆形，台部明显。蒴盖圆锥形。蒴齿双层，内齿层与外齿层等长，齿毛2条，毛状，具节瘤，与齿条等长。

标本鉴定：塔克拉克，MS 11964；海拔：2 700 m。

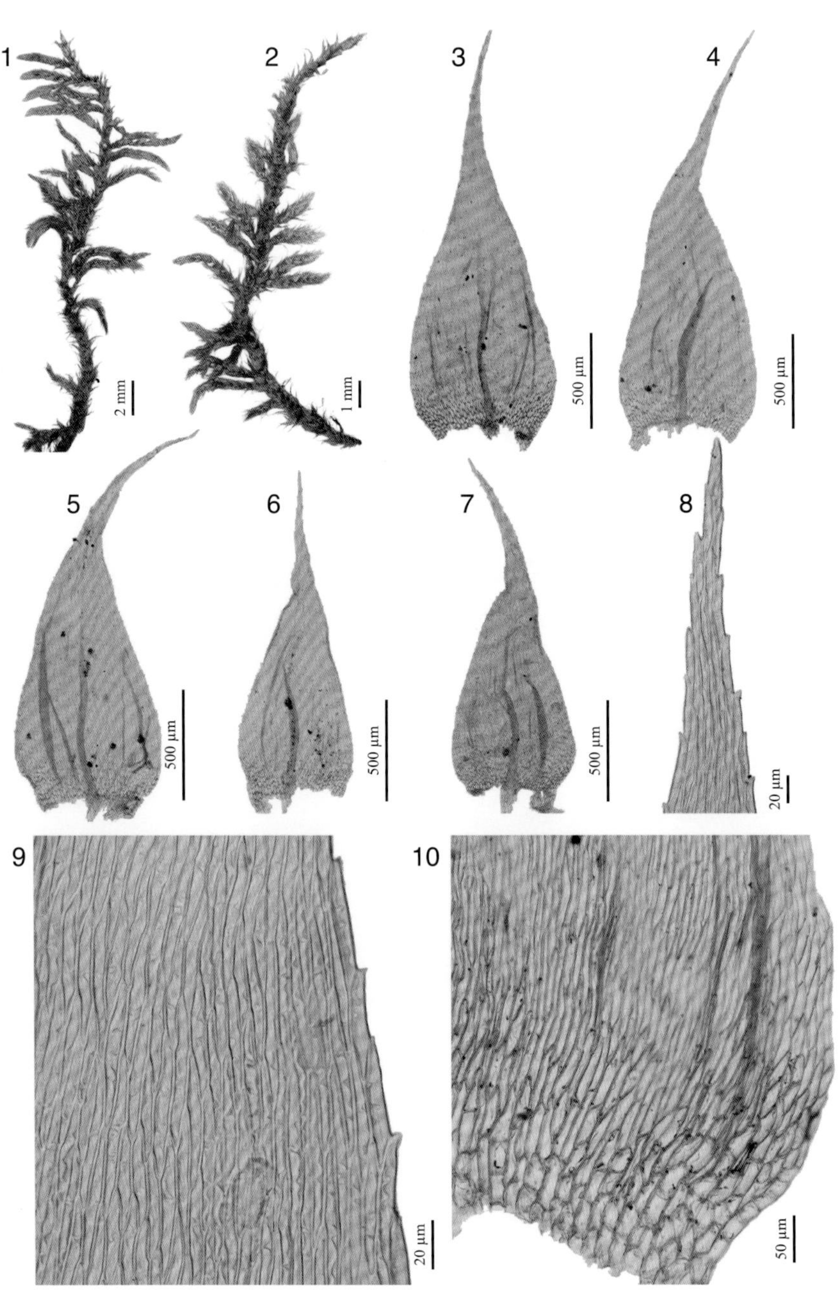

1~2. 植物体；3~5. 茎叶；6~7. 枝叶；8. 叶尖部细胞；9. 叶中上部边缘细胞；10. 叶基部细胞
（凭证标本：买买提明·苏来曼 14927，XJU）

187 圆枝青藓 *Brachythecium garovaglioides* Müll. Hal.

植物体形大，淡黄绿色。主茎匍匐，不规则分枝；叶在茎上或枝上排列疏松，枝略呈扁平状，单一或上部具少数小枝。茎叶长卵形至长椭圆形，先端常不规则褶皱；急尖成长毛尖，长、宽为 (2.4 ~ 3.5) mm × (0.9~1.4) mm，内凹，上部边缘具细齿，基部全缘，中肋纤细，渐尖，达叶中部以上。枝叶与茎叶同形，略小。叶中部细胞线形，(100~165) μm × (8~10) μm，末端尖锐，角部宽阔，细胞矩形，分化达中肋，但只有近叶基部 2~4 层细胞分化。

标本鉴定：塔克拉克，MS 24307；海拔：2 600 m。

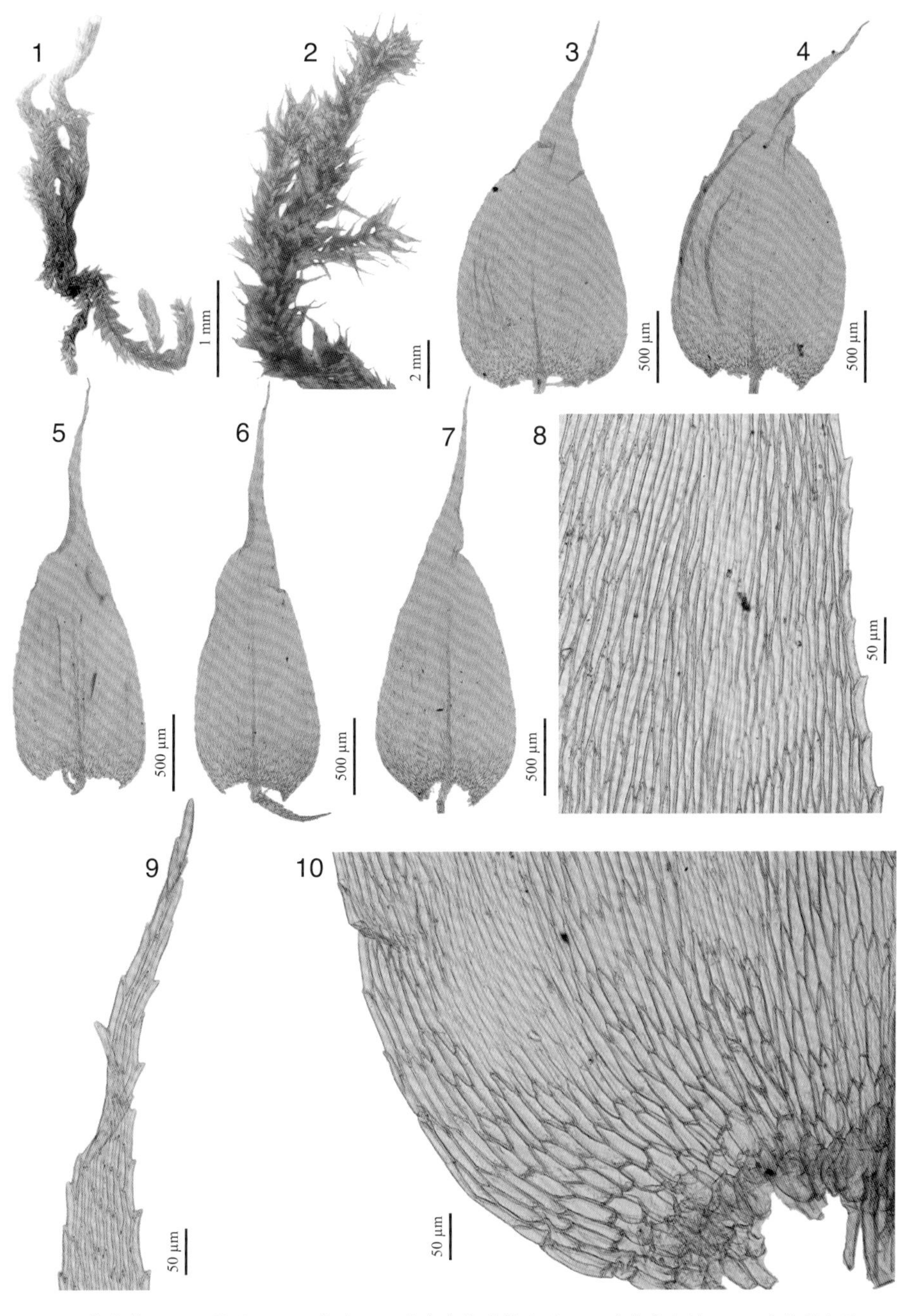

1~2. 植物体；3~4. 茎叶；5~7. 枝叶；8. 叶中上部边缘细胞；9. 叶尖部细胞；10. 叶基部细胞

（凭证标本：买买提明·苏来曼 10758，XJU）

188 溪边青藓 *Brachythecium rivulare* Schimp.

植物体形大，茎弧曲，枝斜生，长可达 5~10 cm，多回分枝呈树形。枝弧曲，单一，渐尖。茎叶干燥时紧贴茎，潮湿时伸展，阔卵形，(1.5~2.1) mm × (1.1~1.20) mm，先端宽阔，锐尖；基部明显下延，内凹，平展或略具褶皱；叶缘全缘或中部以上具小圆齿；中肋较弱，达叶中部或略超过叶中部。枝叶卵形，较茎叶小，(0.99~1.67) mm × (0.68~0.81) mm。叶中部细胞线形，末端尖锐，(80~120) μm × (5~10) μm，薄壁。角部细胞膨大，矩圆形或长六角形，薄壁，形成明显而宽阔的角部。雌雄异株或同株。雌苞叶无中肋，基部平截，矩形，先端渐尖，反卷。蒴柄通体具疣，红褐色。孢蒴垂倾，长圆柱形，无蒴台。外齿层与内齿层等长，齿条具穿孔，齿毛 2 条，略短于齿条。蒴盖锥形，先端具短喙，褐色。

标本鉴定：大库孜巴依林场，MS 24698；北木扎特河流域，MS 25057；海拔：2 100~2 200 m。

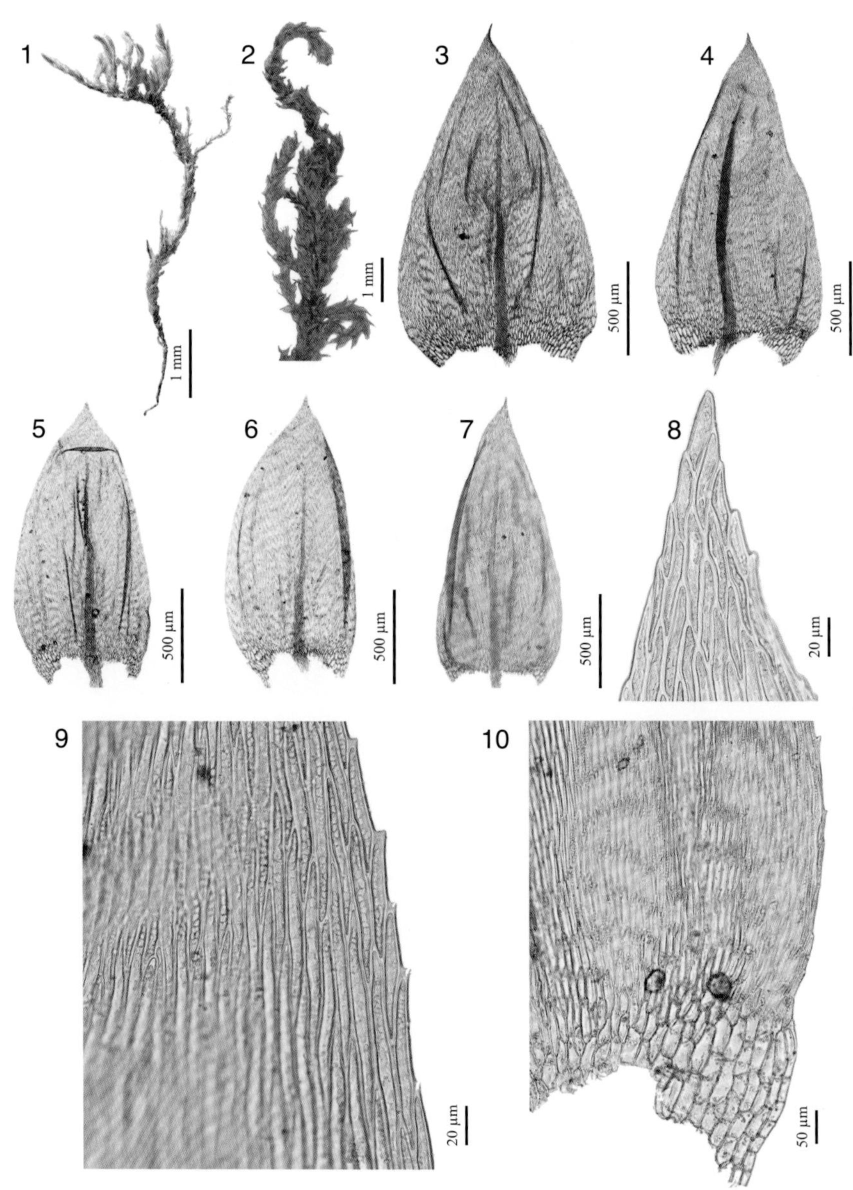

1~2. 植物体；3~4. 茎叶；5~7. 枝叶；8. 叶尖部细胞；9. 叶中上部边缘细胞；10. 叶基部细胞
（凭证标本：买买提明·苏来曼 23808、23444，XJU）

189 卵叶青藓 *Brachythecium rutabulum* (Hedw.) Schimp.

植物体形大，主茎长 5~8 cm 或更长，叶稀疏，分枝密集，单一或再分枝，枝端渐尖。茎叶阔卵形，具狭而短的叶尖，长、宽为 (1.85~2.16) mm × (0.95~1.67) mm；基部呈阔心形，略下延，内凹，具褶皱；叶缘具微细圆齿，或近于全缘；中肋细弱，延伸至叶长度的 2/3 处。叶中部细胞阔菱形，先端略尖锐，(43~60) μm × (9~10) μm，一律薄壁；近基部细胞疏松，壁略增厚，细胞为菱形；角部细胞方形至矩圆形。枝叶卵形至卵状披针形，先端渐尖，(1.26~1.58) mm × (0.54~0.72) mm。雌雄异株。蒴柄长 1.5~2.0 cm，通体具疣。孢蒴卵形至倒卵形，悬垂，褐色；内齿层与外齿层等长；蒴盖锥形，具短尖。

全草用药，四季可采收，具有辛辣、苦味，抗过敏原、抗肿瘤的功效。

标本鉴定：塔克拉克，MS 29947；小库孜巴依林场，MS 24571；铁兰河流域，MS 31343；北木扎特河流域，MS 24982；海拔：2 100~2 590 m。

190 褶叶青藓 *Brachythecium salebrosum* (F. Weber & D. Mohr) Bruch & Schimp.

植物体浅绿色，中等大小。主茎匍匐，羽状分枝，枝单一，渐尖，长0.6~1 cm。茎叶干燥时紧贴，潮湿时伸展；茎叶与枝叶同形，茎叶略宽阔，呈卵形至椭圆形；先端渐尖或锐尖，(0.99 ~ 1.51) mm × (0.36~0.54) mm，内凹；基部收缩，具2条较短的纵褶皱；叶缘先端有细齿，叶基具微齿；中肋达叶中部或略超过中部。叶中部细胞长斜菱形，(50~70) μm × (7~9) μm，末端尖锐，薄壁；角部细胞分化不达中肋，方形、矩形或六角形，薄壁。雌苞叶反卷，无中肋。蒴柄红褐色，长2.2 cm，上部具稀疏细疣，下部平滑；蒴柄基部雌苞叶着生处长有单列细胞的毛。孢蒴椭圆形，倾立。内齿层略短于外齿层，外齿层中部以上具纵向排列的细疣，下部具横条纹，齿条具穿孔，齿毛3条，短于齿条，齿毛和齿条具稀细疣，基膜高0.22 mm。蒴盖圆锥形。孢子壁光滑。

褶叶青藓提取出多聚不饱和脂肪酸、花生四烯酸和二十二碳二烯酸，而且含量很高。

标本鉴定：塔克拉克，MS 24508；小库孜巴依林场，MS 24575；铁兰河流域，MS 31323；北木扎特河流域，MS 22716；海拔：2 160~2 600 m。

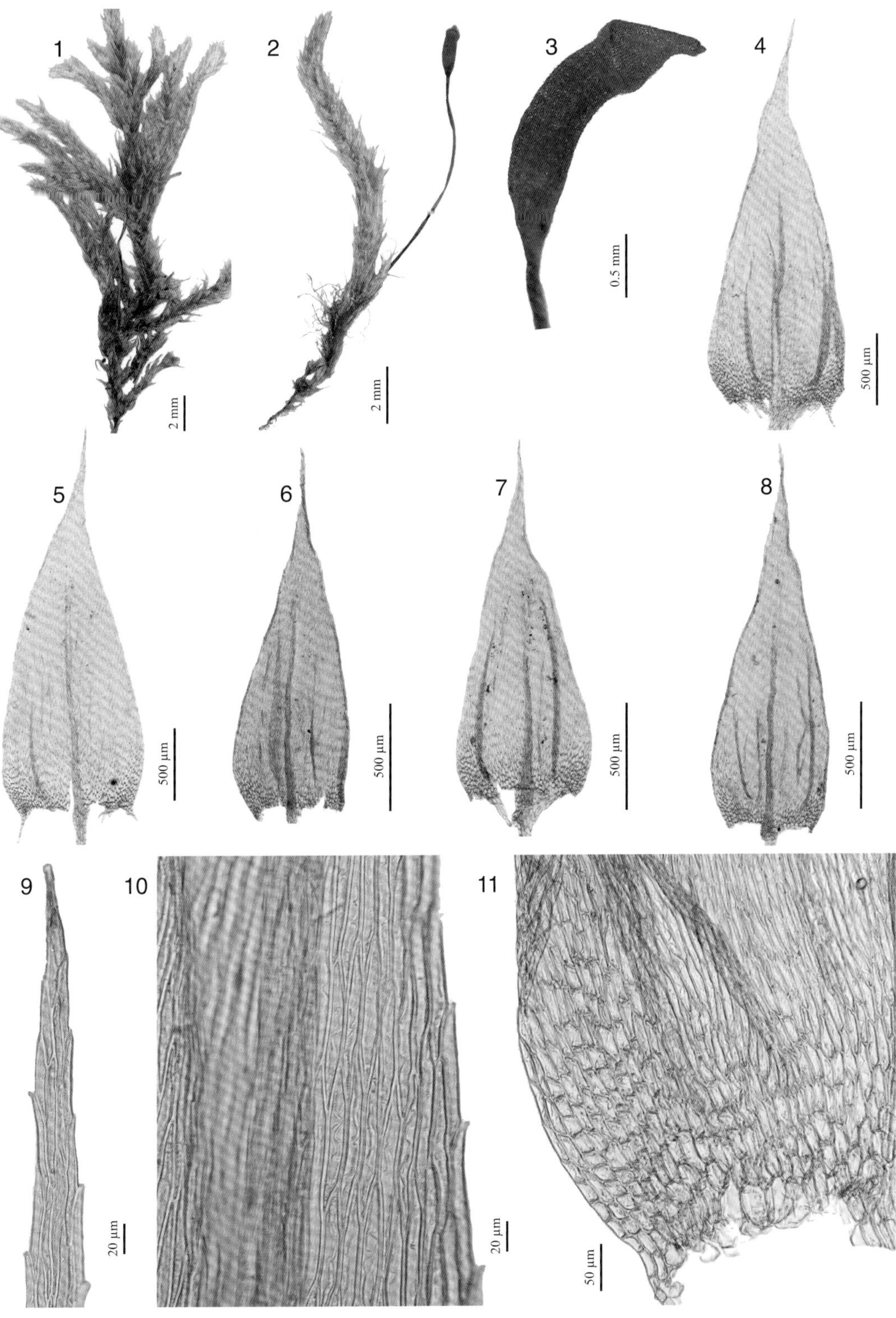

1~2. 植物体；3. 孢蒴；4~5. 茎叶；6~8. 枝叶；9. 叶尖部细胞；10. 叶中上部边缘细胞；11. 叶基部细胞
（凭证标本：买买提明·苏来曼 2177，XJU）

191 绒叶青藓 *Brachythecium velutinum* (Hedw.) Schimp.

植物体纤细，紧密交织生长，黄绿色，略具光泽。茎匍匐，柔弱，长约2 cm，密集规则羽状分枝，枝直立，短小，长0.4~1.0 cm，单一，先端钝，密生叶。茎叶卵状披针形，(0.95~1.23) mm × (0.4~ 0.54) mm，直立伸展，具不规则褶皱，先端渐尖；叶缘具细齿；叶基宽阔，不下延或下延不明显；中肋细弱至叶中部消失。枝叶较狭窄，平展，少褶皱，长、宽为(1.0~1.2) mm × (0.2~ 0.4) mm，呈镰状偏曲；叶缘具明显锯齿。叶中部细胞狭线形，(104~148) μm × (8~9) μm；角部细胞分化少，远不达中肋，细胞方形至椭圆形。蒴柄长约1 cm，通体具疣。孢蒴椭圆柱形，蒴齿双层，齿条上部具疣，内齿层基膜高，两齿条之间具3条齿毛，节瘤明显。

标本鉴定：塔克拉克，MS 24370；小库孜巴依林场，MS 11881；大库孜巴依林场，MS 31219；铁兰河流域，MS 31415；北木扎特河流域，MS 22716；海拔：2 140~2 610 m。

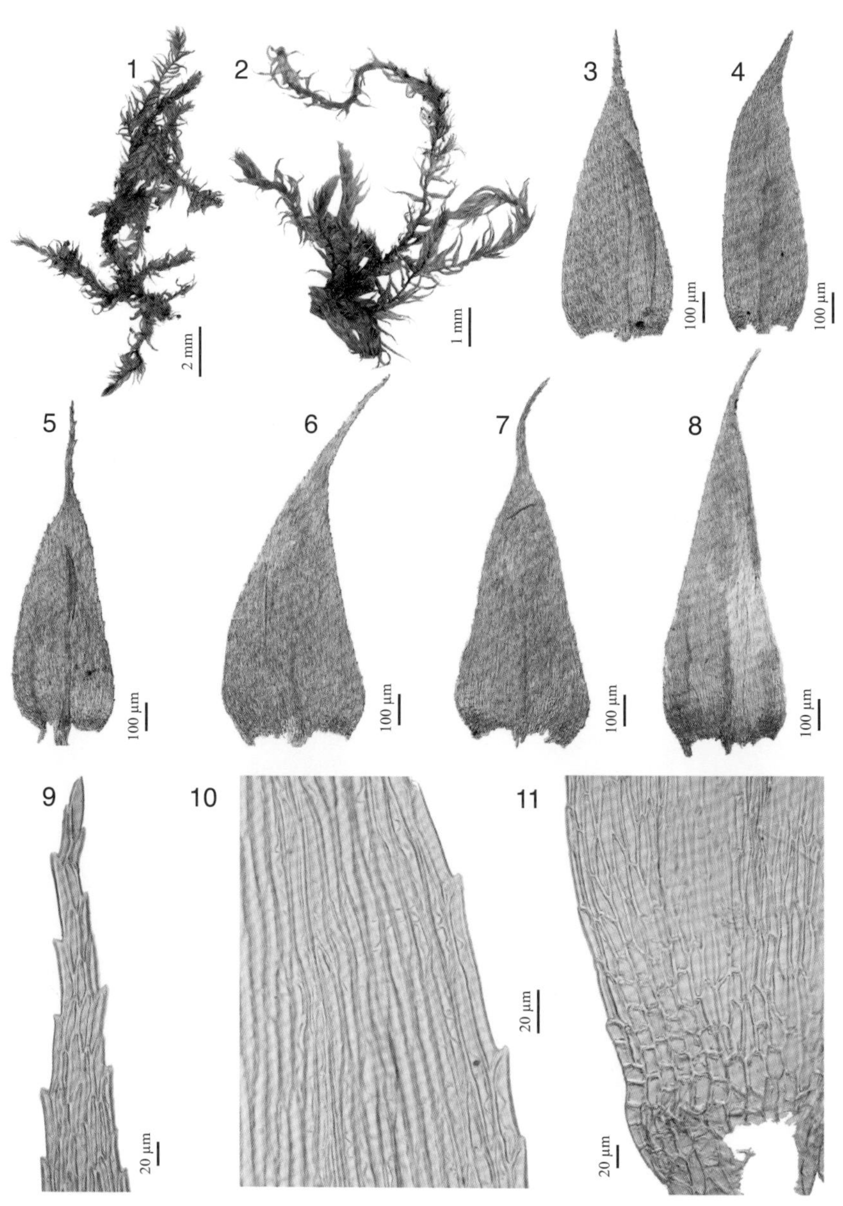

1~2. 植物体；3~5. 枝叶；6~8. 茎叶；9. 叶尖部细胞；10. 叶中上部边缘细胞；11. 叶基部细胞
（凭证标本：买买提明·苏来曼 17329、28330，XJU）

192 匙叶毛尖藓 *Cirriphyllum cirrosum* (Schwägr.) Grout.

茎不规则分枝或偶尔羽状分枝，枝直立伸展，长 1~1.3 cm，单一。茎上叶紧贴覆瓦状排列，匙形、长椭圆形，(2.34~2.66) mm × (0.77~0.99) mm，略具褶皱；叶缘内卷，先端波曲，突然狭缩成一细长毛尖，狭缩处常形成宽的肩部，肩部具粗齿；中肋延伸至叶中部或略超过。枝叶与茎叶相同略小，长、宽为 (1.80~1.94) mm × (0.59~0.68) mm。叶中部细胞线形，末端圆钝，多少呈蠕虫状，长、宽为 (85~103) μm × (6~8) μm，薄壁；角部细胞六角形或矩形，排列疏松，形成明显分化区域。孢蒴倾立，不对称，长椭圆状圆筒形，蒴柄长 1.5 cm，均被密疣。

标本鉴定：塔克拉克，MS 24298；破城子，MS 30121；小库孜巴依林场，MS 24519；大库孜巴依林场，MS 24664；铁兰河流域，MS 31391；北木扎特河流域，MS 22580；海拔：2 020~2 700 m。

四十、绢藓科 Entodontaceae Kindb.

喜生于树干、岩面或土壤表面。植物体纤细、中等大小或粗壮，具光泽，交织成片生长。茎匍匐或倾立，规则分枝，上密生叶，无鳞毛。在茎的横切面可见中轴。茎叶与枝叶很少区别，背面与侧面的叶稍有不同，对称或稍不对称，呈卵形或卵状披针形，少数呈线状披针形，先端钝或具长而渐尖的叶尖。叶中部细胞呈菱形至线形，平滑。角部细胞数多，呈方形。大多数具 2 条短中肋，也有中肋发达，超过叶中部，少数无中肋或中肋甚弱。雌雄同株或异株，雄性与雌性植物体同形。有性生殖器官产生于茎或枝上，具丝状隔丝。雄器苞呈芽状，较小。雌器苞生于短小的雌枝上。蒴柄长 0.5~4 cm，平滑。孢蒴直立，对称，有的略弯曲，稍不对称。有环带或环带缺失。蒴齿双层或齿条退化以至消失。外齿层的齿片狭披针形或阔披针形、黄色至红褐色，生于孢蒴口部之下。齿片外壁背面具疣或条纹，甚少为平滑，具锯齿形中缝或具穿孔。内齿层基膜不发达，齿条多呈狭线形，齿毛缺失或退化。孢子小型，其直径一般不超过 55 μm。

绢藓属 *Entodon* Müll. Hal.

193 厚角绢藓 *Entodon concinnus* (De Not.) Paris

植物体粗壮，黄色或褐绿色，具光泽，交织成大片生长。茎匍匐，长可达10 cm，羽状分枝。枝大多单一，长1.0~1.5 cm，稍弧曲，先端急尖或渐尖。叶在茎和枝上螺旋状排列，潮湿时伸展，内凹，先端钝或具小尖头；叶缘全缘，基部反卷，先端内卷呈兜状。叶中部细胞狭线状虫形；基角部不透明，由2层方形的细胞组成。蒴柄红褐色。孢蒴圆筒形；外齿层齿片线状披针形，基部褐色，向顶渐变淡，基部4~5节片具横行或斜行的条纹，以上具疣；内齿层齿条呈线形，与齿片等长，平滑。环带由3层细胞组成。蒴盖圆锥形、具喙。蒴帽兜形。孢子球形，直径14~17 μm。

标本鉴定：塔克拉克，MS 24280；北木扎特河流域，MS 22644；海拔：2 140~2 660 m。

194 深绿绢藓 *Entodon luridus* (Griff.) A. Jaeger

植物体粗壮，绿色或黄绿色，具光泽，疏松交织成片生长，有时呈红褐色，略具光泽。茎匍匐，长可达15 cm，亚羽状分枝。叶在茎和枝上螺旋状排列。枝长2~2.5 cm，先端急尖或渐尖，上密生叶，叶干燥时紧贴，潮湿时伸展。茎叶呈长椭圆形，先端略钝，具小尖头，全缘或具微齿，边缘略反卷。叶中部细胞线形，向上渐短。角部细胞方形，透明，未延伸到中肋。蒴柄红色或红褐色，长1.5~2.0 cm。孢蒴黄褐色至栗色，长2.5~3.0 mm，长椭圆状圆筒形，外齿层齿片线状披针形，基部具横条纹，向上突然变为斜的或纵的条纹，最先端1~2节片平滑。环带由2~3列厚角细胞组成。

药用全草，味淡、涩，性平，有利尿的功能，多用于治疗水肿病。

标本鉴定：塔克拉克，MS 29960；北木扎特河流域，MS 22704；海拔：2 140~2 660 m。

四十一、灰藓科 Hypnaceae Schimp.

植物体纤细或粗壮，多密集交织成片。茎横切面圆形或椭圆形，中轴分化或不明显分化，皮部细胞大型，包被多层厚壁细胞。茎多匍匐生长，稀直立，具规则羽状分枝或不规则分枝；鳞毛多缺失。茎叶和枝叶多为同形，稀异形，横生，长卵圆形、卵圆形或卵状披针形，具长尖，稀短尖，常一侧弯曲呈镰刀状，稀平展或具褶；双中肋短或不明显。叶细胞长轴形，少数细胞为长六边形，平滑，稀具疣，角细胞多数，分化，由一群方形或长方形细胞组成。雌雄异株或雌雄异苞同株，生殖苞侧生，雌苞叶分化。蒴柄长，多平滑。孢蒴直立或平列，卵圆形或圆柱形。环带分化。蒴齿两层；外齿层齿片披针形，有细长尖，外面多数有横脊，内面有横隔；内齿层基膜高出，齿条宽，齿毛分化，有节瘤。蒴盖圆锥形，有短喙。蒴帽兜形，多数平滑。孢子多细小，黄色或棕黄色，平滑或有密疣。

灰藓属 *Hypnum* Hedw.

195 尖叶灰藓 *Hypnum callichroum* Brid.

植物体柔弱，密集丛生，绿色或黄绿色，稍具光泽。茎匍匐，倾立或直立；横切面表皮细胞大型，薄壁，透明，具中轴；规则羽状分枝，分枝短，常弓形弯曲；假鳞毛片状或披针形。茎叶镰刀状弯曲，长1.6~1.8 mm，宽0.7~0.8 mm，阔椭圆状披针形，基部狭窄，下延，先端渐成细长尖，内凹，稍具纵褶；叶边平直，全缘，平滑；中肋短，2或不明显。叶细胞狭长菱形，中部细胞长47~80 μm，宽4~5 μm，基部细胞较短，厚壁；角细胞分化明显，少数，长椭圆形或长方形，无色或黄褐色，向外突出。雌雄异株或杂株。蒴柄长1.5~2 cm，红色。孢蒴倾立或平列，常稍弯曲，圆柱形。环带3~4列。蒴盖圆锥形。孢子直径16~18 μm，绿色，近于平滑。夏季成熟。

全草药用，具有消炎止痛、退热的功能，用于治疗咽喉炎、肺炎、盲肠炎。

标本鉴定：塔克拉克，MS 24472；小库孜巴依林场，MS 24584；大库孜巴依林场，MS 31265；铁兰河流域，MS 31354；北木扎特河流域，MS 25092；海拔：2 010~2 640 m。

196 灰藓 *Hypnum cupressiforme* Hedw.

植物体中等大，密集平铺交织成片生长，深绿色或黄绿色，稍具光泽。茎匍匐或倾立，不规则分枝或近羽状分枝，具叶枝扁平形；假鳞毛稀少，狭披针形；茎横切面表皮细胞小，厚壁。叶密生，扁平排列，镰刀形一侧弯曲，卵状或长圆披针形，内凹，无褶，先端渐成长叶尖，长 1.6~2.2 mm，宽 0.5~0.8 mm，叶缘平滑或仅顶端具细齿；中肋 2 条，极短或不明显。叶细胞狭长菱形，中部细胞长 29~40 mm，宽 3~4.3 mm，角细胞较大，壁稍加厚。茎叶较大于枝叶。未见孢子体。

药用全草，味甘，性凉，具有清热凉血的功能，可用于治疗烧伤、鼻衄、咯血、吐血、血崩等。

标本鉴定：塔克拉克，MS 31095；小库孜巴依林场，MS 24713；大库孜巴依林场，MS 24727；大库孜巴依泉水，MS31533；铁兰河流域，MS 31319；北木扎特河流域，MS 22876；海拔：2 150~2 995 m。

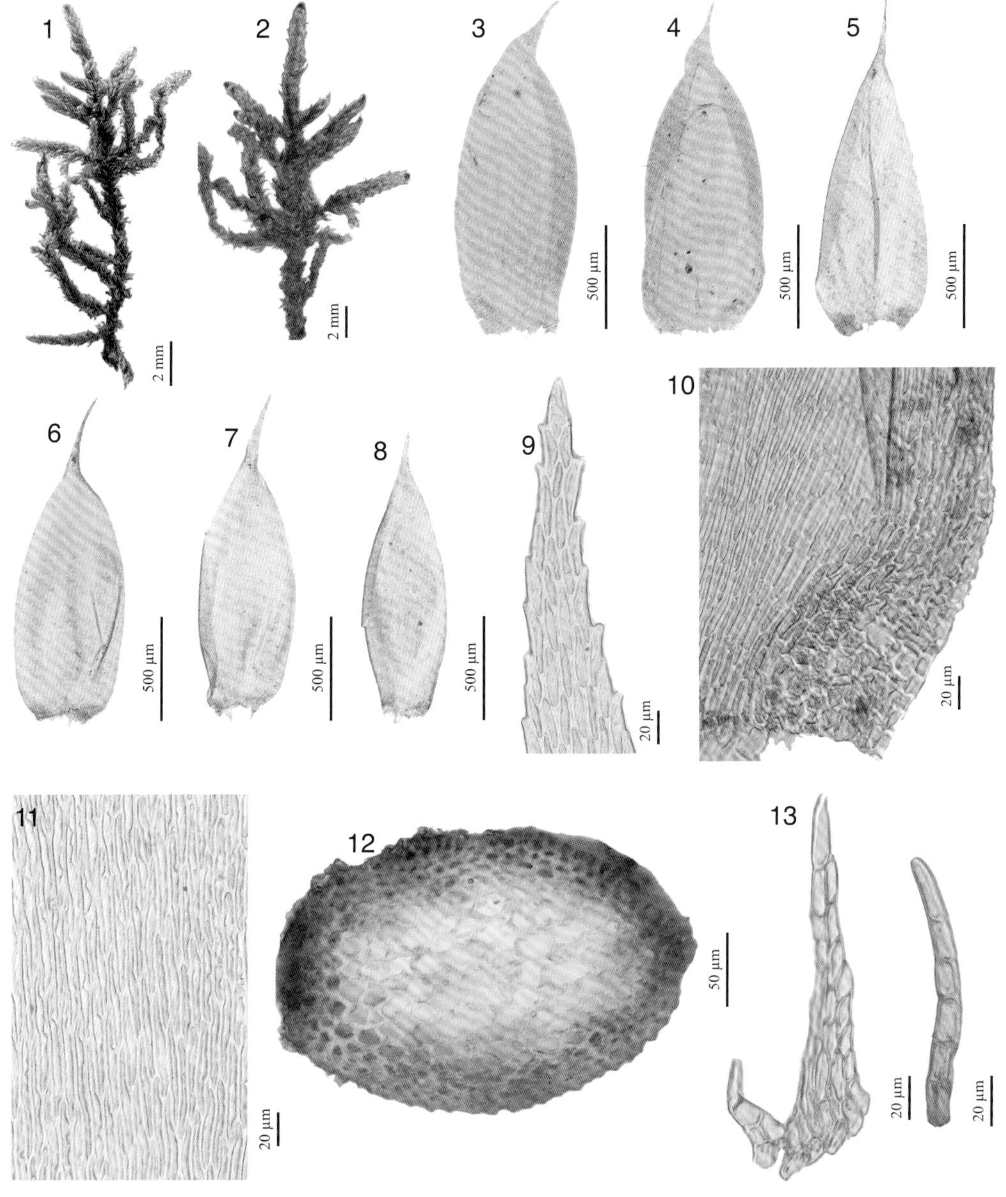

1~2. 植物体；3~5. 茎叶；6~8. 枝叶；9. 叶尖部细胞；10. 叶基部细胞；11. 叶中部细胞；12. 茎横切面；13. 假鳞毛
（凭证标本：买买提明·苏来曼 2214，XJU）

197 黄灰藓 *Hypnum pallescens* (Hedw.) P. Beauv.

植物体小，纤细，暗绿色或黄绿色，紧密交织成片生长。茎匍匐，长2~5 cm，稀更长，黄褐色，假根多数。茎横切面阔椭圆形，不透明；中轴稍发育；羽状分枝，部分为2回羽状分枝；分枝扁平或近长圆柱形，长2~4 mm，稀6 mm，多少弯曲；假鳞毛少数，披针形。叶镰刀状弯曲，稀直立，内凹，卵状披针形，不下延，尖端渐尖，具细长尖或狭窄成细短尖。茎叶较宽，长0.6~1.1 mm，宽0.4~0.6 mm，边缘上部具细齿，下部近于全缘且背卷；中肋细弱，稀单中肋。叶中部细胞长30~50 μm，宽4~5 μm，具不明显前角突；基部细胞较宽，黄色；角细胞近于方形或正方形，多数，8~15列，稀20列，近于不透明。枝叶逐渐变狭窄，叶尖具明显细齿，长0.6 ~ 1.0 mm，宽0.22~0.35 mm。雌雄同株。内雌苞叶直立，长椭圆状披针形，具细长尖，尖端具细齿，有纵褶，中肋细弱或明显，双中肋，稀单中肋。蒴柄黄褐色或黄红色，长0.7~1.5 cm，干燥时下部向右旋转，上部向左旋转。孢蒴黄褐色或栗色，倾立或平列，稀近于直立，长椭圆形或近于圆柱形，长1~2.3 mm，弓形弯曲，干燥时蒴口下部收缩。蒴盖圆锥形，具斜喙。环带1~2列。内齿层齿毛2~3条。孢子直径14~18 μm，具细疣。夏季到秋季成熟。

标本鉴定：塔克拉克，MS 24378；小库孜巴依林场，MS 24584；大库孜巴依林场，MS 31207；铁兰河流域，MS 31357；北木扎特河流域，MS 24897；海拔：2 400~2 620 m。

198 大灰藓 *Hypnum plumaeforme* Wilson.

植物体形大，黄绿色或绿色，有时带褐色。茎匍匐，长可达10 cm；横切面圆形，皮层细胞厚壁，4~5层，中部细胞较大，薄壁，中轴稍发育，红褐色；规则或不规则羽状分枝；分枝平铺或倾立，扁平或近圆柱形，长可达1.5 cm；假鳞毛少数，黄绿色，丝状或披针形。茎叶基部不下延，阔椭圆形或近心脏形，渐上阔披针形，渐尖，尖端一侧弯曲，长1.8~3.0 mm，宽0.65~1.0 mm，上部有纵褶；叶缘平展，尖端具细齿；中肋2，细弱。叶细胞狭长线形，厚壁，基部细胞短，胞壁加厚，黄褐色，有壁孔，角细胞大，薄壁，透明，无色或带黄色，上部有2~4列较小近方形细胞。枝叶与茎叶同形，小于茎叶，阔披针形，长1.4~2.1 mm，宽0.5~0.8 mm，中部细胞较短，长40~60 (70) μm，宽约3 μm，在背腹面有时具前角突，薄壁或厚壁，角细胞与茎叶角细胞相似。雌雄异株。雌苞叶直立，基部阔，上部具长尖，呈阔披针形，叶缘平直，具细齿，中肋不明显，有纵褶。蒴柄黄红色或红褐色，干燥时下部向右旋转，上部向左旋转，长30~50 mm。孢蒴长圆柱形，弓形弯曲，黄褐色或红褐色，开裂后蒴口下部收缩，长2.5~3 mm。蒴齿发育完全，齿毛2~3条，与齿片等长。环带由2~3列细胞组成。蒴盖短钝，圆锥形。孢子直径12~18 μm。春末夏季成熟。

药用全草，味甘，性凉，具有清热凉血的功能，可用于治疗烧伤、鼻衄、咯血、吐血、血崩等。

标本鉴定：塔克拉克，MS 11974；小库孜巴依林场，MS 24580；大库孜巴依林场，MS 31267；铁兰河流域，MS 31403；海拔：2 140~3 000 m。

199 卷叶灰藓 *Hypnum revolutum* (Mitt.) Lindb.

植物体中等大小，黄绿色或黄褐色。茎匍匐，直立或近于直立，长 3~5 cm；横切面椭圆形，中轴稍发育，表皮细胞不增大，但外壁稍薄，干燥时向内凹陷；规则羽状分枝，分枝扁平或近圆柱形，长 3~7 mm；假鳞毛披针形或卵圆形。叶稍弯曲成镰刀形，茎叶与枝叶同形，卵状披针形或长椭圆状披针形，尖端具细长尖，内凹，具纵褶，长 1.4~1.6 mm，宽 0.5~0.7 mm；叶边从基部到顶端均背卷；中肋明显，稀缺失。叶中部细胞较短，长 30~50 μm，宽 4~5 μm，薄壁或厚壁；基部细胞较宽，厚壁，有壁孔，无色或淡黄色；角细胞近方形，多数，边缘 8~15 列细胞，最下部通常有少数较大的方形透明细胞。枝叶较小，长 1~1.5 mm，宽 0.3~0.5 mm。雌雄异株。内雌苞叶直立，长椭圆状披针形，具纵褶，尖端具短尖，叶边近全缘，中肋不明显。蒴柄黄褐色或红褐色，长 1~2 cm，干燥时下部向右旋转，上部向左旋转。孢蒴褐黄色或褐色，倾立或平列，长椭圆状圆柱形，弓形弯曲，长 2~3 mm，干燥时口部以下收缩。内齿层齿毛 2~3 条。蒴盖圆锥形，钝尖。环带 2 列，稀 3 列。孢子直径 12~15 μm，近于平滑。夏季到秋季成熟。

标本鉴定：塔克拉克，MS 24481；破城子，MS 30121；小库孜巴依林场，MS 30064；大库孜巴依林场，MS 31244a；铁兰河流域，MS 31361；北木扎特河流域，MS 22715；海拔：2 100~3 200 m。

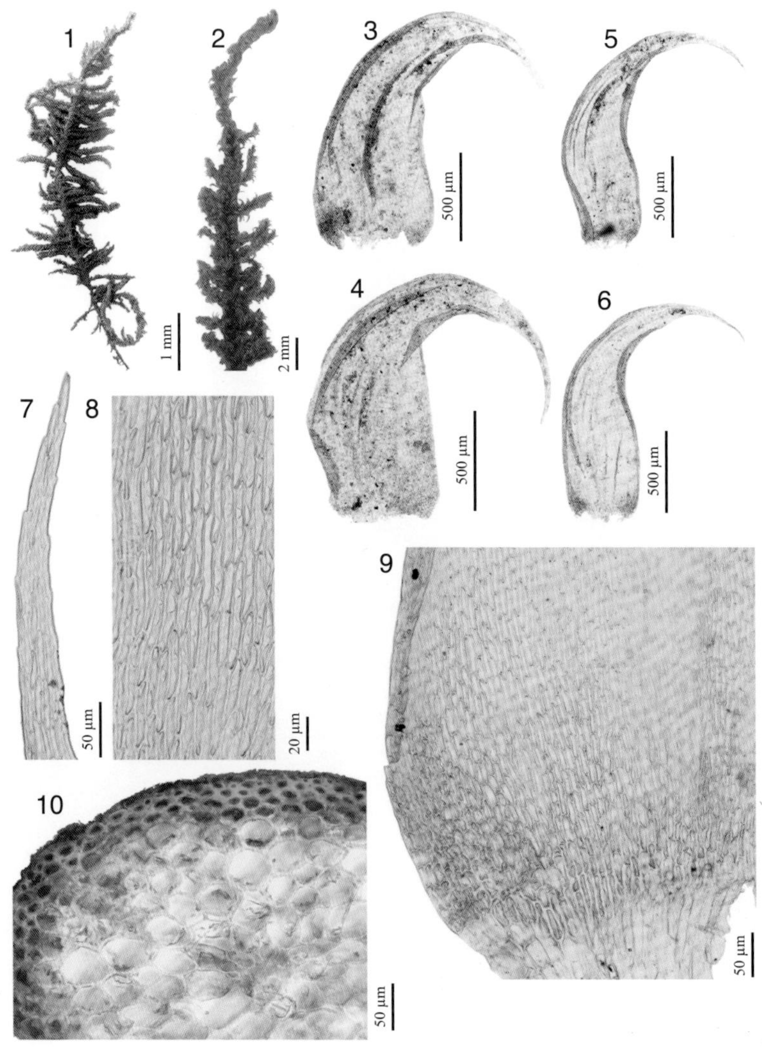

1~2. 植物体；3~4. 茎叶；5~6. 枝叶；7. 叶尖部细胞；8. 叶中部细胞；9. 叶基部细胞；10. 茎横切面的一部分

（凭证标本：买买提明·苏来曼 00315，XJU）

200 毛梳藓 *Ptilium crista-castrensis* (Hedw.) De Not.

植物体密集交织成垫状，淡绿色或黄绿色，稍具光泽。茎匍匐，长 5~15 cm，密羽状分枝；分枝平展；假鳞毛狭披针形。茎叶与枝叶异形。茎叶阔卵状三角形，向上渐呈披针形，叶尖较长，强烈背仰，或向背面弯曲，长 2~3 mm，宽 0.8~1.2 mm，叶边上部具齿；中肋 2，达叶中部消失。叶细胞狭长线形，角细胞少，仅由几个方形或长椭圆形细胞组成。枝叶狭卵状披针形，呈镰刀状侧弯曲；中肋不明显。雌雄异株。蒴柄红棕色，长 1.5~2.5 cm。孢蒴倾立或平列，长卵形，干燥时弓形弯曲，长 2~2.5 mm。蒴齿发育正常。蒴盖圆锥形，先端钝。环带 1~2 列细胞。

全草药用。对淋巴细胞白血病及神经胶质细胞癌等癌症有一定抑制作用。

标本鉴定：小库孜巴依林场，MS 24519；海拔：2 442 m。

四十二、垂枝藓科 Rhytidiaceae Broth.

植物体大型，疏松网型（生活型）。茎平卧或直立伸展，不规则分枝，有时规则羽状分枝。鳞毛缺失，假鳞毛披针形或狭状披针形，假根稀少，着生于枝顶，有时沿茎生长。叶椭圆状卵形，卵状披针形或披针形；叶边外卷，基部全缘，上部锯齿状或细锯齿状；叶边渐尖；中肋单一，有时 2，是叶长的 1/3~2/3。角部细胞方形或短方形，小；中部细胞狭椭圆形或线形、长轴形。雌雄异株。蒴柄长，平滑。孢蒴直立。蒴齿双层；外齿层具条纹，上部具疣；内齿层基膜高，齿片宽，纤毛 1~3 条。蒴帽兜形，平滑，裸露。孢子具细疣。

垂枝藓属 *Rhytidium* (Sull.) Kindb.

201 垂枝藓 *Rhytidium rugosum* (Hedw.) Kindb.

植物体一般形较大，长 5~13 cm，粗壮，硬挺，绿色、黄绿色、褐绿色或棕黄色，略具光泽，疏生或密集成片生长。茎圆条形；主茎直立或倾立，腹面或基部常具棕色假根；支茎倾立斜生，先端略一侧弯曲；横切面具疏松的基本组织、多层小型厚壁细胞的表皮和中轴；多不规则一回羽状分枝；仅茎上具稀疏的假鳞毛，小叶状，狭三角形至卵圆形，有时具不规则齿。叶密集螺旋排列；茎叶长卵状披针形，略内凹，具多数横纹及纵褶，叶边缘常具细齿，先端渐尖，常镰刀状一向偏曲；基部有时略下延；中肋单一，多细长，一般达叶中部以上。叶细胞线形或蠕虫形，厚壁，上部细胞背腹面均具明显前角突或粗疣，叶基部近中肋两侧细胞长方形，厚壁，常具壁孔，疏松排列；角细胞明显分化，多数小而呈方形或不规则形，常为黄色，多沿叶缘向上延伸。雌雄异株。雌雄株一般同形。芽苞状的雄苞侧生于茎上，常具线状配丝。雌苞着生于短的生殖枝顶端，内雌苞叶狭卵状披针形，上部具齿，先端具细长尖，无中肋。蒴柄细长，红褐色，平滑，干燥时常旋扭。孢蒴长卵形，直立、倾立或向下弯曲。蒴齿两层；外齿层齿片 16，狭长披针形，橙黄色，外面具横脊，通常明显高出，两侧分化有透明的边缘，中脊平直或呈回折形，上部具细疣，基部愈合，内面具密横隔；内齿层基膜高出，齿条狭长形，浅黄色，近于平滑，中缝有连续穿孔，齿毛一般 2 条，长线形或具结节。环带多分化。蒴盖圆锥形，具短斜喙。蒴帽兜形，平滑或具少数纤毛。孢子球形，较小，黄色，表面具细疣。

标本鉴定：北木扎特河流域，MS 22664；海拔：2 160~2 700 m。

四十三、塔藓科 Hylocomiaceae M. Fleisch.

植物体中等至大型，坚挺，多粗壮，少数纤细，绿色、黄绿色至棕黄色，常略具光泽，稀疏或密集，交织成片。茎匍匐，有时带红色；支茎多倾立，有时弓状弯曲，不规则分枝或规则 2~3 回羽状分枝，常具明显分层；茎横切面一般具中轴及大型的薄壁细胞和较小的表皮细胞；少数属种茎、枝上具枝状鳞毛或小叶状假鳞毛，部分属、种无鳞毛；常具棕色假根。叶多列，呈螺旋覆瓦状排列；茎叶与枝叶通常异形，倾立、背仰或向一侧弯曲，基部常抱茎；叶卵状披针形、阔卵状披针形或三角状心形，有时具纵褶或横皱褶，稀内凹，上部渐尖、急尖至圆钝；叶边上部多具齿，有时基部略背卷；中肋单一，2 条或不规则分叉，强劲或细弱，长达叶片中部以上或不达中部即消失，个别种类有时无中肋。叶细胞线形或长蠕虫形，长与宽一般为 (5~16) : 1，平滑或背面具疣或前角突，壁略厚或薄，基部细胞稍宽，有时带黄色或具壁孔，角部细胞分化，一般短宽，常呈方形或近方形。雌雄异株。雄苞芽苞状，生于枝或茎上。雌苞仅着生茎上，雌苞叶通常无皱褶，多数具短双中肋；内雌苞叶通常无中肋。蒴柄细长，棕红色，平滑。孢蒴卵形或长卵形，倾立、横生或垂倾，稀具台部，外壁细胞有时略厚壁，基部常具显型气孔；环带细胞 1~3 列或缺失。蒴齿双层；外齿层齿片深色，狭长披针形，常具分化的淡色边缘，外面具横脊，下部脊间有横纹、网纹或细疣，上部通常为细密疣；内齿层齿条亦为披针形，淡黄色，基膜较高，多数较平滑，具横隔，中缝常有穿孔，齿毛 1~4 条，有时缺失。蒴盖短圆锥形，常具喙。蒴帽兜形或帽形，平滑。孢子球形，直径 8~25 μm，个别种可达 50 μm，黄色，表面具细疣或近于平滑。

塔藓属 *Hylocomium* Bruch & Schimp.

202 塔藓 *Hylocomium splendens* (Hedw.) Bruch & Schimp.

植物体中等大小至大型，较坚挺，黄绿色、橄榄绿、黄色至棕红色，色泽暗或略具光泽，疏松交织生长。主茎平展，常螺旋状着生弓形新枝，多 2~3 回羽状分枝、树形或有明显层次，有时带红色，长 1~3 cm，茎的横切面内侧具一层大型的厚壁细胞组成的厚角组织，外层是小型而坚硬的厚壁细胞，表皮层细胞不分化，无中轴；主茎和主枝上密被鳞毛，而小枝上则鳞毛稀疏，枝的横切面从基部的多层细胞向尖部逐渐变为单层；假鳞毛与鳞毛不分化。叶稀疏排列，常抱茎；次级分枝横生，呈纤细的 2~3 回规则羽状，长可达 2 cm，成分层形式，叶一般密集着生；茎无中轴；部分枝、茎上常密被细长分枝的鳞毛，多为两列细胞，尖端常呈刺状，基部一般片状；假鳞毛与鳞毛无形态上的差别。茎叶与枝叶异形。茎叶卵圆形或阔卵圆形，略内凹，通常抱茎，多数具长而扭曲的披针形尖，有时为短急尖；基部略收缩，有时稍背卷；叶边多具齿，有时全缘；中肋 2，短弱，不等长，基部分离。不达叶片中部或超过叶片中部。有时中肋缺失。叶细胞长线形，不规则，长与宽的比为 (7~12) : 1，薄壁或稍厚，略具壁孔，背面的上方常具明显的疣或前角突；基部细胞稍短宽、黄褐色，一般厚壁，常略具壁孔；角细胞通常不分化。枝叶小，卵状披针形或卵形，有时强烈内凹，具短尖、披针形尖或圆钝，叶边具齿或全缘，双中肋或无中肋。雌雄异株。内雌苞叶狭卵状披针形。蒴柄细长，棕红色，有时略旋扭。孢蒴卵形，常具明显台部，基部具气孔，倾立至略悬垂。环带分化，由 1~2 列大型细胞构成。蒴齿两层；外齿层齿片狭长披针形，黄褐色，具分化的浅色边缘，外面具横脊，脊间为较均匀的网纹，上部具细密疣，基部稍连合；内齿层齿条淡黄色，平滑，基膜高，具横隔，中缝具多数穿孔；齿毛 2~4 条，上部常具结节。蒴帽圆锥形，具斜长喙。孢子小，直径 10~18 μm，黄色，表面具细疣。

标本鉴定：北木扎特河流域，MS 30901；海拔：2 100~2 555 m。

203 拟垂枝藓 *Rhytidiadelphus squarrosus* (Hedw.) Warnst.

植物体大型，常粗壮，柔软，鲜绿色或黄绿色，干燥时常呈灰绿色，多少具光泽，呈疏松垫状生长。主茎高可达 15 cm，顶端倾立或逐渐向上生长，呈稀疏而不规则的 2 回羽状分枝；茎和枝均为橘红色。茎叶通常不密集着生，长 2.5~3.2 mm，心脏状卵形或圆形，在基部呈明显的鞘状，具一急狭成细而长的尖，尖部反仰或背倾，无纵褶；叶上部边缘具细齿，中下部具波状细齿；中肋达叶长度的 1/4。叶细胞线形，薄壁，平滑；角细胞多少膨大，灰白色，椭圆形。枝叶较茎叶小，通常密集着生，不平展。

拟垂枝藓中提取出含量较高的多聚不饱和脂肪酸、花生四烯酸和二十二碳二烯酸。

标本鉴定：北木扎特河流域，MS 25067；海拔：2 100~2 660 m。

中文名索引

Y

Z

拉丁名索引

A

B

C

D

E

F

G

H

I

J

L

M

O

P

R

S

T

参考文献

阿布都沙拉木·吐尔洪，刘永英，买买提明·苏来曼，2021. 新疆丝瓜藓属 (*Pohlia* Hedw.) 植物新资料 [J]. 华中师范大学学报 (自然科学版), 55(1): 82-89.

阿提古丽·毛拉，吐尔洪·努尔东，买买提明·苏来曼，2019. 新疆凤尾藓属植物区系新资料 [J]. 华中师范大学学报 (自然科学版), 53(2): 237-241.

艾克达·艾克巴尔，李微，买买提明·苏来曼，2022. 新疆耳叶苔属 (*Frullania* Raddi.) 植物的分类及分布 [J]. 华中师范大学学报 (自然科学版), 56(2): 290-296.

艾拉努尔·卡哈尔, 刘永英, 买买提明·苏来曼, 2023. 新疆藓类植物新资料: 拟丝瓜藓属(缺齿藓科) [J]. 石河子大学学报(自然科学版), 41(3): 322-326.

陈邦杰，1958. 中国苔藓植物生态群落和地理分布的初步报告 [J]. 植物分类学报，7(4): 271-293.

耿静, 索晓娜, 买买提明·苏来曼, 等, 2016. 新疆真藓科 (Bryaceae) 植物新记录[J]. 西北植物学报, 36(10): 2109-2114.

古丽尼尕尔·艾依斯热洪，吐尔洪·努尔东，买买提明·苏来曼，等，2019. 托木尔峰国家级保护区苔藓植物生态群落调查 [J]. 华中师范大学学报 (自然科学版)，53 (4): 534-541.

古丽尼尕尔·艾依斯热洪，吐尔洪·努尔东，买买提明·苏来曼，等，2019. 托木尔峰国家级自然保护区岩面生苔藓植物物种多样性研究 [J]. 干旱区资源与环境，33(8): 204-208.

古丽尼尕尔·艾依斯热洪 . 2019. 新疆托木尔峰国家级自然保护区苔藓植物区系研 [D], 乌鲁木齐：新疆大学 .

古丽斯旦·艾尼瓦尔，吐尔洪·努尔东，买买提明·苏来曼，等，2023. 新疆薄罗藓科植物新记录 [J]. 干旱区研究，40(8): 1289-1293.

贾渝, 何思, 2013. 中国生物物种名录: 第一卷: 苔藓植物[M]. 北京: 科学出版社.

梁灵炜，吐尔洪·努尔东，买买提明·苏来曼，等，2023. 新疆苔类植物新记录 [J]. 植物科学学报，41(5): 563-572.

刘永英，艾克达·艾克巴尔，买买提明·苏来曼，2020. 真藓属 (*Bryum* Hedw.) 在新疆的分布 [J]. 东北林业大学学报，48(11): 98-104.

刘永英, 张含笑, 买买提明·苏来曼, 2017. 中国新记录种: 摩拉维采真藓(新拟) [J]. 西北植物学报, 37(12): 2502-2509.

玛尔孜亚·阿不力米提，2016. 新疆托木尔峰国家级自然保护区苔藓植物区系研究 [D]. 乌鲁木齐：新疆大学 .

买买提明·苏来曼，赵东平，何思，2022. 紫萼藓科植物：新种　曹氏紫萼藓 [J]. 西北植物学报，42(11): 1962-1969.

麦迪娜·牙合牙，逯永满，买买提明·苏来曼，2020. 新疆红叶藓属植物新资料：锈色红叶藓和内蒙古红叶藓 [J]. 华中师范大学学报 (自然科学版), 54(1): 74-75.

满苏尔·沙比提，那斯曼·纳斯尔丁，艾萨迪拉·玉苏普，2016. 天山托木尔峰国家级自然保护区生态系统服务价值评估 [J]. 山地学报，34(5): 599-605.

热萨来提·依明，吾尔叶提·阿布力孜，买买提明·苏来曼，2010. 托木尔峰自然保护区苔藓植物研究 [C]. 塔里木大学，新疆植物学会 .

王荷生，1992. 植物区系地理 [M]. 北京：科学出版社 .

王鹏军，地力胡马尔·阿不都克热木，买买提明·苏来曼，2023. 新疆大帽藓科 (Encalyptaceae) 植物的分类概述及其不同的地理分布 [J]. 东北林业大学学报，51(1): 132-149.

中国科学院登山科学考察队, 1985. 天山托木尔峰地区的生物[M]. 乌鲁木齐:新疆人民出版社 .

吴征镒，周浙昆，李德铢，等，2003. 世界种子植物科的分布区类型系统 [J]. 云南植物研究，25(3): 245-257.

杨纯，孟克，马步信，等，2023. 托木尔峰国家级自然保护区苔藓植物物种多样性与区系研究 [C]. 塔里木大学，新疆植物学会 .

张元明，曹同，潘伯荣，2002a. 干旱与半干旱地区苔藓植物生态学研究综述 [J]. 生态学报，22(7): 1129-1134.

张元明，曹同，潘伯荣，2002b. 新疆博格达山地面生苔藓植被的数量分类与排序研究 [J]. 植物生态学报，26(1): 10-16.

张元明，曹同，潘伯荣，2002c. 新疆三工河流域苔藓植物生活型分析 [J]. 西北植物学报 (2): 172-177.

张元明，曹同，潘伯荣，2003. 新疆博格达山地面生苔藓植物物种多样性研究 [J]. 应用生态学报 (6): 887-891.

赵建成，刘永英，2021. 中国广义真藓科植物分类学研究 [M]. 石家庄：河北科学技术出版社 .

周光辉，熊嘉武，黄成才，等，2012. 新疆托木尔峰国家级自然保护区综合科学考察报告 [M]. 国家林业局中南林业调查规划设计院：1-75.

祖丽米热·买买提依明, 刘永英, 买买提明·苏来曼, 2021. 中国新记录: 毛齿藓短蒴变种(新拟) [J]. 西北植物学报, 41(10): 1776-1780.

BENITO C T, ZHAO J C, HU R L, 1995. An updated checklist of mosses of Xinjiang, China [J]. Arctoa, 4: 1-14.

CHEN P C,1936. Note preliminaire sur les bryophytes de Chine [J]. Contr. Inst. Bat. Not, Peiping, 4(6): 301-336.

MAMTIMIN S, 2012. New checklest of Xinjiang liverworts, hornworts, and mosses [J]. Journal of Xinjiang University, 29(3): 259-267.

MAMTIMIN S, VLADIMIR F, VÍTĚZSLAV PLÁŠEK,2022. Four remarkable additions to the biodiversity of Chinese mosses [J/OL]. Plants, 11: 2590. https://doi. org/10. 3390/ plants11192590.

POTIER DE LA VARDE, R,1937. Contribution à la flore bryologique de la Chine [J]. Rev. Bryol. Lichenol, 10: 136-145.

WANG Q H, JIA Y, 2020. A taxonomic study of the genus *Orthotrichum* (Orthotrichaceae, Musci) in China[J]. Acta Bryolichenologica Asiatica, 9: 1-166.

WHITTEMORE A T, ZHU R L, HU R L, et al,1998. A checklist of liverworts of Xinjiang, China [J]. The Bryologist , 101(3): 439-443.